应用光学
概念 题解与自测（第2版）

李 林 黄一帆 ◎ 著

EXERCISE BOOK OF APPLIED OPTICS
(2ND EDITION)

北京理工大学出版社
BEIJING INSTITUTE OF TECHNOLOGY PRESS

内 容 简 介

　　本书是光电信息科学与工程、测控技术与仪器等专业本科生专业基础课——应用光学的辅助教材,章次与《应用光学》章次相对应。本书对《应用光学》中相应的章节分别进行了总结和归纳,对重点和难点进行了分析讲解,同时给出了大量详尽的例题和习题,并给出了相应的答案,另外,本书还增加了作者近 20 年来积累的大量研究生入学考试试题。本书对相关专业领域的本科生和专业技术人员学习和掌握应用光学有重要的参考价值。

　　本书可作为高等院校光电专业的师生和报考光电类专业研究生的考生,以及从事光学仪器、光电技术科研、生产的工程技术人员的参考书。

图书在版编目（CIP）数据

　　应用光学概念题解与自测/李林，黄一帆著．—2 版．—北京：北京理工大学出版社，2018.9（2025.1 重印）

　　ISBN 978－7－5682－5399－4

　　Ⅰ．①应…　Ⅱ．①李…②黄…　Ⅲ．①应用光学－高等学校－解题　Ⅳ．①O439－44

　　中国版本图书馆 CIP 数据核字（2018）第 046452 号

出版发行 / 北京理工大学出版社有限责任公司
社　　址 / 北京市海淀区中关村南大街 5 号
邮　　编 / 100081
电　　话 / (010)68914775(总编室)
　　　　　　(010)82562903(教材售后服务热线)
　　　　　　(010)68944723(其他图书服务热线)
网　　址 / http://www.bitpress.com.cn
经　　销 / 全国各地新华书店
印　　刷 / 北京虎彩文化传播有限公司
开　　本 / 787 毫米×1092 毫米　1/16
印　　张 / 16.5　　　　　　　　　　　　　　　责任编辑 / 李秀梅
字　　数 / 386 千字　　　　　　　　　　　　　文案编辑 / 李丁一
版　　次 / 2018 年 9 月第 2 版　　2025 年 1 月第 6 次印刷　　　　责任校对 / 周瑞红
定　　价 / 38.00 元　　　　　　　　　　　　　责任印制 / 王美丽

前　　言

　　本书是光电信息科学与工程、测控技术与仪器和电子科学与技术等专业本科生专业基础课——应用光学的辅助参考教材。本书对应用光学教材中相应的章节分别进行总结和归纳，对重点和难点进行分析讲解，同时给出了大量详尽的例题和习题，并给出了相应的答案，对于相关专业领域的本科生和专业技术人员学习和掌握应用光学有重要的辅助参考价值。本书作者从 30 多年教授应用光学的教学实践中体会到，对于光电类、测试计量和机械类本科生来说，应用光学是一门比较难掌握的课程。同数学、物理等基础课相比，应用光学表面上看似乎没有这些课程难，但是，由于应用光学既有理论知识，又有实际应用，两者紧密联系，学习这门课的本科生基本上对光学行业的实际情况知之甚少，因此学习起来特别是解应用题时甚感吃力。同时，对于大多数光电类、测试计量和机械类本科生，应用光学往往是他们考研究生的必考科目。相对于别的科目，应用光学课程的参考资料非常少，给学生在复习应用光学时带来很多困难。为此，我们特意对李士贤等著《应用光学：理论概要，例题详解，习题汇编，考研试题》进行了修订，重新出版。重新修订的原因是随着我国教育教学的改革与发展，应用光学的教学内容有所变化，同时随着科学技术的发展应用光学领域也出现了一些新技术、新思想，另外，30 多年来作者积累了大量的研究生入学考试试题，本次修订将把这些新变化、新试题纳入本书，供广大学生和研究生考生参考。

　　本书是应用光学的教学参考书。应用光学课程是要让学生学会解决几何光学、典型光学仪器原理、光度学、色度学、光纤光学系统、激光光学系统及红外光学系统等的基础理论和方法。它包括了此类专业学生必备的光学知识，为光学仪器、微光夜视、激光红外等学科奠定了理论基础和应用基础，在培养光学和光电类人才中具有不可替代的地位。应用光学既有基础理论，又与实践密切相关，是非常重要的一门专业基础课。本书与《应用光学》教材一样，内容主要分为三部分。第一部分内容包括：学习几何光学的基本理论与应用、理想光学系统的成像性质以及共轴球面光学系统的物像关系，重点掌握近轴光学的理论与计算方法；学习眼睛和目视光学仪器的基本原理与计算方法；平面镜棱镜系统的成像特性分析、应用及计算方法，掌握光学系统中成像光束的选择方法。第二部分内容包括：学习辐射度学和光度学的基础理论，掌握各种情况下光学系统中的光能量计算方法。第三部分内容包括：学习光学系统成像质量评价的各种指标和评价方法，望远镜、显微镜、照相机和投影仪的原理和成像特性等。

　　与国内光电类课程参考书籍相比，本书有如下特点：（1）本书注重实际，书中除了几何光学原理和高斯近轴光学外，加入了作者及其教研室老师长期研究的成果，特别是对军用光学系统有独特的见解。（2）涵盖面广，内容丰富，除了经典的几何光学内容外，还有光学系统成像光束的选择、光度学、望远系统外形尺寸计算等内容，这些内容对于光电类学生今后的学习和工作是非常重要的。（3）习题非常具有特色，几乎所有的习题均是作者及其教研室老师多年来从科研工作中提炼出来的，具有针对性和实用性。（4）与本书配套的教材齐全。作为本书的相关系列教材，作者出版的教材有：《应用光学》（国家"十二五"规划教材、北京市高等教育精品教材、兵总 95 重点教材），北京理工大学出版社，2017 年；《计算机辅助光学设计的理论与应用》（国防科技图书出版基金资助），国防工业出版社，2002 年；《工程光学》（北京市精品教材），北京理工大学出版社，2003 年；《应用光学》（英文版，北京市精品教材），北京理工大学出版社，2014 年；《现代光学设计方法》（工信部"十二五"规划教材、"十一五"国防特色教材），北京理工大学出版社，2015 年；《飞行模拟器》（国家"十二五"规划专著、国家出版基金），北京理工大学出版社，2013 年；《光学设计手册》，北京理工大学出版社，1996 年；《现代仪器仪表设计（现代光学设计篇）》，科学出版社，2003 年。作者希望通过本书的出版，对于国内相关专业的学生和研究生考生有所帮助，完成他们的宏伟志向，为我国的光电事业作出新的贡献。

现代科学技术在不断进步，新思想、新方法层出不穷，应用光学也将不断发展，本书的不足之处敬请读者不吝指正。

北京理工大学

李林

黄一帆

2018 年 1 月

目　　录

第一章　几何光学基本原理

一、本章要点和主要公式

（一）光线的概念

人类对光的研究分为两个方面：一方面是研究光的本性，并根据光的本性来研究各种光学现象，称为"物理光学"；另一方面是研究光的传播规律和传播现象，称为"几何光学"。

光具有波动性也具有粒子性。一般来说，研究光和物质作用的情况必须考虑光的粒子性，其他情况下都把光作为电磁波看待，称为"光波"。光既然是电磁波，研究光的传播问题，应该是一个波动传播问题。但是，在几何光学中研究光的传播，并不把光看作电磁波，而是看作"能够传输能量的几何线"，即光线。光线的概念是几何光学最基本的概念，目前使用的光学仪器，绝大多数是应用几何光学的原理（把光看作"光线"）设计出来的。

（二）几何光学基本定律

本章首先在光线这一概念的基础上给出光的传播规律——几何光学的基本定律，并分别以直线传播、反射和折射定律，马吕斯定律，费尔马原理三种形式表述。

直线传播、反射和折射定律：直线传播定律——光线在均匀透明介质中按直线传播；反射定律——反射光线位于入射面内，反射角等于入射角，即 $I_1 = I_2$；折射定律（也称斯涅耳定律）——折射光线位于入射面内，入射角和折射角的正弦之比对两种特定的介质来说，是一个和入射角无关的常数，即

$$\frac{\sin I_1}{\sin I_2} = n_{1,2} = \frac{n_2}{n_1} \tag{1-1}$$

式中，$n_{1,2}$ 称为第二种介质对第一种介质的相对折射率；n_1、n_2 分别为第一种介质相对空气的折射率和第二种介质相对空气的折射率，也称绝对折射率。反射定律和折射定律均是描述光线在两种均匀透明介质分界面上的传播规律。

马吕斯定律：假定一束光线为某一曲面的法线汇，这些光线经过任意次折射、反射后，该光束的全部光线仍与另一曲面垂直，构成一新的法线汇，而且位于这两个曲面之间的所有光线的光程相等。

费尔马原理：实际光线沿着光程为极值（或稳定值）的路线传播。

上述三条定律可以互相推导、互相证明，其中任意一个均可以作为几何光学的基础。

在研究各种具体的光的传播规律和现象时，常用直线传播、反射和折射定律。它可以用三角公式表达，在复杂的光的传播情况下，为了使用方便，又常用向量公式表达，即

$$n\boldsymbol{Q} \times \boldsymbol{N} = n'\boldsymbol{Q}' \times \boldsymbol{N} \quad 或 \quad (n\boldsymbol{Q} - n'\boldsymbol{Q}') \times \boldsymbol{N} = 0 \tag{1-2}$$

式中，n、n' 为入射光线和折射光线或反射光线所在介质的折射率；$\boldsymbol{Q}$ 为入射光线方向的单位

向量;Q' 为折射光线方向的单位向量;N 为介质界面法线方向的单位向量。

在均匀介质的情形,$n=n'$,向量公式成为

$$Q=Q' \tag{1-3}$$

这就是均匀介质中的直线传播定律。

对反射的情况,可以看作 $n'=-n$,有

$$Q\times N=-Q'\times N \tag{1-4}$$

故向量公式 $nQ\times N=n'Q'\times N$ 描述了同一种均匀介质中直线传播,在两种介质分界面上折射、反射情况下光的传播规律。

(三) 全反射现象及光路可逆定理

在光线概念和几何光学基本定律的基础上,本章又研究了两种重要的光的传播现象——光路可逆和全反射。

光路可逆定理:假定某一条光线,沿着一定的路线,由 A 点传播到 B 点,如果在 B 点沿着与出射光线相反的方向投射一条光线,则此反射光线仍沿着同一条路线,由 B 点传播到 A 点。

全反射现象:当光线由高折射率介质进入低折射率介质时,如果入射角 I 大于临界角 I_0,折射光线不复存在,入射光线全部反射回原介质,这种现象称为"全反射"。

临界角可以按下式求出

$$\sin I_0=\frac{n_2}{n_1} \tag{1-5}$$

式中,n_1、n_2 分别为第一种介质和第二种介质的折射率,$n_1>n_2$。

光线的传播除了上述在均匀介质中的情况外,还需研究在非均匀介质中的情形。近年来出现的梯度折射率元件、自聚焦透镜等,都是利用光线在非均匀介质中的传播规律制造的光学元件。

若设 $n(x,y,z)$ 为折射率分布函数,S 为光线弧长,Q 为入射光线方向的单位向量,则有

$$\frac{\mathrm{d}n}{\mathrm{d}S}Q+n\frac{\mathrm{d}Q}{\mathrm{d}S}=\mathrm{grad}n$$

或

$$\frac{\mathrm{d}}{\mathrm{d}S}(nQ)=\mathrm{grad}n \tag{1-6}$$

此式即光线在非均匀介质中的微分方程式。如用直角坐标系中分量的形式表示,则有

$$\frac{\mathrm{d}}{\mathrm{d}S}\left(n\frac{\mathrm{d}x}{\mathrm{d}S}\right)=\frac{\partial n}{\partial x},\frac{\mathrm{d}}{\mathrm{d}S}\left(n\frac{\mathrm{d}y}{\mathrm{d}S}\right)=\frac{\partial n}{\partial y},\frac{\mathrm{d}}{\mathrm{d}S}\left(n\frac{\mathrm{d}z}{\mathrm{d}S}\right)=\frac{\partial n}{\partial z} \tag{1-7}$$

(四) 几何光学的应用范围

本章最后讨论了几何光学的误差和它的应用范围。结论是:

① 限制光束的光阑口径很小,不能在光阑口的波面上做出足够数量的半波带,就不能使 u_k(第 k 个半波带的振幅)变得很小,这时几何光学误差就很大。

② 近似聚交一点的光束,在聚交点附近,几何光学的误差很大。

③ 在一定口径范围内,波长越长,可做出的半波带越少,几何光学的误差越大。

（五）光学系统的有关概念

光学系统——根据需要改变光线传播方向以满足使用要求的光学零件的组合。

共轴光学系统——具有同一对称轴线的光学系统。

非共轴光学系统——没有同一对称轴线的光学系统。

光轴——构成系统的各零件表面均为球面(平面可被视为半径无限大的球面)，所有球面的球心均位于同一直线上，这条直线就是光轴。

非球面光学系统——含有非球面的光学系统。

共轴球面光学系统——光学零件表面为球面，且球心位于同一直线上的光学系统。

目前广泛使用的系统大多数是共轴球面系统和平面镜棱镜系统的组合。

（六）透镜

透镜是组成光学系统最基本的元件，它的主要作用是成像。按面形划分，可分为球面透镜和非球面透镜；按使光线折转的作用来分，可分为会聚透镜(正透镜)和发散透镜(负透镜)。

会聚透镜的特点：中心厚边缘薄，焦距 $f' > 0$。

发散透镜的特点：中心薄边缘厚，焦距 $f' < 0$。

（七）成像的有关概念

由一点 A 发出的光线经过光学系统后聚交在一点 A'，则 A 点为物点，A' 点为物点 A 通过光学系统所成的像点。

物与像之间的对应关系称为"共轭"。

物像都有虚实之分：

实物点——实际入射光线的出发点。

虚物点——实际入射光线延长线的交点。

实像点——实际出射光线的交点。

虚像点——实际出射光线延长线的交点。

这里要注意，物点不管是虚的还是实的，都是入射光线的交点，像点则是出射光线的交点。无论是物还是像，光线延长线的交点都是虚的，而实际光线的交点都是实的。

物像空间——光学系统第一个曲面以前的空间称为"实物空间"，第一个曲面以后的空间称为"虚物空间"；光学系统最后一个曲面以后的空间称为"实像空间"，最后一个曲面以前的空间称为"虚像空间"。整个物空间(包括实物空间和虚物空间)是无限扩展的，整个像空间(包括实像空间和虚像空间)也是无限扩展的。但是，物空间(不论是实物还是虚物)介质的折射率是指实际入射光线所在空间介质的折射率，像空间(不论是实像还是虚像)介质的折射率是指实际出射光线所在空间介质的折射率。

（八）理想像和理想光学系统的概念

由同一物点 A 发出的全部光线，通过光学系统后仍然相交于唯一的像点 A'，则像点 A' 称为物点 A 的理想像点。有一定大小的物体，可看作若干物点的集合，它们通过光学系统后的理想像点的集合，就称作该物体通过光学系统成的理想像。在大多数情况下，物像空间均为均匀透明介质，物像之间不仅符合点对应点的关系，还符合直线对应直线、平面对应平面的关系。

因此,在物像空间符合"点对应点、直线对应直线、平面对应平面"关系的像称为理想像。

理想光学系统指能成理想像的光学系统。在物像空间均为均匀透明介质的条件下,物像空间符合"点对应点、直线对应直线、平面对应平面"的光学系统称为理想光学系统。

光学系统一般是用来成像的,而且要求成像清晰,理想像就是绝对清晰的像。实际光学系统所成像与理想像的差异可以描述光学系统的品质;理想像的位置和大小可以代表一个质量好的实际光学系统成像的位置和大小。所以理想像和理想光学系统的概念,对研究实际光学系统成像位置、大小和像质都具有十分重要的价值。

通常使用的实际光学系统大多数是共轴光学系统。共轴理想光学系统具有以下成像性质:

① 位于光轴上的物点,其对应的像点也一定位于光轴上。

② 位于过光轴的某一截面内的物点,其对应的像点也一定位于此平面内。

③ 过光轴的任意截面内的成像性质都相同,因此可用一个过光轴截面内的成像性质代表一个光学系统的成像性质。

④ 垂直于光轴的物平面的共轭像面也一定垂直于光轴。

⑤ 位于垂直于光轴的同一平面内的物所成的像,其几何形状与物完全相似。

⑥ 一个共轴理想光学系统,如果已知两对共轭面的位置和放大率,或者已知一对共轭面的位置和放大率,以及轴上两对共轭点的位置,则其他一切物点的共轭像点都可以根据已知的共轭面和共轭点确定。

这些能确定共轴理想光学系统成像性质的共轭面和共轭点称为"基面"和"基点"。

(九) 发光点理想成像的条件——等光程条件

发光物点 A 通过光学系统理想成像于像点 A' 时,物点和像点间所有光线的光程均相等。

(十) 任意光学系统中微小线段理想成像的条件——余弦条件

$$n\,\overline{AB}\cos\theta - n'\,\overline{A'B'}\cos\theta' = c \qquad (1-8)$$

式中,c 为与 θ 无关的常数。余弦条件适用于任意光学系统。式(1-8)中各参数的意义如图1-1所示。

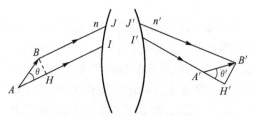

图1-1　任意光学系统微小线
段理想成像的余弦条件

(十一) 共轴理想光学系统中微小线段成像的条件

① 垂直于光轴的微小线段理想成像的条件——阿贝条件。

$$n\,\overline{AB}\sin U = n'\,\overline{A'B'}\sin U' \qquad (1-9)$$

阿贝条件也称正弦条件、等明条件或齐明条件。式(1-9)中各参数的意义如图1-2所示。

② 与光轴重合的微小线段理想成像的条件——赫谢尔条件。

$$n \overline{AB} \sin^2 \frac{U}{2} = n' \overline{A'B'} \sin^2 \frac{U'}{2} \qquad (1-10)$$

式(1-10)中各参数的意义如图1-3所示。

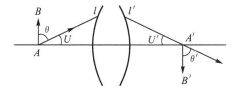 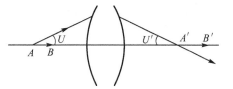

图1-2 垂直于光轴的微小线 　　图1-3 与光轴重合的微小线段
段理想成像的阿贝条件 　　　　　理想成像的赫谢尔条件

一般来说,阿贝条件和赫谢尔条件不能同时满足,即共轴系统不能使整个空间理想成像。我们设计光学系统时,一般是使垂直于光轴的物平面成一接近理想的像。

(十二)麦克斯韦鱼眼

麦克斯韦鱼眼是一种由非均匀介质构成的特殊光学系统,它可以使整个空间理想成像。它的折射率按以下公式对称分布

$$n = \frac{n_0}{1 + \left(\dfrac{r}{a}\right)^2} \qquad (1-11)$$

式中,n_0为球心处的折射率;r为球面半径,当$r=a$时,折射率$n=n_0/2$,当r趋于无穷大时,n趋于零。

应用非均匀介质中光线的微分方程可以导出麦克斯韦鱼眼光线的极坐标方程并可据此讨论麦克斯韦鱼眼的成像性质。结论是:坐标轴上每一点都能理想成像。由于麦克斯韦鱼眼相对球心O点对称,过O点任意一轴线,成像性质完全相同,所以麦克斯韦鱼眼能使空间任意物点理想成像,是一个理想光学系统。

二、典型题解与习题

(一)典型题解

例1-1:游泳者在水中向上仰望,能否感觉整个水面都是明亮的?

解:本题是全反射现象和光路可逆现象的综合运用。

水的折射率$n_水=1.33$,空气的折射率$n_空=1$。当光线由水进入空气时,是由高折射率介质进入低折射率介质,可以发生全反射,即由水中一点发出的光线射到水面上时,如入射角达到临界角,出射光线将掠过分界面。换一个角度看,和水面趋于平行的光线,折射后进入水中一点A,它在水面下的折射角即临界角I_0。在以水中一点A为锥顶,半顶角为I_0的圆锥范围内,水面上的光线可以射到A点,所以游泳者在水中仰望天空,不能感觉整个水面都是明亮的,而只能看到一个明亮的圆,圆的大小当然与游泳者所在的水深有关,如图1-4所示。

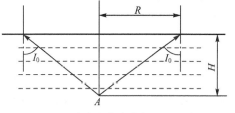

图1-4 游泳者水中仰视天空示意图

下面求出临界角 I_0 的大小

$$\sin I_0 = \frac{n_空}{n_水} = \frac{1}{1.33} = 0.75$$

设水深为 H，则明亮圆半径 $R = H \tan I_0$。

例 1—2： 一束光由玻璃($n=1.5$)进入水($n=1.33$)中，若以 45°入射，试求折射角。

解： 本题直接应用斯涅耳定律即可。

$$n_1 \sin i_1 = n_2 \sin i_2$$
$$n_1 = 1.5, n_2 = 1.33, i_1 = 45°$$
$$1.5 \sin 45° = 1.33 \sin i_2$$
$$\sin i_2 = 0.794$$
$$i = 52.6°$$

折射角为 52.6°。

本题入射光线所在介质的折射率高，折射光所在介质的折射率低，即 $n_1 > n_2$，由斯涅耳定律的特定形式可知入射角应小，折射角应大，即 $\sin i_2 > \sin i_1$，或 $i_2 > i_1$。据此可判断计算结果是否有误，画出示意图时，也可以判断折射光线的大致走向。

例 1—3： 一束与凹面反射镜轴对称的平行光束，投射到凹面镜表面后成会聚光束，且聚焦于一点，试用费尔马原理证明该凹面镜为抛物面镜。

解： 根据题意，光线进行情况如图 1—5 所示。

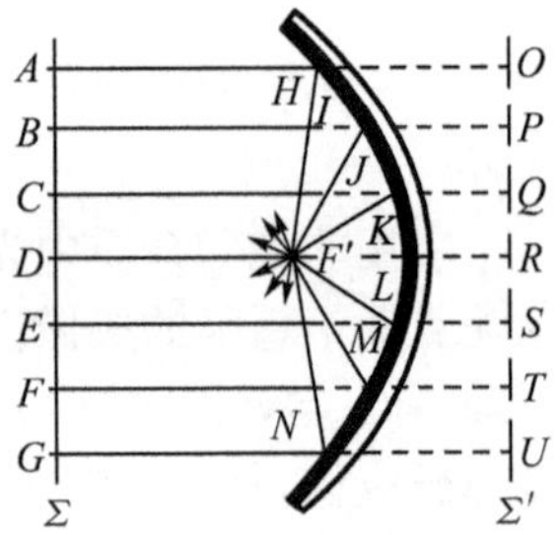

对应平面波 Σ 的平行光线射到凹面镜上，反射后会聚到一点 F'。根据费尔马原理，波面 Σ 上各条光线到达 F' 点的光程应相等，即

$$n(AH + HF') = n(BI + IF') = \cdots = n(GN + NF') \cdots$$

如把 AH 延长至 O 使 $HO = HF$，把 BI 延长至 P 使 $IP = IF'$，其他光线作同样延长。这样上式可写成

$$n(AH + HO) = n(BI + IP) = \cdots = n(GN + NU)$$

去掉 n，可知 $AO = BP = \cdots = GU$，入射为平行光，Σ 为平面的波面，由上述相等的关系可知 O、P、Q、$\cdots$、U 各点的连接必形

图 1—5 抛物面成像示意图

成一直线 Σ'，凹面镜上各点到此直线 Σ' 和 F' 的距离相等。根据曲面的特征，Σ' 为准线，F' 为焦点，这样的凹面镜的截面为一抛物线，该凹面镜为抛物面镜。

例 1—4： 某物通过一透镜成像在该透镜内部，透镜材料为玻璃，透镜两侧均为空气，试问该物所处的像空间介质是玻璃还是空气？

解： 像虽然成在透镜中，但成像光线在透镜最后一面之后，介质为空气，像空间介质不是取决于像的位置，而是取决于成像光线所在的实际空间，所以应该是空气，而不应该是玻璃。试想像是虚像还是实像？学完共轴球面系统的物像关系之后，还可以分析计算此时物的位置。

例 1—5： 如图 1—6 所示，探照灯经常采用回转抛物面做反射镜，此时做光源的灯泡应放在什么位置？

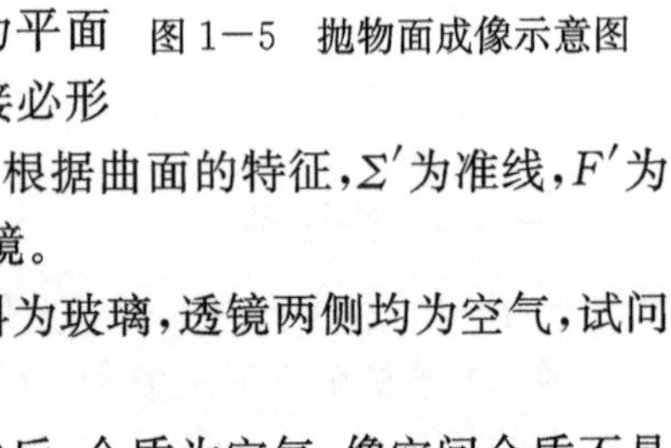

解： 对回转抛物面来说，它的焦点和无限远轴上点满足等光程条件。即由焦点处发出的射到回转抛物面上任意一点的光线均以与光轴平行的方向射出，即反射

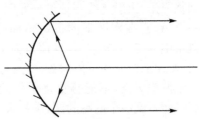

图 1—6 探照灯示意图

光束交于无限远处。探照灯需要向远处(可以理解为无限远)射出一束平行光,所以灯泡应位于抛物面的焦点处。

(二) 习题

1—1 有时看到窗户玻璃上映射的太阳光特别耀眼,这是否是由于窗玻璃表面发生了全反射?

1—2 射击水底目标时,是否可以和射击地面目标一样进行瞄准?

1—3 证明光线通过二表面平行的玻璃板时,出射光线与入射光线永远平行。

1—4 汽车驾驶室两侧和马路转弯处安装的反光镜为什么要做成凸面,而不做成平面?

1—5 观察清澈见底的河床底部的卵石,看起来约在水下半米深处,问实际河水比半米深还是比半米浅?

1—6 人眼垂直看水池1 m深处的物体,水的折射率为1.33,试问该物体的像到水面的距离是多少?

1—7 为了从坦克内部观察外边目标,需要在坦克壁上开一个孔。假定坦克壁厚为200 mm,孔宽为120 mm,在孔内安装一块折射率 $n=1.5163$ 的玻璃,厚度与装甲厚度相同,问在允许观察者眼睛左右移动的条件下,能看到外界多大的角度范围?

1—8 一个等边三角棱镜,若入射光线和出射光线对棱镜对称,出射光线对入射光线的偏转角为40°,求该棱镜材料的折射率。

1—9 有一由若干种透明介质组成且各介质间分界面均为平面的多层板料,试证明:当入射光线照射到板料上时,出射光线的折射角仅由入射角、入射光空间和出射光空间介质的折射率决定。

1—10 试由费尔马原理导出反射定律和折射定律。

1—11 平行光束投射到一水槽中,光束的一部分在顶面反射而另一部分在底面反射,如图1—7所示。

试证明两束返回到入射介质的光线是平行的。

1—12 一束光线投射到夹角为 α 的两平面反射镜上,在第一面上入射角为 I,该光线在反射镜间经 k 次反射后,又沿原路径返回并射出,求入射角 I、反射次数 k 与两反射镜夹角 α 之间的关系。

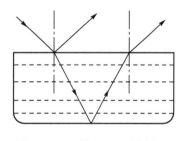

图1—7 习题1—11示意图

1—13 构成透镜的二表面的球心相互重合的透镜称为同心透镜,同心透镜对光束起发散作用还是会聚作用?

1—14 物体通过透镜成一虚像,用屏幕是否可以接收到这个像?如果用人眼观察,是否可以看到这个像?

1—15 共轴理想光学系统具有哪些成像性质?

1—16 光学系统第一面前边的空间为物空间,最后一面后边的空间是像空间,这种说法对吗?

1—17 垂直于光轴的微小线段和与光轴重合的微小线段满足什么条件才能理想成像?

1—18 什么叫理想光学系统?理想光学系统具有哪些性质?

1—19 什么叫理想像?理想像有何实际意义?

第二章　共轴球面系统的物像关系

近轴光学主要是解决共轴球面系统的物像关系问题,也就是根据已知的光学系统的结构参数(半径 r,折射率 n、n',厚度或间隔 d),由给定的物平面位置(l)和物的大小(y)来求像平面的位置(l')和像的大小(y'),即

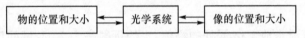

解决这一问题的基本方法是:根据几何光学的基本定律,找出由物体上的某一物点发出的一系列光线通过光学系统以后的出射光线的位置,由这些出射光线与光轴和像面的交点决定像的位置和大小。

贯穿本章的主要思路可由图 2—1 表示。

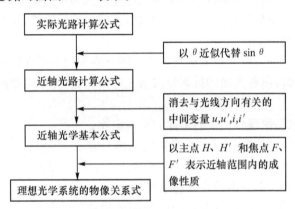

图 2—1　物像关系计算示意图

一、本章要点和主要公式

(一) 实际光路计算公式

根据给定的光学系统的结构参数 r、n、n'、d,由入射光线的坐标 L、U,求出相应的出射光线的坐标 L'、U'。公式为

$$\sin I = \frac{L-r}{r}\sin U, \sin I' = \frac{n}{n'}\sin I \tag{2-1}$$

$$U' = U + I - I', L' = r + \frac{r\sin I'}{\sin U'}$$

转面公式为

$$U_2 = U'_1, L_2 = L'_1 - d \tag{2-2}$$

对于具有任意个折射球面的共轴球面系统，只要连续应用上述公式，就可由入射光线的坐标(L,U)，求出通过光学系统后的实际出射光线的坐标(L',U')。

以上公式适用于已知光学系各面的半径r、透镜厚度和各面之间的间隔d以及介质的折射率n、n'，由入射光线的坐标(L,U)，求出最后一面的出射光线的坐标(L',U')。

根据以上公式计算得到的结果是实际光线在光学系统中所走过的路线。由同一物点发出的不同光线（L相同，U不同），用以上公式计算的出射光线并不交于一点（L'不同），但当入射光线的U角度较小时，出射光线的L'变化不大，这说明靠近光轴的光线，对应的出射光线聚交比较好。因此，对近轴范围内光线的成像性质有必要作进一步的研究。

（二）近轴光路计算公式

如图2—2所示，对于靠近光轴的光线——近轴光线，由于角度U和I较小，可以用角度本身代替角度的正弦值$\sin U$和$\sin I$，这样就得到近轴光路计算公式为

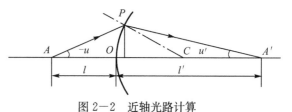

图2—2　近轴光路计算

$$i = \frac{L-r}{r}u , i' = \frac{n}{n'}i \qquad (2-3)$$

$$u' = u + i - i' , l' = r + \frac{ri'}{u'}$$

转面公式为

$$u_2 = u_1' , l_2 = l_1' - d_1 \qquad (2-4)$$

以$l = h/u$，$l' = h/u'$代入并消去中间变量i和i'，就可得到另一种形式的近轴光路计算公式

$$n'u' - nu = \frac{h}{r}(n'-n) \qquad (2-5)$$

转面公式为

$$u_2 = u_1' , h_2 = h_1 - d_1 u_1' \qquad (2-6)$$

对于具有任意一个折射球面的光学系统，也必须连续应用上述公式，才能由入射光线的坐标(l,u)或(h,u)，求出最后一面的出射光线的坐标(l',u')或(h,u')。

以上公式适用于已知光学系统的结构参数r、n、n'、d，由给定的近轴入射光线的坐标求出射光线的坐标。

以上公式计算得到的结果l'实际上与i、u无关，也就是说，由同一物点发出的不同方向的入射光线，利用近轴光路计算公式求出的出射光线都交于同一点l'，与中间变量u、i、u'、i'无关，符合点对应点的理想成像条件，这是我们设计一个光学系统所要达到的目标，同时也是判断一个光学系统成像质量好坏的标准。

（三）近轴光学基本公式

在上述近轴光路计算公式中，由于结果l'与u、u'、i、i'无关，消去这些中间变量之后，就可得到近轴光学基本公式

$$\frac{n'}{l'}-\frac{n}{l}=\frac{n'-n}{r} \qquad \text{单个球面物像位置关系}$$

$$\beta=\frac{y'}{y}=\frac{nl'}{n'l} \qquad \text{单个球面物像大小关系} \right\} \tag{2-7}$$

转面公式为

$$l_2=l_1-d_1,y_2=y'_1 \tag{2-8}$$

近轴光学基本公式是近轴光路计算公式的简化形式,它建立了物像之间的直接关系。两种形式的公式适用范围和得到的结果是完全一致的。

例2-1:一玻璃棒($n=1.5$),长500 mm,两端面为半球面,半径分别为50 mm 和 100 mm,一箭头高1 mm,垂直位于左端球面顶点之前 200 mm 处的轴线上,如图2-3所示。试求:

① 箭头经玻璃棒成像后的像距为多少?

② 整个玻璃棒的垂轴放大率为多少?

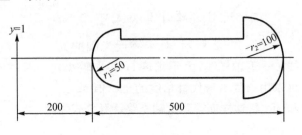

图2-3 玻璃棒成像

解:已知玻璃棒的结构参数:两端面的半径、间隔和玻璃棒材料的折射率 n,以及物体的位置和大小,求经玻璃棒之后所成像的位置和大小。解决这一问题可以采用近轴光学基本公式(2-7)和式(2-8)。

① 首先计算物体(箭头)经第一球面所成像的位置和垂轴放大率,利用式(2-7),有

$$\frac{n'_1}{l'_1}-\frac{n_1}{l_1}=\frac{n'_1-n_1}{r_1}$$

将 $n_1=1,n'_1=n=1.5,l_1=-200$ mm,$r_1=50$ mm,代入上式得

像的位置

$$l'_1=300 \text{ mm}$$

垂轴放大率

$$\beta_1=\frac{n_1 l'_1}{n'_1 l_1}=\frac{1\times300}{1.5\times(-200)}=-1$$

第一球面所成的像作为第二球面的物,根据转面公式(2-8)可求出第二面物距

$$l_2=l'_1-d=300-500=-200(\text{mm})$$

又已知 $n_2=n=1.5,n'_2=1,r_2=-100$ mm,对第二球面再用式(2-7)得

$$\frac{n'_2}{l'_2}-\frac{n_2}{l_2}=\frac{n'_2-n_2}{r_2}$$

求得像距 $l'_2=-400$ mm,即箭头经玻璃棒成像后,所成的像位于第二球面前方 400 mm 处。

垂轴放大率

$$\beta_2=\frac{n_2 l'_2}{n'_2 l_2}=\frac{1.5\times(-400)}{1\times(-200)}=3$$

② 整个玻璃棒的垂轴放大率应为第一球面放大率和第二球面放大率的乘积,即

$$\beta=\beta_1\beta_2=(-1)\times3=-3$$

(四) 理想光学系统的物像关系式

以上三种公式都必须逐面计算,才能够得到整个光学系统的物像关系。为了更直观地表

示整个光学系统的物像关系,引入了共轴球面系统垂轴放大率 $\beta=1$ 的一对共轭面——物方主平面 H 和像方主平面 H' 以及两个基点——F(物方焦点)和 F'(像方焦点)。用一对主平面 H、H' 和两个焦点 F、F' 来表示一个理想光学系统的成像性质,从而导出理想光学系统的物像关系式。

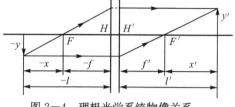

图2-4　理想光学系统物像关系

根据选用的物像位置坐标起始点的不同,理想光学系统的物像关系式可分为高斯公式和牛顿公式两种,归纳如表 2-1 所示。公式中所用到的参数的意义如图 2-4 所示,记住图 2-4 对理解和记忆高斯公式和牛顿公式会有所帮助。

表 2-1　理想光学系统计算公式

公式\条件 名称	牛顿公式——以焦点为起点		高斯公式——以主点为起点	
	$n'\neq n$	$n'=n$	$n'\neq n$	$n'=n$
物像位置	$xx'=ff'$	$xx'=-f'^{2}$	$\dfrac{f'}{l'}+\dfrac{f}{l}=1$	$\dfrac{1}{l'}-\dfrac{1}{l}=\dfrac{1}{f'}$
物像大小 (垂轴放大率)	$\beta=-\dfrac{f}{x}=-\dfrac{x'}{f'}$	$\beta=\dfrac{f'}{x}=-\dfrac{x'}{f'}$	$\beta=-\dfrac{fl'}{f'l}$	$\beta=\dfrac{l'}{l}$
轴向放大率	$\alpha=-\dfrac{x'}{x}$	$\alpha=-\dfrac{x'}{x}$	$\alpha=-\dfrac{fl'^{2}}{f'l^{2}}$	$\alpha=\dfrac{l'^{2}}{l^{2}}$
角放大率	$\gamma=\dfrac{x}{f'}=\dfrac{f}{x}$	$\gamma=\dfrac{x}{f'}=-\dfrac{f'}{x}$	$\gamma=\dfrac{l}{l'}$	$\gamma=\dfrac{l}{l'}$
三种放大率之间的 关系	$\beta=\alpha\gamma$			
两种公式之间的转 换关系	$x=l-f,x'=l'-f'$			
f 与 f' 的关系	$\dfrac{f'}{f}=-\dfrac{n'}{n}$	$f'=-f$	$\dfrac{f'}{f}=-\dfrac{n'}{n}$	$f'=-f$

对高斯公式和牛顿公式说明如下几点:

① 只有当知道系统的焦距 f' 之后,才能使用高斯公式或牛顿公式。如果只知道系统的结构参数 r、n、d,不能直接应用上述两组公式,而必须首先利用近轴光路计算公式(2-5)、公式(2-6)计算一条平行于光轴入射的光线(坐标 $h=h_1,u=0$),根据入射光线的入射高度 h_1 和出射光线与光轴的夹角 u'_k,可求出焦距 f',同时还可由出射光线在最后一面上的投射高 h'_k 和 u'_k 求出焦点位置 l'_k

$$f'=\frac{h_1}{u'_k},\quad l'_k=\frac{h'_k}{u'_k} \tag{2-9}$$

从而确定像方焦点和像方主平面的位置。反过来,计算同样一条光线就可确定物方焦点和物方主平面的位置。

② 牛顿公式和高斯公式计算的结果应该是一致的。解题时使用哪一套公式,应视已知的物(或像)面的坐标是以什么形式(l 还是 x)给出的而定。当然,也可以根据转换式 $x=l-f$, $x'=l'-f'$ 改变物(像)面坐标的形式。

③ 牛顿公式和高斯公式给出的是整个理想光学系统的物像位置和物像大小的直接关系式。只要知道焦距就可以求解出任意物平面所对应的像平面的位置和对应的放大率,反过来,也可以根据给定物像位置确定系统的焦距。

例 2－2：一薄透镜焦距为 200 mm,一物体位于透镜前 300 mm 处(见图 2－5),求像的位置和垂轴放大率。

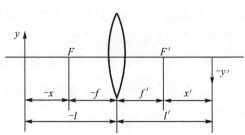

图 2－5　薄透镜成像

解：① 用高斯公式 $\dfrac{1}{l'}-\dfrac{1}{l}=\dfrac{1}{f'}$,有

$l=-300$ mm, $f'=200$ mm

则 $\dfrac{1}{l'}-\dfrac{1}{-300}=\dfrac{1}{200}$,得 $l'=600$ mm。

即像位于透镜后 600 mm 处。

垂轴放大率 $\beta=\dfrac{y'}{y}=\dfrac{l'}{l}=\dfrac{600}{-300}=-2$。

② 用牛顿公式 $xx'=-f'^2$,有

$$x=l-f=-300-(-200)=-100 \text{ (mm)}$$

所以

$$x'=-f'^2/x=-\frac{200\times200}{-100}=400 \text{ (mm)}$$

即像面位于像方焦点后 400 mm 处。

垂轴放大率 $\beta=-\dfrac{x'}{f'}=-\dfrac{400}{200}=-2$。

（五）其他常用公式

1. 物像空间不变式

实际光学系统在近轴范围内成像时,对任意一个物像空间来说,有

$$nuy=n'u'y' \tag{2-10}$$

从而可以得到垂轴放大率的另一个表示形式

$$\beta=\frac{y'}{y}=\frac{nu}{n'u'}$$

以上公式适用于近轴范围内,如果把其应用范围扩大到整个空间就得到理想光学系统的物像空间不变式

$$ny\tan U=n'y'\tan U' \tag{2-11}$$

2. 无限远物(像)的理想像(物)高公式

$$\left.\begin{array}{ll} y'=-f'\tan\omega & \text{（无限远物体的理想像高）}\\ y=f\tan\omega' & \text{（无限远像对应的物高）} \end{array}\right\} \tag{2-12}$$

当一个光学系统物（或像）位于无限远处时，常用以上公式来确定系统的视场光阑的大小、分划板的分划线，以及确定视场、焦距、视场光阑口径三者之间的关系。

例 2-3：一架 135 照相机的镜头焦距为 35 mm（底片框尺寸为 24 mm×36 mm），问该相机的视场为多大？

解：照相机的底片框就是相机的视场光阑，一般以底片框的对角线长度 y' 来确定视场的大小

$$y' = \sqrt{24^2 + 36^2}/2 = 21.63$$

根据公式 $y' = -f'\tan\omega$，所以

$$\omega = 31.72°$$

即该相机的视场为 ±31.72°。

3. 组合系统的焦距公式

当两个光学系统主面之间的间隔为 d，并位于同一种介质中时，组合系统的焦距为

$$\frac{1}{f'} = \frac{1}{f_1'} + \frac{1}{f_2'} - \frac{d}{f_1' f_2'} = -\frac{1}{f} \tag{2-13}$$

组合系统焦点位置为

$$f = \frac{f_1 f_2}{\Delta}, \quad f' = -\frac{f_1' f_2'}{\Delta}$$

$$x_F = \frac{f_1 f_1'}{\Delta}, \quad x_F' = -\frac{f_2 f_2'}{\Delta} \tag{2-14}$$

式中，$\Delta = d - f_1' + f_2$ 表示第一个系统的像方焦点到第二个系统的物方焦点的距离。

当组合系统物空间介质的折射率为 n_1，两系统之间的折射率为 n_2，像空间的折射率为 n_3 时，组合系统的焦距为

$$\frac{n_3}{f'} = \frac{n_2}{f_1'} + \frac{n_3}{f_2'} - \frac{n_3 d}{f_1' f_2'} = -\frac{n_1}{f} \tag{2-15}$$

求解组合系统的成像问题是经常要遇到的，方法之一就是利用上述公式，首先确定组合系统的焦点和主面位置，然后就可以利用牛顿公式或高斯公式求解物像之间的关系。

例 2-4：一组合系统如图 2-6 所示，薄正透镜的焦距为 20 mm，薄负透镜的焦距为 -20 mm，两单透镜之间的间隔为 10 mm，当一物体位于正透镜前方 100 mm 处时，求组合系统的垂轴放大率和像的位置。

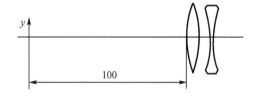

图 2-6　正负透镜组合成像

解法一：可以对正透镜和负透镜先后应用高斯公式或牛顿公式，求出最后的像面位置和系统的放大率。已知条件中给出的物体位置是以 l 形式给出的，所以利用高斯公式相对简单一点。

对单正透镜来说，$l_1 = -100$ mm，$f_1' = 20$ mm，因此有

$$\frac{1}{l_1'} - \frac{1}{-100} = \frac{1}{20}$$

所以　$l_1' = 25$ mm。

对负透镜来说，$l_2 = l_1' - d = 25 - 10 = 15$ (mm)，$f_2' = -20$ mm，有

$$\frac{l}{l_2'}-\frac{1}{15}=\frac{1}{-20}$$

所以 $l_2'=60$ mm，即最后像位置在负透镜后 60 mm 处。

根据放大率 $\beta=\beta_1\beta_2$

$$\beta_1=\frac{l_1'}{l_1}\ ,\beta_2=\frac{l_2'}{l_2}$$

所以

$$\beta=\frac{l_1'l_2'}{l_1 l_2}=\frac{25}{-100}\times\frac{60}{15}=-1$$

解法二： 先根据组合系统的焦点和焦距公式，求出焦点和主平面位置，然后再应用牛顿或高斯公式就可求出最后的像面位置和系统的放大率。

组合系统的焦距可由下面公式求出

$$\frac{1}{f'}=\frac{1}{f_1'}+\frac{1}{f_2'}-\frac{d}{f_1'f_2'}=-\frac{1}{f}\ ,\ \frac{1}{f'}=\frac{1}{20}+\frac{1}{-20}-\frac{10}{20\times(-20)}=\frac{1}{40}$$

即

$$f'=-f=40\ \text{mm}$$

物方焦点位置

$$x_F=\frac{f_1 f_1'}{\Delta}\ ,\Delta=d-f_1'+f_2=10-20+20=10\ (\text{mm})$$

所以 $x_F=-40$ mm。即物方焦点在正透镜物方焦点前 40 mm 处，也就是正透镜左方 60 mm 处。

像方焦点位置

$$x_F'=-\frac{f_2 f_2'}{\Delta}=40\ \text{mm}$$

即组合系统的像方焦点位于负透镜像方焦点后 40 mm 处，也就是负透镜后 20 mm 处，如图 2-7 所示。

由物方焦点和物点位置可以计算出 $-x=100-60$，即 $x=-40$ mm。根据牛顿公式 $xx'=-f'^2$，得

$$x=\frac{-f'^2}{x}=-\frac{40\times40}{-40}=40\ (\text{mm})$$

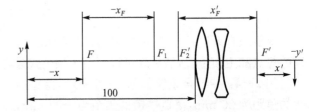

图 2-7　组合系统计算结果示意图

即像面位于组合系统像方焦点后 40 mm 处，也就是负透镜后 $x'+(x_F'+f_2')=40+(40-20)=$ 60 (mm)处。

放大率

$$\beta=-\frac{x'}{f'}=-\frac{40}{40}=-1$$

显然解法一要比解法二更简单，因此解题之前，要根据已知条件，选择适合的计算公式。

4. 理想光学系统的光路计算公式

组合系统的光路计算公式为

$$n' \tan U' - n \tan U = n' \frac{h}{f'} \qquad (2-16)$$

过渡公式

$$U_2 = U_1', \quad h_2 = h_1 - d_1 \tan U_1' \qquad (2-17)$$

对于近轴光线，光路计算公式为

$$n'u' - nu = h \frac{n'}{f'} \qquad (2-18)$$

过渡公式

$$u_2 = u_1', \quad h_2 = h_1 - d_1 u_1' \qquad (2-19)$$

以上公式既可用于理想光学系统，也可用于实际光学系统近轴区域的光路计算。

为了求出组合系统的焦距，除了可以应用组合系统的焦距公式之外，也可以应用以上的光路计算公式计算一条平行于光轴入射的光线，坐标为 $h = h_1$，$\tan U_1 = 0$，得到出射光线的两个坐标 h_k，$\tan U_k'$，就可以得到焦距

$$f' = \frac{h_1}{\tan U_k'} \qquad (2-20)$$

反向再计算同样一条光线就可得到物方焦距。

5. 单个折射球面的焦距公式

单个折射球面的主面 H、H' 与球面顶点重合，物、像方焦距分别为

$$f = -\frac{n r}{n' - n}, \quad f' = \frac{n' r}{n' - n} \qquad (2-21)$$

反射球面相当于 $n' = -n$ 折射球面，因而焦距为

$$f' = f = \frac{r}{2} \qquad (2-22)$$

6. 单透镜的焦距公式

薄透镜的焦距

$$\frac{1}{f'} = (n-1)\left(\frac{1}{r_1} - \frac{1}{r_2}\right) = -\frac{1}{f} \qquad (2-23)$$

厚透镜的焦距

$$\frac{1}{f'} = (n-1)\left(\frac{1}{r_1} - \frac{1}{r_2}\right) + \frac{(n-1)^2 d}{n r_1 r_2} = -\frac{1}{f} \qquad (2-24)$$

以上公式适用于求解位于空气中的单透镜的焦距，当单透镜浸没在其他介质（如水、油）中时，不能采用以上公式。当单个薄透镜周围介质折射率为 n_0 时，可以推导出焦距公式应为

$$\frac{1}{f'} = \left(\frac{n}{n_0} - 1\right)\left(\frac{1}{r_1} - \frac{1}{r_2}\right) = -\frac{1}{f}$$

例 2—5： 一双凸薄透镜的两表面半径分别为 $r_1 = 50$ mm，$r_2 = -50$ mm，求该透镜位于空气中和浸入水（$n_0 = 1.33$）中的焦距分别为多少？（透镜材料折射率 $n = 1.5$）

解： ① 位于空气中时

$$\frac{1}{f'} = (n-1)\left(\frac{1}{r_1} - \frac{1}{r_2}\right) = (1.5-1) \times \left(\frac{1}{50} - \frac{1}{-50}\right) = \frac{1}{50}$$

即
$$f' = -f = 50 \text{ mm}$$

② 位于水中时

$$\frac{1}{f'} = \left(\frac{n}{n_0} - 1\right)\left(\frac{1}{r_1} - \frac{1}{r_2}\right) = \left(\frac{1.5}{1.33} - 1\right) \times \left(\frac{1}{50} - \frac{1}{-50}\right)$$

所以
$$f' = -f = 195.6 \text{ mm}$$

可见当把该透镜浸入水中时,焦距由 50 mm 变成 195.6 mm。

(六) 作图法求理想像的位置和大小

1. 原理

作图法是利用光学系统基点和基面的性质,选用特殊的入射光线或辅助光线,用作图的方法找出其对应的出射光线的方向和位置。可选用的特殊光线及其性质主要有:

① 通过物点平行于光轴入射的光线,经系统出射后过像方焦点 F'。

② 通过物点和物方焦点 F 入射的光线,经系统出射后平行于光轴。

③ 通过物点和物方节点 J 入射的光线,经系统出射后过像方节点 J',且与入射光线平行。

④ 倾斜于光轴入射的平行光束,经系统后,聚焦于像方焦面上某一点。

⑤ 从物方焦面上某一点发出的光束,经系统后,形成一束倾斜于光轴出射的平行光束。

⑥ 入射光线和物方主平面 H 的交点高度与出射光线和像方主平面 H' 的交点高度相等。

2. 成像规律

正透镜的成像规律总结如表 2—2 和图 2—8 所示。

表 2—2　正透镜成像规律

物距	像距	成像性质	实际应用
$l = -\infty$	$l' = f'$	倒立、缩小、实像	望远物镜
$-\infty < l < 2f(\text{I})$	$f' < l' < 2f'(\text{I}')$	倒立、缩小、实像	照相物镜
$l = 2f$	$l' = 2f'$	倒立、大小相等、实像	制版物镜
$2f < l < f(\text{II})$	$2f < l' < \infty(\text{II}')$	倒立、放大、实像	投影物镜、显微物镜
$l = f$	$l' = \infty$	倒(正)立、缩小、实(虚)像	平行光管物镜
$f < l < 0(\text{III})$	$-\infty < l' < 0(\text{III}')$	正立、放大、虚像	放大镜、目镜
$l = 0$	$l' = 0$	正立、大小相等、实像	场镜
$0 < l < \infty(\text{IV})$	$0 < l' < f'(\text{IV}')$	正立、缩小、实像	组合成像

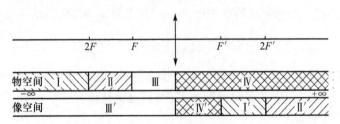

图 2—8　正透镜成像规律

例 2-6：用作图法求图 2-9 中物体 AB 的像 $A'B'$。

解：如图 2-9 所示。

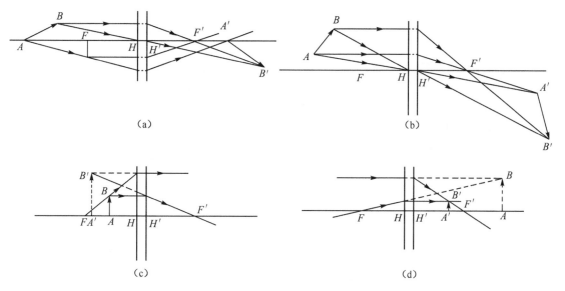

图 2-9　例 2-5 作图法求像

（七）符号规则

为了使公式能普遍地应用于各种情况下，必须先规定好符号规则。

1. 线段

规定由左向右为正，由下向上为正，反之为负。几个常用量计算的起始点和终止点及方向如图 2-10 所示，其中箭头代表计算的方向。

2. 角度

一律以锐角来度量，规定从起始轴到终止轴顺时针转时为正，逆时针转时为负，几个常用角度量旋转的始、终轴如图 2-11 所示。

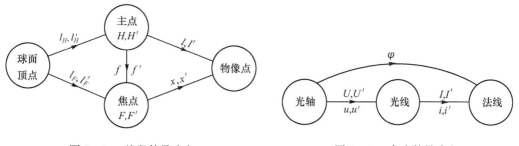

图 2-10　线段符号确定　　　　图 2-11　角度符号确定

我们规定的这套符号规则，无论是线段量还是角度量，在确定计算的始、终点时都是有一定规律的。任何一个参量的起始点（或线），都是相对可以先确定的或者是唯一的点（或线），而终止点（或线）则是稍后才能确定的或者是可变的点（或线）。

例如，L、L' 是从球面顶点到光线与光轴的交点。球面确定后，球面顶点就唯一确定，而光线与光轴的交点则随不同的物像点而不同，因此起点是球面顶点，终点是光线与光轴的交点。

又如, x_F 是从 F_1 到组合系统的 F。F_1 是组成组合系统的第一个子系统的物方焦点,必须先有子系统才能组成组合系统,所以 F_1 是可以先确定的点,而 F 则只有在子系统确定之后才可确定,因此 x_F 是从 F_1 到 F。

再如,I、I' 是从光线起始转到法线。法线实际上是光线在球面上的交点与球心的连线,只有光线确定后才能确定其对应的法线,所以 I、I' 是以光线为旋转的起始线,以法线为终止线。

请读者认真琢磨体会,以便记忆这套符号规则,切记不可随意改变这套规则。

3. 注意事项

① 无论是计算还是推导公式,所作之图中的物理量一律标绝对值。

例如图 2－12 中,负透镜的焦距 f' 为负值,$|f'|=-f'$,同理,按符号规则,l、x 均应为负值,因此,$|l|=-l$, $|x|=-x$,所以图中 f'、x、l 前均应加负号,以满足标绝对值的要求。

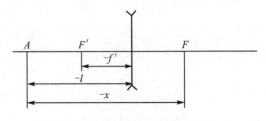

图 2－12　负透镜成像

② 根据几何图形进行数字计算时,要把参量和参量前的符号看成一个整体。

在进行计算之前,应先画好图,并按符号规则标注好图中各量,在计算时应注意各参量的符号。例如图 2－13 中,求 U' 角:

$$\tan U'=\frac{1.0-0.1}{15}\qquad（不正确）$$

$$\tan U'=-\frac{1.0-0.1}{15}\qquad（正确）$$

$$\tan(-U')=\frac{1.0-0.1}{15}\qquad（正确）$$

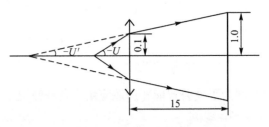

图 2－13　符号标注示意图

③ 教材中的所有公式都是在遵循符号规则的前提下推导出来的,应用时不能任意改变公式。

例如图 2－14 中,已经按符号规则标注好图中各量,在应用高斯公式应注意:

$$\beta=\frac{y'}{-y}\qquad（不正确）$$

$$\beta=\frac{y'}{y}\qquad（正确）$$

$$\beta=\frac{l'}{-l}\qquad（不正确）$$

$$\beta=\frac{l'}{l}\qquad（正确）$$

$$\frac{1}{l'}-\frac{1}{-l}=\frac{1}{f'}\qquad（不正确）$$

$$\frac{1}{l'}-\frac{1}{l}=\frac{1}{f'}\qquad（正确）$$

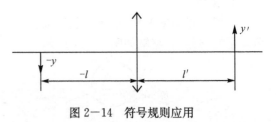

图 2－14　符号规则应用

④ 几何光学中各参量都有符号规则,没有不带符号规则的参量。

二、典型题解与习题

(一)典型题解

例 2-7: 凹面反射镜半径为－400 mm,物体放在何处成放大两倍的实像? 放在何处成放大两倍的虚像?

解: 根据近轴光学基本公式

$$\frac{n'}{l'}-\frac{n}{l}=\frac{n'-n}{r}, \quad \beta=\frac{y'}{y}=\frac{nl'}{n'l}$$

可以得到单个球面的物像关系,反射情形可以看作 $n'=-n=1$ 的折射,将 $n'=-n=1$ 代入以上两式,可得

$$\frac{1}{l'}+\frac{1}{l}=\frac{2}{r} \tag{a}$$

$$\beta=-\frac{l'}{l} \tag{b}$$

对于反射镜,实物成实像时,物和像均在球面镜的同一侧,此时 $\beta<0$;反之,实物成虚像时,物和像分别在球面镜的两侧,此时 $\beta>0$。

根据题意,实物成实像时,$\beta=-2$,代入式(b)有

$$l'=2l$$

代入式(a)得

$$\frac{1}{2l}+\frac{1}{l}=\frac{2}{-400}$$

所以

$$l=-300 \text{ mm}$$

即物体放在反射镜球面顶点前 300 mm 处时,成一放大 2 倍的实像。

同理,实物成虚像时,$\beta=2$,重复上述运算,可得 $l=-100$。也就是说,当物体放在反射镜前 100 mm 处时,可在镜面后成一放大 2 倍的虚像。

例 2-8: 一光源位于 $f'=30$ mm 的透镜前 40 mm 处,问屏放在何处能找到光源像? 垂轴放大率等于多少? 若光源及屏位置保持不变,问透镜移到什么位置时,能在屏上重新获得光源像? 此时放大率等于多少?

解: 本题的前两问是根据透镜的焦距($f'=30$ mm)和物体的位置($l=-40$ mm),求像的位置和大小,因此可以利用物像关系式的高斯公式或牛顿公式进行求解。后两问实际上是在已知 f' 和物像共轭距的情况下,求解物像位置和物像大小之间的关系,解决这类问题的办法也是利用高斯公式或牛顿公式,由已知条件列出共轭点之间的几个方程式,解方程组就可得出结果。

将 $l=-40$ mm,$f'=30$ mm 代入公式

$$\frac{1}{l'}-\frac{1}{l}=\frac{1}{f'}$$

可得

$$l' = 120 \text{ mm}$$

即光源像位于透镜之后 120 mm 处。

又

$$\beta = \frac{l'}{l} = \frac{120}{-40} = -3$$

根据题意,可列出以下方程

$$l' - l = 120 + 40 = 160（共轭距不变） \tag{a}$$

$$\frac{1}{l'} - \frac{1}{l} = \frac{1}{f'} = \frac{1}{30} \tag{b}$$

联立求解式(a)、式(b)可得

$$l_1 = -40 \text{ mm}, l'_1 = 120 \text{ mm} \quad （原物像面位置）$$
$$l_2 = -120 \text{ mm}, l'_2 = 40 \text{ mm} \quad （新物像面位置）$$

所以

$$\beta = \frac{l'}{l} = \frac{40}{-120} = -\frac{1}{3}$$

由以上计算可以看出,当物像共轭距不变时,沿光轴移动光学系统可以找到两个在同一像面上清晰成像的物像位置,这两个位置的垂轴放大率互为倒数,而且其中一个位置的物(像)距在绝对值上等于另一位置的像(物)距。这种关系用光路可逆定理很容易得到解释。这种关系常应用在连续变倍系统中。

例 2-9:一架幻灯机的投影镜头 $f' = 75$ mm,当屏由 8 m 移至 10 m 时,镜头需移动多少? 方向如何?

解:此类问题仍采用高斯公式或牛顿公式解决,这里利用高斯公式解题,请读者用牛顿公式试解本题。

假设镜头应向左移动 Δd(如图 2-15 虚线所示),并且规定 Δd 的符号规则为向左移为负,因此图中 Δd 前标有负号。

当镜头处在原位置时,应用高斯公式有

$$\frac{1}{8\ 000} - \frac{1}{l} = \frac{1}{75}$$

所以 $l = -75.71$ mm

由图 2-15 可知

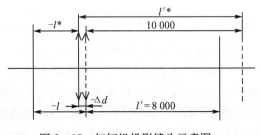

图 2-15 幻灯机投影镜头示意图

$$-l^* = -l - (-\Delta d), l'^* = 10\ 000 + (-\Delta d)$$

所以 $l^* = -75.71 - \Delta d, l'^* = 10\ 000 - \Delta d \approx 10\ 000$

代入高斯公式有

$$\frac{1}{10\ 000} - \frac{1}{-75.71 - \Delta d} = \frac{1}{75}$$

得 $\Delta d = -0.14$ mm

按照符号规则,$\Delta d < 0$,所以镜头应向左移动 0.14 mm。

例 2-10:某照相机可拍摄最近距离为 1 m,装上一个有屈光度($f' = 500$ mm)的近拍镜

后,能拍摄的最近距离是多少?(假设近拍镜和照相镜头密接)

解:解决本题的关键是要弄清近拍镜与照相镜头之间的成像关系。为了拍摄更近距离的物体,首先照相镜头应调到拍摄最近距离的位置,然后再加上近拍镜,近拍镜则将更近距离的物体成像在照相镜头能拍摄的最近距离处,如图 2—16 所示。

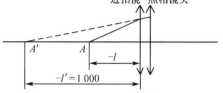

应用高斯公式 $\dfrac{1}{l'}-\dfrac{1}{l}=\dfrac{1}{f'}$,所以

$$\frac{1}{-1\,000}-\frac{1}{l}=\frac{1}{500}\,,l=-333\ \text{mm}$$

即能拍摄的最近距离为 $1/3$ m。

图 2—16　照相机近拍镜头示意图

例 2—11:一凹球面反射镜浸没在水中,物在镜前 300 mm,像在镜前 90 mm,求球面反射镜的曲率半径和焦距。

解:由于凹球镜浸没在水中,因此有

$$n'=-n=n_{水}$$

由近轴光学基本公式

$$\frac{n'}{l'}-\frac{n}{l}=\frac{n'-n}{r}$$

得

$$\frac{1}{l'}+\frac{1}{l}=\frac{2}{r}$$

将 $l=-300,l'=-90$ 代入上式,得

$$\frac{1}{-90}+\frac{1}{-300}=\frac{2}{r}$$

所以

$$r=-138.46\ \text{mm},f'=f=\frac{r}{2}=-69.23\ \text{mm}。$$

例 2—12:假设物面与像面相距 L,其间的一个正薄透镜可有两个不同的位置使物体在同一像面上清晰成像,透镜的这两个位置的间距为 d,试证明透镜的焦距 f' 为

$$f'=\frac{L^2-d^2}{4L}$$

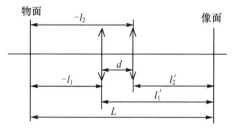

图 2—17　例 2—11 示意图

证明:按题意画出透镜在两个位置时的物像关系,如图 2—17 所示。根据图 2—17 中的几何关系以及高斯公式可以列出以下方程:

$$\frac{1}{l_1'}-\frac{1}{l_1}=\frac{1}{f'} \tag{a}$$

$$\frac{1}{l_2'}-\frac{1}{l_2}=\frac{1}{f'} \tag{b}$$

$$l_1'-l_1=L \tag{c}$$

$$l_2' - l_2 = L \tag{d}$$

$$l_1 - l_2 = d \tag{e}$$

$$l_1' - l_2' = d \tag{f}$$

由式(e)、式(f)可得

$$l_2 = l_1 - d, \quad l_2' = l_1' - d \tag{g}$$

由式(a)、式(b)可得

$$\frac{1}{l_1'} - \frac{1}{l_1} = \frac{1}{l_2'} - \frac{1}{l_2}$$

将式(g)代入得

$$\frac{1}{l_1'} - \frac{1}{l_1} = \frac{1}{l_1' - d} - \frac{1}{l_1 - d}$$

展开后得到

$$l_1' + l_1 = -d \tag{h}$$

式(c)+式(h)得

$$l_1' = \frac{L - d}{2} \tag{i}$$

将式(i)代入式(h)得

$$l_1 = -\frac{L + d}{2} \tag{j}$$

将式(i)、式(j)代入式(a)得

$$\frac{2}{L - d} + \frac{2}{L + d} = \frac{1}{f'}$$

所以

$$f' = \frac{1}{2} \times \frac{(L + d)(L - d)}{(L + d) + (L - d)} = \frac{L^2 - d^2}{4L}$$

例2—13: 由已知 $f_1' = 50$ mm,$f_2' = -150$ mm 的两个薄透镜组成的光学系统,对一实物成一放大4倍的实像,并且第一透镜的放大率 $\beta_1 = -2$,试求:

① 两透镜的间隔;

② 物像之间的距离;

③ 保持物面位置不变,移动第一透镜至何处时,仍能在原像面位置得到物体的清晰像? 与此相应的垂轴放大率为多大?

解: ① 根据题意,组合系统对实物成放大到4倍的实像,因此,组合系统的放大率 $\beta = -4$,因为 $\beta = \beta_1 \beta_2$,而 $\beta_1 = -2$,所以 $\beta_2 = 2$。

由牛顿公式 $\beta_1 = -x_1'/f_1'$,所以

$$l_1' = f_1' + x_1' = f_1' - \beta_1 f_1' = 50 - (-2) \times 50 = 150 \ (\text{mm})$$

$$l_1 = \frac{l_1'}{\beta_1} = \frac{150}{(-2)} = -75 \ (\text{mm})$$

同理

$$l_2' = (1 - \beta_2) f_2' = (1 - 2) \times (-150) = 150 \ (\text{mm})$$

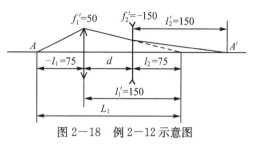

图 2—18　例 2—12 示意图

$$l_2 = \frac{l_2'}{\beta_2} = \frac{150}{2} = 75 \ (\text{mm})$$

第一个透镜所成的像即第二个透镜的物，根据以上关系可得图 2—18。由图 2—18 可知，两透镜之间的距离 $d = l_1' - l_2 = 75$ mm。

② 物像之间的距离为

$$L = -l_1 + l_2' + d = 75 + 150 + 75 = 300 \ (\text{mm})$$

③ 当物面位置不变，移动第一透镜时，为了保证仍能在原像面位置得到物体的清晰像，实际上只要保证第一透镜移动前后的物像共轭距 L_1 不变即可。

由以上计算可得到第一透镜的物像共轭距 L_1 为

$$L_1 = l_1' - l_1 = 150 + 75 = 225 \ (\text{mm})$$

由题意可列出以下方程

$$l' - l = 225, \frac{l}{l'} - \frac{1}{l} = \frac{1}{50}$$

联立求解得两个解

解(1) $\begin{cases} l_1^* = -150 \ \text{mm} \\ l_1^{*'} = 75 \ \text{mm} \end{cases}$　　　　解(2) $\begin{cases} l_1 = -75 \ \text{mm} \\ l_1' = 150 \ \text{mm} \end{cases}$

其中第二个解正是透镜的原来位置。两解之间的透镜位置相距 $\Delta d = l_1 - l_1^* = 75$ mm，新的透镜位置在原位置之后 75 mm 处，此时第一透镜对应的垂轴放大率为

$$\beta_1^* = \frac{l_1^{*'}}{l_1^*} = -\frac{1}{2}$$

整个系统的垂轴放大率为

$$\beta^* = \beta_1^* \beta_2 = -\frac{1}{2} \times 2 = -1$$

例 2—14： 有一光学系统，已知 $f' = -f = 100$ mm，总厚度（第一面到最后一面的距离）为 15 mm，$l_F' = 96$ mm，$l_F = -97$ mm。求此系统对实物成放大 10 倍的实像时物距（离第一面）l_1、像距（离最后一面）l_k' 及物像共轭距 L。

解： 如图 2—19 所示，要想求出 l_1 和 l_k'，只要分别求出 x 和 x' 即可，又由于系统对实物成放大 10 倍的实像，所以 $\beta = -10$ 倍。

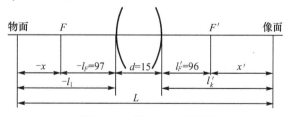

图 2—19　例 2—13 示意图

根据牛顿公式的物像大小关系式

$$\beta = -\frac{x'}{f'}$$

所以
$$x' = -\beta f' = 10 \times 100 = 1\,000 \ (\text{mm})$$

又
$$xx' = f'f$$

所以
$$x = \frac{f'f}{x'} = \frac{100 \times (-100)}{1\,000} = -10 \ (\text{mm})$$

$$l_1 = x + l_F = -10 + (-97) = -107 \ (\text{mm})$$

$$l'_k = x' + l'_F = 1\,000 + 96 = 1\,096 \ (\text{mm})$$

而共轭距
$$L = -l_1 + d + l'_k = 107 + 15 + 1\,096 = 1\,218 \ (\text{mm})$$

例 2−15: 有一正薄透镜对某一物体成实像时,像高为物高的一半;若将物体向透镜移近 100 mm,则所得的实像与物大小相同,求透镜的焦距。

解: 根据题意,第一次成缩小的实像时,$\beta_1 = -0.5$,且有

$$\beta_1 = \frac{l'_1}{l_1} = -0.5 \tag{a}$$

$$\frac{1}{l'_1} - \frac{1}{l_1} = \frac{1}{f'} \tag{b}$$

第二次成物像相等的实像时,$\beta_2 = -1$,且有

$$l_2 = l_1 + 100 \tag{c}$$

$$\beta_2 = \frac{l'_2}{l_2} = -1 \tag{d}$$

$$\frac{1}{l'_2} - \frac{1}{l_2} = \frac{1}{f'} \tag{e}$$

联立求解方程式(a)～式(e)可得

焦距
$$f' = 100 \ \text{mm}$$

当 $\beta = -0.5$ 时,
$$\begin{cases} l_1 = -300 \ \text{mm} \\ l'_1 = 150 \ \text{mm} \end{cases}$$

当 $\beta = -1$ 时,
$$\begin{cases} l_1 = -200 \ \text{mm} \\ l'_1 = 200 \ \text{mm} \end{cases}$$

例 2−16: 一个正透镜焦距为 f',使物体成像于屏上,试求物和像之间最小距离时的垂轴放大率 β。

解: 根据高斯公式
$$\frac{1}{l'} - \frac{1}{l} = \frac{1}{f'} \tag{a}$$

共轭距为
$$l' - l = L \tag{b}$$

由式(b)得 $l' = L + l$,代入式(a)得

$$\frac{1}{L+l} - \frac{1}{l} = \frac{1}{f'}$$

展开后有
$$l^2 + Ll + Lf' = 0$$

求出二次方程根得

$$l = \frac{-L \pm L\sqrt{1 - \dfrac{4f'}{L}}}{2} \tag{c}$$

由实物成实像的要求,可以得出

$$1-\frac{4f'}{L}\geqslant 0$$

所以

$$L\geqslant 4f'$$

由此可得物和像之间最小距离为 $4f'$。

当物像共轭距 $L=4f'$ 时,由式(c)得

$$l=-L/2,l'=L/2$$

所以

$$\beta=\frac{l'}{l}=-1$$

例 2－17:一个正透镜焦距为 100 mm,一个指针长 40 mm,平放在透镜的光轴上,指针中点距离透镜 200 mm。求:

① 指针像的位置和长短;

② 指针绕中心转 90°时,它的位置和大小。

解:① 要想求出指针像的位置和长短,只要分别求出指针两端点通过正透镜后所成的像就可以了。

由题意可知,指针两端点到透镜的距离分别为

$$l_1=-220 \text{ mm},l_2=-180 \text{ mm}$$

根据高斯公式 $\frac{1}{l'}-\frac{1}{l}=\frac{1}{f'}$,可求像距

$$l_1'=183.3 \text{ mm},l_2'=225 \text{ mm}$$

因此,指针像的长度为 $\quad \Delta l=l_2'-l_1'=41.7 \text{ mm}$

② 当指针绕中心转 90°时,指针正好垂直于光轴,此时,$l=-200 \text{ mm}$,$y=40 \text{ mm}$,根据高斯公式

$$\frac{1}{l'}-\frac{1}{l}=\frac{1}{f'}$$

所以

$$l'=200 \text{ mm}$$

又

$$\beta=\frac{y'}{y}=\frac{l'}{l}=\frac{200}{-200}=-1$$

所以

$$y'=\beta y=-1\times 40=-40 \text{ (mm)}$$

即此时指针像位于透镜后 200 mm 处,指针像大小为 40 mm。

例 2－18:用作图法求图 2－20 中位于空气中各薄透镜的焦点 F、F' 的位置。

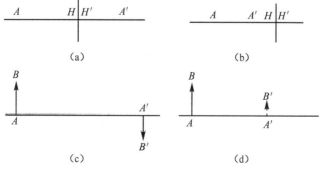

图 2－20 例 2－17 示意图

解：作图法求像的结果如图 2—21 所示。

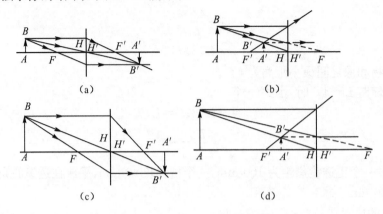

图 2—21　例 2—17 解法示意图

(二) 习题

2—1　有一双胶合物镜,其结构参数为

$$r_1 = 83.220 \text{ mm} \qquad d_1 = 2 \text{ mm} \qquad n_1 = 1$$
$$r_2 = 26.271 \text{ mm} \qquad d_2 = 6 \text{ mm} \qquad n_2 = 1.619\,9$$
$$r_3 = -87.123 \text{ mm} \qquad\qquad\qquad\qquad n_3 = 1.530\,2$$
$$n_4 = 1$$

① 用列表方式计算两条光线的光路,入射光线的坐标分别为

$$L_1 = -300 \text{ mm}, U_1 = -2°$$
$$L_1 = \infty; h = 10 \text{ mm}$$

② 用近轴光路公式计算透镜组的像方焦点和像方主平面位置及与 $l_1 = -300$ mm 的物点对应的近轴像点位置。

2—2　有一放映机,使用一个凹面反光镜进行聚光照明,光源经过反光镜反射以后成像在投影物平面上。光源长为 10 mm,投影物高为 40 mm,要求光源像等于投影物高,反光镜离投影物平面距离为 600 mm,求该反光镜的曲率半径。

2—3　试用作图法求位于凹面反光镜前的物体所成的像。物体分别位于球心之外,球心和焦点之间,焦点和球面顶点之间三个不同的位置。

2—4　试用作图法对位于空气中的正透镜组($f' > 0$),分别对下列物距:

$$-\infty, -2f', -f', -f'/2, 0, f'/2, f', 2f', \infty$$

求像平面位置。

2—5　试用作图法对位于空气中的负透镜($f' < 0$),分别对下列物距:

$$-\infty, 2f', f', f'/2, 0, -f'/2, -f', -2f', \infty$$

求像平面位置。

2—6　已知照相物镜的焦距 $f' = 75$ mm,被摄景物位于距离 $x = -\infty, -10$ m, -8 m, -6 m, -4 m, -2 m 处,试求照相底片应分别放在离物镜的像方焦面多远的地方?

2—7　设一物体对正透镜成像,其垂轴放大率等于 -1,试求物平面与像平面的位置,并用作图法验证。

2—8　已知显微物镜物平面和像平面之间的距离为 180 mm，垂轴放大率等于−5，求该物镜组的焦距和离开物平面的距离（不考虑物镜组二主面之间的距离）。

2—9　已知航空照相机物镜的焦距 $f'=500$ mm，飞机飞行高度为 6 000 m，相机的幅面为 300×300 mm^2，求每幅照片拍摄的地面面积。

2—10　由一个正透镜组和一个负透镜组构成的摄远系统，前组正透镜的焦距 $f'=100$ mm，后组负透镜的焦距 $f'_2=-50$ mm，要求由第一组透镜到组合系统像方焦点的距离与系统的组合焦距之比为 1：1.5。求二透镜组之间的间隔 d 应为多少？组合焦距等于多少？

2—11　如果将题 2—10 中的系统用来对 10 m 远的物平面成像，用移动第二组透镜的方法，使像平面位于移动前组合系统的像方焦平面上，求透镜组移动的方向和移动距离。

2—12　由两个透镜组构成的一个倒像系统，设第一组透镜的焦距为 f'_1，第二组透镜的焦距为 f'_2，物平面位于第一组透镜的物方焦面上，求该倒像系统的垂轴放大率。

2—13　由两个同心的反射球面（二球面的球心重合）构成的光学系统，按照光线反射的顺序第一个反射球面是凹的，第二个反射球面是凸的，要求系统的像方焦点恰好位于第一个反射球面的顶点，求两个球面的半径 r_1、r_2 和二者之间的间隔 d 之间的关系。

2—14　假定显微镜物镜由相隔 20 mm 的两个薄透镜组构成，物平面和像平面之间的距离为 180 mm，放大率 $\beta=-10$，要求近轴光线通过两透镜组时的偏角 Δu_1 和 Δu_2 相等，求两透镜组的焦距。

2—15　电影放映机镜头的焦距 $f'=120$ mm，影片画面的尺寸为 22×16 mm^2，银幕大小为 6.6×4.8 m^2，问电影机应放在离银幕多远的地方？如果把放映机移到离银幕 50 m 远处，要改用多大焦距的镜头？

2—16　一个投影仪用 5$^\times$ 的投影物镜，当像平面与投影屏不重合而外伸 10 mm 时，则需移动物镜使其重合，问物镜此时应向物平面移动还是向像平面移动？移动距离为多少？

2—17　一照明聚光灯使用直径为 200 mm 的一个聚光镜，焦距 $f=400$ mm，要求照明距离 5 m 远的一个 3 m 直径的圆，问灯泡应安置在什么位置？

2—18　已知一个同心透镜 $r_1=50$ mm，厚度 $d=10$ mm，$n=1.516\,3$，求它的主平面和焦点位置。

2—19　按规定的符号规则，利用图 2—22 导出球面折射的光路计算公式。

2—20　为什么要规定符号规则，说明以下各参量的符号规则，并标注在图 2—23 中。
L、L'、r、u、u'、I、I'、y、y'

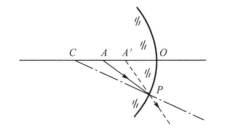

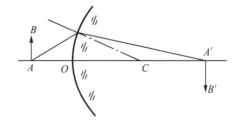

图 2—22　习题 2—19 示意图　　　　图 2—23　习题 2—20 示意图

2—21　说明正负透镜成像时，物像关系的规律。物在不同区间时，像位在什么区间？是虚像还是实像? 是正像还是倒像? 是放大像还是缩小像?

2—22　按符号规则导出球面光路计算的三角公式(假定光线在过光轴的截面内)。要求:

① 画图;

② 按符号规则标图;

③ 推导;

④ 给出转面公式。

2—23　对于一个共轴理想光学系统,如果物平面倾斜于光轴,试问其像的几何形状是否与物相似? 为什么?

2—24　近轴光路计算公式是如何由实际光路计算公式推导出来的? 用它计算出来的像的位置和大小为什么可以代表实际光学系统的像的位置和大小?

2—25　按图 2—24 中给出的主平面的焦点位置,以及物平面 AB 的位置,应用符号规则,导出理想光学系统中计算共轭面位置和垂轴放大率的高斯公式,并给出公式中每个参数相应的符号规则。

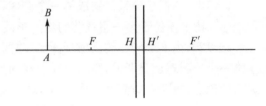

图 2—24　习题 2—25 示意图

2—26　一负透镜位于空气中,已知该透镜的参数为 $r_1 = -50$ mm, $r_2 = 250$ mm, $d = 5$ mm, $n = 1.5$,求透镜的物方主平面之前 100 mm 的物点,经透镜所成的像点位置,并将计算结果用图形标注出来。

2—27　玻璃球中心有一图案,眼睛看此图案时,它的像的位置在哪里? 是放大了还是缩小了? 又玻璃球作为一个透镜,它的主平面位置在哪里?

2—28　如图 2—25 所示,MN、PQ 为以 O 为球心,半径为 100 mm 的圆球上的两部分,内壁镀上反光膜,距球心 10 mm 处有一物点 A,求 A 点通过反射镜 MN 所成的像点位置及 A 点通过反射镜 PQ 所成的像点位置。

2—29　一气体火焰离墙 8 mm 远,如图 2—26 所示,为了在墙上得到一个放大 3 倍的火焰实像,问火焰应离开凹面反射镜多远? 反射镜的焦距是多少?

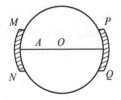

图 2—25　习题 2—28 示意图

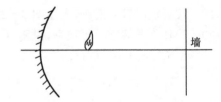

图 2—26　习题 2—29 示意图

2—30　一球面反射镜的半径为 50 mm,试求放大倍率为 4 倍的两对物像共轭面的位置,在这两个位置上的像是实像还是虚像?

2—31　一物体位于凹球面反射镜顶点前 40 mm 处,球面反射镜半径为 120 mm,求像的位置和大小。

2—32　一球形灯半径为 20 mm,经一离灯光 200 mm 的钢球珠成像,如果钢球珠的半径为 10 mm，求灯光像的位置和大小。

2—33　有一凹面反射镜和一凸面反射镜，半径都为 10 cm，现将它们面对面地放置在相距 20 cm 的同一轴线上，并在它们之间的中点放置一高 3 cm 的物体，求该物体先经凸面反射镜再经凹面反射镜所成的像的位置和大小。

2—34　一物体位于球面反射镜前 60 cm，并在 15 cm 的地方成一个虚像，试问球面反射镜是凸面镜还是凹面镜？放大倍率是多少？

2—35　一凹面反射镜 A 的焦距为 10 cm，另一凸面反射镜 B 的焦距为 25 cm，两镜面相对地放置在相距 20 cm 的光轴上，一物体高 4 cm 垂直位于 A、B 之间的光轴上，物体离 A 15 cm，如图 2—27 所示。求：

(1) 先经 A 后经 B 所成像的位置和大小；

(2) 先经 B 后经 A 所成像的位置和大小。

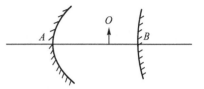

图 2—27　习题 2—35 示意图

2—36　将一平行平板玻璃置于平行光路和非平行光路两种情况下，光学系统的像面位置是否有变化？为什么？

2—37　用显微镜观察裸露物体时，物平面 AB 离显微镜物镜定位面 CD 为 45 mm，如果在物平面上覆盖一个厚度为 1.5 mm，折射率为 1.525 的盖玻片（图 2—28 中虚线所示）时，为保持像面位置不变，物平面到定位面 CD 间的实际距离应为多少？

2—38　如图 2—29 所示，双球面反射镜系统由主镜 O_1 和次镜 O_2 构成，总焦距 $f' = 500$ mm。若要求将无限远目标成像在主镜 O_1 后且 $O_1F' = 20$ mm 处，次镜 O_2 的垂轴放大率 $\beta_2 = 5$，试求主镜 O_1 和次镜 O_2 的曲率半径及两镜间的间隔 O_1O_2。

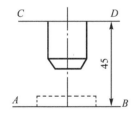

图 2—28　习题 2—37 示意图

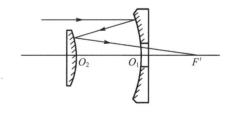

图 2—29　习题 2—38 示意图

2—39　照相机镜头的焦距 $f' = 75$ mm，要求拍摄的景物最近距离为 1 m，利用镜头的伸缩进行调焦，问要求镜头伸缩的最大范围等于多少？

2—40　一个焦距为 50 mm 的放大镜，要求观察的最大物体尺寸为 20 mm，物体置于放大镜的物方焦平面上，眼睛在放大镜后方 80 mm 处进行观察，问放大镜的最小直径应为多大？

2—41　在报纸上盖有一块折射率为 1.516 3，厚度为 30 mm 的玻璃板。当人眼透过玻璃板观看报纸时，字的距离是否变化？如何变化？

2—42　在一个透镜组前方有一物平面，测得其垂轴放大率 $\beta = -1/2$，如果将该物平面向透镜移近 100 mm，重新测得其垂轴放大率 $\beta = -1$，求该透镜组的焦距和前后两次物平面的物距。

2—43　显微物镜的工作台到成像平面的距离为 180 mm，要求物镜的放大倍数为 5 倍，问物镜的焦距应等于多少？工作台离物镜的距离又是多少？

2—44　一显微镜物镜的焦距 $f'=13.75$ mm，其物像平面之间的距离为 180 mm(忽略主平面之间的间隔)，求这对共轭面的三种放大率(垂轴放大率、角放大率、轴向放大率)。

2—45　垂轴放大率、角放大率、轴向放大率的定义是什么？它们之间存在什么关系？

2—46　利用如图 2—30 所示的照明器，在 15 m 远的地方照明一个直径为 2.5 m 的圆面积，聚光镜的口径为 150 mm，灯泡离聚光镜 130 mm，问聚光镜的焦距应该等于多少？

2—47　利用一个正透镜转像时，应该把它放在什么位置才能使镜筒最短？

2—48　某变倍望远镜的转像系统如图 2—31 所示，为了改变望远镜的倍率，将透镜 1 向透镜 2 方向移动 50 mm，然后相应地移动透镜 2，使最后像面位置保持不变，求透镜 2 的移动方向和移动距离。此时转像系统的倍率和移动前倍率的比值等于多少？

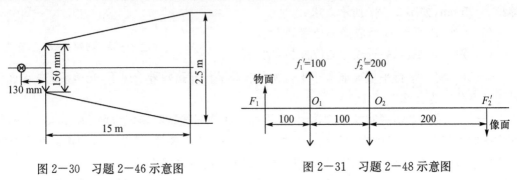

图 2—30　习题 2—46 示意图　　　　图 2—31　习题 2—48 示意图

2—49　小型天象仪中恒星星空是由 32 个恒星放映器将星板成像到天幕上拼接而成的，调试中发现某放映器的倍率偏小(指绝对值)，那么应改用焦距长一些的放映器还是焦距短一些的放映器？为什么？(天幕到放映器的距离认为不变)

2—50　在正薄透镜前方 50 mm 处一物体通过该透镜成像。当此透镜后移 100 mm 时，成像仍在原像面位置，试求该透镜焦距和两种情况下的像高之比。

2—51　在焦距 $f'=100$ mm 的望远镜物镜的后面 70 mm 处有一块滤光镜，厚度 $d=5$ mm，折射率 $n=1.5$，为了保持像面位置不变，将滤光镜的第二面做成球面(第一面为平面)，问该球面的半径为多少？

2—52　某一薄负透镜使一虚物成一虚像，物像间的距离为 90 mm，放大率 $\beta=-1/2$。

(1)透镜处于此位置时的物距 l 和像距 l' 各为多少？透镜的焦距 f' 为多大？

(2)移动透镜到某一位置，可以在保持物像平面均不变的情况下改变物像之间的垂轴放大率，求透镜在此新位置时的物距、像距以及垂轴放大率。

2—53　某透镜将位于它前面的高为 20 mm 的物体成一倒立的高为 120 mm 的实像，若把物向透镜方向移动 10 mm，则像成在无限远处，求透镜的焦距及移动前原位置时的物距和像距。

2—54　一个薄透镜对一物体成一实像，放大率为 -1，今设另一薄透镜紧贴于第一透镜上，则见到该像向透镜方向移动 20 mm，放大率为原先的 3/4 倍，求两透镜的焦距。

2—55　一束平行光垂直入射到平凸透镜上，会聚于透镜后 480 mm 处，如在此透镜凸面上镀银，则平行光会聚于透镜前 80 mm 处，透镜的中心厚度为 15 mm，求透镜的折射率及凸面的曲率半径。

2—56　有一薄透镜，当物体位于某一位置时，$\beta=-3$；当物体向着透镜移动 50 mm 时。

$\beta = -5$。求该透镜的焦距。

2—57 已知物平面到像平面的距离为 100 mm,透镜焦距 $f' = 16$ mm,问透镜应放在离物平面多远的位置及这对共轭面的垂轴放大率为多大?

2—58 在一对固定的物平面和像平面之间放一个正透镜,可以找到两个透镜位置,使物平面成像在同一像平面上,对应的放大率为 β_1 和 β_2,求证 $\beta_1 = 1/\beta_2$。

2—59 垂直光轴的物体经过两个薄透镜投射到投影屏上,若物高为 40 mm,物位于第一透镜前 200 mm 处,两透镜主面之间距离为 150 mm,第二透镜距屏 30 m。第二透镜焦距为 100 mm,试求第一透镜的焦距以及屏的最小高度。

2—60 某垂直于光轴的物体通过一正透镜成一放大 10 倍的倒立实像。像高为 200 mm,将该物体向远离物镜方向移动 70 mm 时,像面则移动 875 mm,并量得像高为 25 mm,求物体大小、透镜焦距及两种情况下的物距和像距。

2—61 一薄透镜的实物与实像之间的距离为 320 mm,如果像是物的 3 倍,求透镜的位置和焦距。

2—62 证明当正透镜实物成实像时,物像共轭面之间的距离满足关系 $l' - l \geq 4f'$。其中 l 为物距,l' 为像距,f' 为焦距。

2—63 用高斯公式和牛顿公式求图 2—32 中的物距 x。

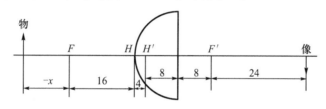

图 2—32 习题 2—63 示意图

2—64 一个透镜成像时,当物体由无限远处移到透镜前 0.2 m 处时,像面移动了 8 mm,求该透镜的焦距。

2—65 一圆环物体直径为 40 mm,位于透镜前 400 mm 处,成一个直径为 20 mm 的像,求像的位置和透镜的焦距。

2—66 垂直于光轴放置的高度为 1 mm 的物体通过某透镜后成一实像,像高为 5 mm,若沿光轴移动该物体,其像向远离透镜方向移动 187.5 mm,像高度为 12.5 mm。试求该透镜的焦距。

2—67 有一薄透镜使位于它前方高为 10 mm 的物成一个倒立的高为 60 mm 的像。若把物体向透镜方向移近 50 mm,则像成在无限远处,求该透镜的焦距。

2—68 由两个焦距相等的薄透镜组成一个光学系统,两者之间的间隔等于透镜焦距,即 $f_1' = f_2' = d$,用此系统对前方 60 mm 处的物体成像,已知垂轴放大率为 -5,求薄透镜的焦距和间隔以及物像平面之间的共轭距。

2—69 一个光焦度为 φ 的光学系统的两个共轭点的间隔为 L,试证 L 与共轭点的垂轴放大率 β 和 φ 满足关系式 $2 - \beta - (1/\beta) = L\varphi$。

2—70 有一薄正透镜对某一物成倒立的实像,像高为物高的一半,今将物向透镜移近 100 mm,则所得像与物大小相同,求该正透镜的焦距。

2—71 要求用两个焦距分别为 $f_1'=100$ mm，$f_2'=50$ mm 的薄透镜组成一个总焦距为 $f'=80$ mm 的镜头，问两透镜之间的间隔应等于多少？

2—72 由两个薄透镜组合成的光学系统，已知组合焦距 $f'=200$ mm，第一透镜的焦距为 $f_1'=100$ mm，$f_2'-d=50$ mm，求第二透镜的焦距。

2—73 由两个密接的薄透镜组合成一个光学系统，它们的焦距分别为 $f_1'=100$ mm，$f_2'=50$ mm，设 $\beta=-1/10$，求物像间的距离。

2—74 由 $f_1'=20$ mm，$f_2'=40$ mm，间隔 $d=10$ mm 的两个薄透镜构成的薄透镜系统，已知物像之间的共轭距离为 200 mm，求物像之间的垂轴放大率。

2—75 一摄影物镜由两个薄透镜组构成，$f_1'=-90$ mm，$f_2'=60$ mm，F_1 和 f_2' 重合，确定其像方焦点和主点的位置，并用作图法验证。

2—76 有一组合系统，已知 $f_1'=200$ mm，$f_2'=100$ mm，$d=50$ mm，对某一对共轭面垂轴放大率 $\beta=-1/4.5$，求由该物平面轴上点发出的与光轴夹角 $u_1=-0.1$ 的近轴光线在两个透镜组上的投射高。

2—77 设有一由正负透镜组构成的组合系统，前面正透镜组的焦距 $f_1'=100$ mm，后面负透镜组的焦距 $f_2'=-100$ mm。如果两透镜组均按薄透镜看待，它们之间的距离为 50 mm，求组合系统的焦距。设在前方 10 m 处有一物体，物高 1 m，问该物体通过组合系统后所成像的位置和大小各等于多少？

2—78 一薄透镜系统由 A、B 两薄透镜构成，$f_A'=10$ mm，$f_B'=-25$ mm，一实物通过该薄透镜系统后形成一倒立放大实像，垂轴放大率 $\beta=-20$。已知该实物通过薄透镜 A 的垂轴放大率为 $\beta_A=-4$，求两薄透镜 A、B 之间的间隔 d 及该薄透镜系统的组合焦距。

2—79 由两个焦距分别为 $f_1'=20$ mm，$f_2'=20$ mm 的薄透镜构成的光学系统，其间隔 $d=15$ mm，在第一透镜前 15 mm 处有一个高为 10 mm 的物体，求像的位置和大小。

2—80 两个薄的正透镜焦距都为 f_1'，相距 $2/3f_1'$，求组合系统的焦距 f'。

2—81 有三个焦距分别为 100 mm，—100 mm，100 mm 的透镜，按顺序前后相隔 20 mm 排列在一条直线上，假如一束平行光线入射到第一个透镜上，问这束光线交在第二透镜后的什么地方？

2—82 一点光源位于正透镜的光轴上，其像位于透镜另一侧的 250 mm 处，当第二透镜紧接在第一透镜放置时，光源像成在第二透镜后 400 mm 处，求第二透镜的焦距。

2—83 如果两个薄透镜共轴并且像方焦点重合在一起，证明：

(1)组合系统的像方焦点位于两薄透镜的像方焦点到第二透镜之间距离的中点；

(2)光线在第二透镜上的偏向角是第一透镜上偏向角的两倍(假设角度都很小)。

2—84 由一个正透镜和一个负透镜构成的摄远系统(见图2—33)，假定两薄透镜焦距的绝对值相等。如果要求系统的相对长度 L/f' 为极小值，问两透镜的间隔为多少？此时 L/f' 值等于多少？

2—85 如图2—34所示，光学系统由透镜组 O_1 和半径为 7.5 mm 的球面反射镜 O_2 构成。其间隔 $O_1O_2=18$ mm，分划板 P 离透镜组 O_1 为 10 mm，要求分划板 P 的共轭像 P' 离 O_1 为 100 mm，求透镜组 O_1 的焦距。

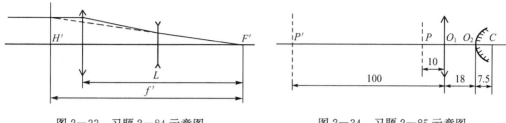

图 2－33 习题 2－84 示意图　　　　图 2－34 习题 2－85 示意图

2－86 一个等凸薄透镜 L_1 和一个负薄透镜 L_2 胶合在一起,双胶合透镜在空气中的焦距为 500 mm,如果它们的折射率分别为 1.5 和 1.6,L_2 的焦距是－500 mm,求两薄透镜各面的半径。

2－87 设有一同心透镜,其厚度为 30 mm,玻璃的折射率为 1.5,焦距为 $f'=-100$ mm,求两个半径各等于多少? 它的主面在哪里?

2－88 已知一透镜 $r_1=-200$ mm,$r_2=-300$ mm,$d=50$ mm,$n=1.5$,求焦距、光焦度及基点位置。

2－89 已知一个位于空气中的双凸透镜 $r_1=50$ mm,$r_2=-50$ mm,厚度 $d=2$ mm,折射率 $n=1.5$,试求:

(1)透镜的像方焦距及忽略厚度时的像方焦距;

(2)基点位置并画图表示。

2－90 一薄的双凸透镜水平放置在水面上,浸在水里的球面半径为 20 cm,暴露在空气中的球面半径为 50 cm,玻璃和水的折射率分别为 1.5 和 1.33,一昆虫在透镜上方飞动,一小鱼在透镜下方的水里游动,如图 2－35 所示,它们相互都能看到来自对方的平行光线,试问它们各自离开透镜的距离是多少? 如果把透镜翻过来放置,它们各自离开透镜的距离又是多少?

2－91 一薄透镜的折射率为 1.53,位于空气中时的焦距为 100 mm,求将此透镜浸入水($n=1.33$)中时的焦距。

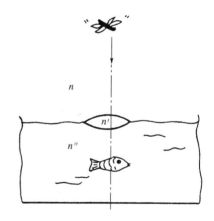

图 2－35 习题 2－90 示意图

2－92 试求一透镜位于水中和位于空气中的焦距之比。假设透镜的材料折射率 1.5,水的折射率为 1.33。

2－93 一薄透镜的折射率为 n,两球面半径分别为 R_1 和 R_2,平躺在折射率分别为 n_1 和 n_2 的两种介质的分界面上,如果 l、l' 分别为物距、像距,f、f' 分别为物方和像方焦距,证明

$$\frac{f}{l}+\frac{f'}{l'}=1$$

2－94 一薄透镜的折射率为 1.6,其中一面为平面,现要求该透镜在 250 mm 处成一个 5 倍的虚像,问该透镜的另一面半径应该是多少?

2－95 一瓶甘油液体中有一气泡,气泡的直径为 2 mm,甘油的折射率为 1.48,求该气泡的焦距。

2—96　一平凸透镜的凸面半径为100 mm,厚度为30 mm,如果透镜的平面面向点光源,要想得到平行光,问透镜应该离点光源多远?（$n=1.5$）

2—97　一双凸薄透镜的两面半径都为300 mm,折射率为1.65,一面位于空气中,另一面浸在水中,如果一束平行光由空气中入射到该透镜上,求经过透镜后光束会聚点的位置。(水的折射率为1.33)

2—98　一个薄透镜的玻璃折射率$n=1.5$,把它浸没在水中(折射率为1.33)。求在水中的焦距f'_w的表示式,用它在空气中的焦距f_a表示。

2—99　设有一透镜,$r_1=400$ mm,$r_2=200$ mm,$n=1.5$,试问在怎样的厚度时该透镜就变成了望远系统?如果这个透镜的厚度大于该厚度(指变成望远系统时的厚度),试问该透镜是发散透镜还是会聚透镜?为什么?

2—100　已知一对共轭点A、A'的位置和系统像方焦点F'的位置(见图2—36),假定物像空间介质的折射率相同,试用作图法求出该系统的物方和像方主平面位置及物方焦点位置。

2—101　试用作图法找出图2—37中显微镜的物方焦点和像方焦点以及物方主平面和像方主平面的位置。

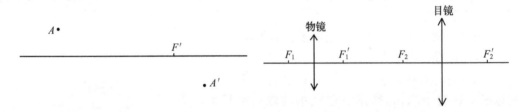

图2—36　习题2—100示意图　　　　　　图2—37　习题2—101示意图

2—102　用作图法求图2—38中位于空气中的薄透镜系统的组合像方焦点和像方主平面的位置,并证明组合系统的焦距f'与第一个薄透镜组的焦距f'_1和物体位于无限远时第二个薄透镜组的垂轴放大率β_2之间存在以下关系:

$$f'=f'_1\beta_2$$

2—103　用作图法画出图2—39中所示光线在系统中走过的路径。

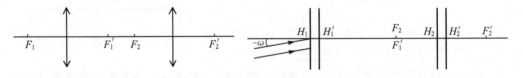

图2—38　习题2—102示意图　　　　　　图2—39　习题2—103示意图

2—104　有一位于空气中的理想光学系统,已知其主平面H、H'位置及一对共轭点位置(见图2—40),用作图法求物空间任意一点B的像B'的位置。

2—105　用作图法求图2—41中各种情况下的物通过光学系统后所成的像。

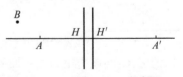

图2—40　习题2—104示意图

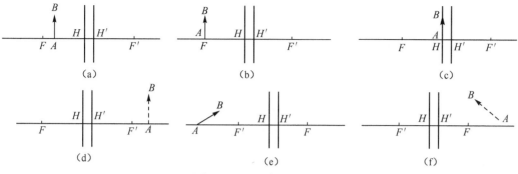

图 2—41　习题 2—105 示意图

2—106　用作图法求图 2—42 中物点 A 的像。

2—107　图 2—43 中,已知物点位于无限远,试用作图法求物点经过图中系统所成像的位置。

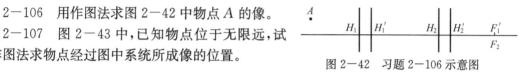

图 2—42　习题 2—106 示意图

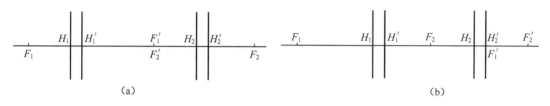

图 2—43　习题 2—107 示意图

2—108　有一组合系统,$f_1'>0,f_2'<0,f_1'=-4f_2',F_1'$ 和 F_2 重合,物距 $l_1=-(1/4)f_1'$(见图 2—44),试用作图法分别对该光学系统的轴上点 A 和轴外点 B 求像的位置。

2—109　用作图法求图 2—45 中物体 y 的像的位置和大小。

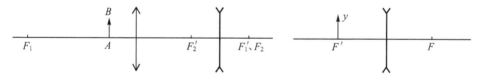

图 2—44　习题 2—108 示意图　　　　图 2—45　习题 2—109 示意图

2—110　用作图法求图 2—46 中光学系统的像方焦点和像方主平面。

2—111　用作图法求图 2—47 中物方线段 AB 的共轭线段。

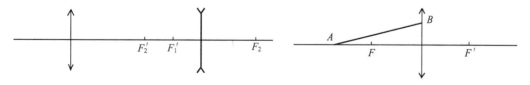

图 2—46　习题 2—110 示意图　　　　图 2—47　习题 2—111 示意图

2—112　用作图法求图 2—48 中像 $A'B'$ 对应的物的位置和大小。

2—113　用作图法求图 2—49 中 $ABCD$ 的像。

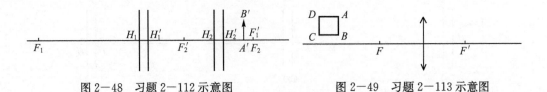

图 2-48　习题 2-112 示意图　　　　　图 2-49　习题 2-113 示意图

2-114　用作图法求图 2-50 中物方主平面和像方主平面的位置。

2-115　用作图法求图 2-51 中物 AB 的像。

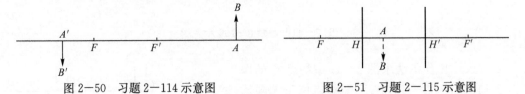

图 2-50　习题 2-114 示意图　　　　　图 2-51　习题 2-115 示意图

2-116　图 2-52 中，J、J' 为节点，用作图法找出系统的主面位置及物 AB 的像。

图 2-52　习题 2-116 示意图

2-117　如图 2-53 所示，已知主面和轴上两对共轭点位置，求系统的物方和像方焦点位置。

2-118　图 2-54 中 C 和 F 分别为反射球面的球心和焦点，试用作图法求物 AB 的像。

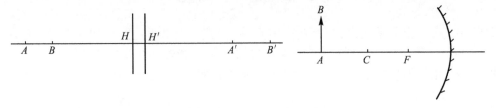

图 2-53　习题 2-117 示意图　　　　　图 2-54　习题 2-118 示意图

2-119　图 2-55 中，F、F' 为焦点，H、H' 为主面，C 为球面的球心，试用作图法求物体 Q 的像。

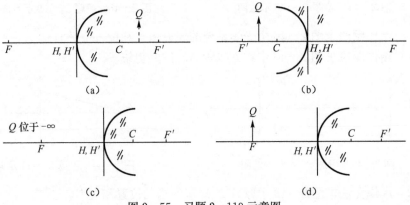

(a)　　　　　　　　　　　　　(b)

(c)　　　　　　　　　　　　　(d)

图 2-55　习题 2-119 示意图

2—120　用作图法求出图 2—56 中(a)～(h)的物体 AB 的像。

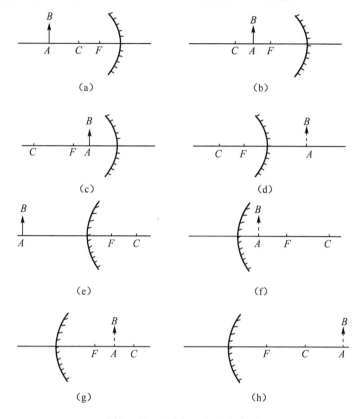

图 2—56　习题 2—120 示意图

第三章 眼睛和目视光学系统

一、本章要点和主要公式

（一）人眼的构造

光学仪器中的一大类仪器是目视仪器,这类仪器与眼睛配合使用以增强人眼的视觉能力,因此要了解目视光学系统,首先必须对人眼结构和性能有所了解。我们要了解的不是医学和解剖学中的眼,而是从光学角度来了解它的主要构造和性能,从光学角度看人眼相当于一架高级照相机。

人眼有水晶体,它是由多层透明介质薄膜构成的一个可调节的双凸透镜,相当于照相机的镜头。人眼的虹膜位于水晶体前面,中央是一个圆孔,可以随物体亮暗程度改变圆孔的直径,以调节进入眼睛的光束口径,称为瞳孔,相当于照相机中的可变光阑。人眼视网膜可以感光,相当于照相机中的底片。

（二）人眼的调节

为了使不同距离的物体都能在视网膜上形成清晰的像,必须随着物体距离的改变相应地改变眼睛的焦距,这个过程称为"眼睛的调节"。眼睛的调节程度用视度表示。若视网膜在物空间的共轭面离开眼睛的距离为 l (以 m 为单位),则 l 的倒数称为视度,用 SD 表示

$$SD = \frac{1}{l} \tag{3-1}$$

正常人眼,在没有调节的自然状态下,无限远物体的像正好成在视网膜上,此时的视度为

$$SD = \frac{1}{\infty} = 0$$

正常人眼观察从无限远到 250 mm 范围内的物体时,可以毫不费力地调节。250 mm 被规定为正常人眼的"明视距离",对应明视距离的视度为 $SD = 1/(-0.25) = -4$。

（三）人眼的视角分辨率

人眼能否分辨两物点,取决于两物点在视网膜上成像的距离,而视网膜上两像点的距离由两物点对人眼张角——视角所决定。刚刚能分辨的两物点对人眼的张角称为人眼的"视角分辨率",数值约为 $60''$。

（四）视放大率

目视光学仪器是帮助人眼扩大视觉功能的,它的作用大小用视放大率来描述。

视网膜上像的大小近似地和视角的正切成正比,因此,把同一目标用仪器观察的视角 $\omega_{仪}$ 和人眼直接观察的视角 $\omega_{眼}$ 二者正切之比称为目视光学仪器的"视放大率",用 Γ 表示,即

$$\Gamma = \frac{\tan \omega_{仪}}{\tan \omega_{眼}} \qquad (3-2)$$

它实际表示了用仪器观察和人眼直接观察时,视网膜上像的大小之比,描述了仪器放大作用的大小。

(五)对目视光学仪器的共同要求

① 放大视角,即视放大率$|\Gamma|$应大于1。

② 通过仪器后出射光束应为平行光束,即成像在无限远处,使人眼相当于观察无限远物体,处于自然放松无调节状态。

(六)望远镜的工作原理

根据所观察目标的位置不同,目视光学仪器分为两大类:

① 观察远距离目标的望远镜系统。

② 观察近距离目标的显微镜系统。

对望远镜来说,目标在远距离时,进入望远镜的光束可视为平行光;为了使人眼不易疲劳,目视光学仪器的出射光束应为平行光束,因此望远镜应该是一个平行光射入、平行光射出的系统,或者说是把无限远物成像在无限远的无焦系统。最简单的望远镜光学系统由物镜和目镜组成,物镜和目镜之间的光学间隔应该等于零,即物镜的像方焦点和目镜的物方焦点重合。

由于物体位于无限远处,同一目标对仪器的张角ω(仪器的物方视场角)和对人眼的张角$\omega_{眼}$ 显然是相等的,即$\omega=\omega_{眼}$。而该目标通过仪器后对人眼的张角$\omega_{仪}$ 就等于仪器的像方视场角,即ω',将以上关系代入式(3-2)得望远镜的视放大率Γ 为

$$\Gamma = \frac{\tan \omega'}{\tan \omega} \qquad (3-3a)$$

根据望远镜的成像关系,望远镜的视放大率还可以用物镜和目镜焦距直接表示为

$$\Gamma = -\frac{f'_{物}}{f'_{目}} \qquad (3-3b)$$

欲扩大对人眼的张角,$|\Gamma|$应大于1,即物镜焦距应大于目镜焦距的绝对值。

望远镜系统有一与其他光学系统不同的地方,就是望远镜系统的角放大率与共轭面的位置无关,数值上与视放大率相等。根据放大率之间的关系,望远镜系统的垂轴放大率和轴向放大率自然也与共轭面的位置无关。

望远镜主要分两大类型:

① 开普勒望远镜。该系统中,$f'_{物} > 0, f'_{目} > 0$,$\Gamma < 0$,系统成倒像,一般需另加入棱镜或透镜式倒像系统。这种系统有中间实像,可以安装分划板,以进行瞄准和测量。

② 伽利略望远镜。该系统中,$f'_{物} > 0, f'_{目} < 0$,$\Gamma > 0$,系统成正像,无须加入倒像系统,但这种系统没有中间实像,无法安装分划板,主要用于观察,且倍数不高,一般$\Gamma < 6$。

(七)显微镜的工作原理

显微镜是观察近距离微小物体的,也由物镜和目镜两部分组成,物体首先通过显微物镜成倒立放大的实像,位于目镜的物方焦平面上,再经过目镜成像在无限远处。目镜相当于一个放大镜。放大镜的视放大率$\Gamma = 250/f'$。显微镜视放大率的定义是:同一物体用仪器观察的视

角 $\omega_{仪}$ 和把物体放在明视距离 250 mm 处直接观察时的视角 $\omega_{眼}$ 二者正切之比。

显微镜的视放大率可表示为

$$\Gamma = \frac{\tan \omega_{仪}}{\tan \omega_{眼}} = \frac{-250\Delta}{f'_{物}\, f'_{目}} \tag{3-4}$$

$$\Gamma = \beta\, \Gamma_{目} \tag{3-5}$$

$$\Gamma = \frac{250}{f'} \tag{3-6}$$

式(3-6)中的 $f' = \dfrac{-f'_{物}\, f'_{目}}{\Delta}$ 为显微镜系统的组合焦距,此式的形式与放大镜的形式是完全一样的,因此显微镜可以看作一个组合的放大镜。

(八) 眼睛的缺陷和目视光学仪器的调节

正常眼——在自然状态下,眼睛的像方焦点 $F'_{眼}$ 与视网膜重合。

近视眼——眼睛的像方焦点 $F'_{眼}$ 位于视网膜的前方。

远视眼——眼睛的像方焦点 $F'_{眼}$ 位于视网膜的后方。

远点距离——眼睛能看清的最远距离。正常人眼远点距离为无限远;近视眼远点位于人眼前方有限距离处;远视眼远点位于人眼后方有限距离处。从光线的角度看,远视眼是把会聚到人眼后方的有限距离处的光线聚交到视网膜上。对于无限远处来的平行光束,它需先会聚一下才能成像在远视眼远点处,使正常人眼的远点和远视眼的远点相对应,因此远视眼的矫正需配会聚透镜,同理近视眼需配发散透镜。

人眼近视或远视的程度用远点距离(m)对应的视度表示

$$SD = 1/l_{远} \tag{3-7}$$

矫正视力的眼镜的焦距值与远点距离相同。

目视光学仪器为适应正常人眼和近视眼、远视眼的需要,通常采用移动目镜的方法调节视度,使仪器所成的像位于目镜前方或后方一定距离处。

调节的视度 SD 与目镜的移动量 x 之间的关系为

$$x = \frac{-SD f'^{2}_{目}}{1\,000} \;(\text{mm}) \tag{3-8}$$

对近视眼,SD 为负值,则 x 为正值,目镜应移向物镜方向;对远视眼,SD 为正值,则 x 为负值,目镜应远离物镜。式中,$f'_{目}$ 以 mm 为单位。

(九) 双眼观察仪器

视差角——用双眼观察同一物点时,两眼视轴间的夹角 α 称为"视差角"。

双眼立体视觉——如图 3-1 所示,用双眼观察不同物体时,由于各物体对应的视差角的差异,使人眼视觉中枢产生物体在空间深度上远近不同的判断和感觉。

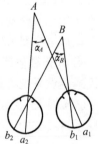

图 3-1　双眼立体视觉

体视锐度——人眼可能分辨的视差角之差的最小值称为体视锐度,用 $\Delta\alpha_{\min}$ 表示,$\Delta\alpha_{\min}$ 大

约为 $10''$。两物体视差角之差小于 $\Delta\alpha_{\min}$，我们就不能分清它们谁远谁近，而看成在同一空间深度上。

体视半径——人眼有可能分辨远近的最大距离称为"体视半径"。

当某物点对应的视差角 α 等于 $\Delta\alpha_{\min}$ 时，由于无限远物点视差 $\alpha=0$，所以该物点与无限远视差角之差为 $\Delta\alpha_{\min}$，这时人眼刚刚能分辨出该物点与无限远点的距离差别。该物点对应的距离则为体视半径。超过这一距离，人眼无法根据视差角之差判断出物点与无限远点的距离差别，或者两物点之间的远近。如设人眼瞳孔距离 $b=62$ mm，则体视半径 $l_{\max}$ 为

$$l_{\max}=\frac{b}{\Delta\alpha_{\min}}=1\ 200\ \text{m}$$

体视误差——当两物间的视差角之差 $\Delta\alpha$ 等于体视锐度 $\Delta\alpha_{\min}$ 时，两物点的空间深度的距离差 Δl 称为"体视误差"。计算公式为

$$\Delta l=8\times10^{-4}l^2\ \text{m} \tag{3-9}$$

注意，此公式只适用于 $l<1/10$ 体视半径的条件下，否则误差太大。

体视放大率——对于同一目标使用仪器观察时对应的视差角 $\alpha_{仪}$ 与人眼直接观察该目标的视差角 $\alpha_{眼}$ 之比，称为双眼仪器的"体视放大率"，用 Π 表示，即

$$\Pi=\frac{\alpha_{仪}}{\alpha_{眼}} \tag{3-10}$$

体视放大率的计算公式为

$$\Pi=\Gamma\frac{B}{b},\Pi=16\Gamma B \tag{3-11}$$

式中，Γ 为双眼仪器的视放大率，B 为双眼仪器两入射光轴间的距离，也称为仪器的"基线"长度，b 为人眼的瞳孔距离，取平均值 62 mm。计算时 B 和 b 均以 m 为单位。

从上式可以看出，要提高双眼仪器的体视放大率 Π，必须增大仪器的视放大率 Γ 或者增加仪器的基线长度 B。

双眼仪器的体视误差是人眼直接观察时体视误差的 Π 分之一

$$\Delta l=5\times10^{-5}\frac{l^2}{B\Gamma} \tag{3-12}$$

对双眼仪器的要求：
① 双眼仪器左右两个光学系统的光轴要平行。
② 两个光学系统的视放大率应该一致。
③ 两个光学系统之间不应该有相对的像倾斜。

二、典型题解与习题

(一)典型题解

例 3—1：画出近视眼对物分别位于无限远、远点以远和远点位置时的成像情况，以及戴上合适的校正眼镜后观察无限远物点、有限距离物点时的光线成像情况。

解：如图 3—2(a)所示，无限远物体经眼睛后，成像在眼睛的像方焦点 F' 处，由于是近视眼，它的像方焦点位于视网膜前，则在视网膜上得到一个模糊圆斑，因此近视眼看不清无限远物体。

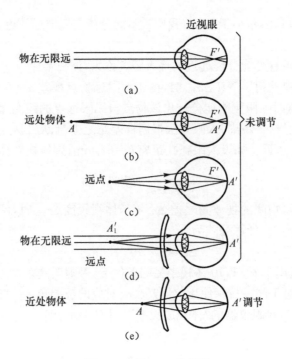

图3—2　例3—1示意图

如图3—2(b)所示,远点以远的物体经眼睛后,成像在像方焦点F'和视网膜之间,在视网膜上仍得不到一个清晰的像点,因此近视眼看不清远点以远的物体。

如图3—2(c)所示,位于近视眼远点处的物体,经眼睛后恰好成像在视网膜上,因此能看清远点处的物体。

如图3—2(d)所示,如果在近视眼前加一块负透镜,来自无限远物体的平行光束经负透镜发散后成一虚像A_1',如果负透镜焦距选择合适,A_1'恰好与近视眼的远点重合,再经眼睛后,成像在视网膜上,这样近视眼就能看清无限远物体了。

以上四种情况均为眼睛处于未调节的自然放松状态。

如图3—2(e)所示,近视眼戴上合适的校正眼镜后,观察远点以内的物体A时,经过人眼的调节,可以使A与视网膜共轭,也就是说,近视眼戴上合适的校正眼镜后,仍可看清远点以内物体。

上面我们讨论了近视眼成像情况,对于远视眼的各种成像情况留给读者自行讨论。

例3—2:对正常人眼,如要观察2 m远的目标,需要调节多少视度?

解:$SD=\dfrac{1}{l}=\dfrac{1}{-2}=-0.5$(视度)

需调节-0.5视度。

例3—3:如要求测微目镜的对准精度为0.001 mm,使用夹线对准(对准精度$10''$),试问需采用多大焦距的测微目镜?

解:从题意可知,测微目镜焦距的大小应使夹线角对准精度为$10''$,这就和测微目镜分划面上的线对准精度正好配合,如图3—3所示。

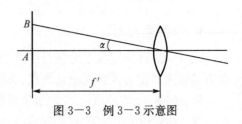

图3—3　例3—3示意图

$$AB = 0.001 \text{ mm}, \alpha = 10''$$

$$f' = \frac{AB}{\tan \alpha} = \frac{0.001}{\tan 10''} = 20.63 \text{ (mm)}$$

测微目镜的焦距可取为 20.63 mm。

例 3-4：已知显微镜的视放大率为 -300，目镜的焦距为 20 mm，求显微镜物镜的倍率。假定人眼的视角分辨率为 $60''$，问使用该显微镜观察时，能分辨的两物点的最小距离等于多少？

解：① 已知目镜焦距 $f'_目 = 20$ mm，根据目镜视放大率公式

$$\Gamma_目 = \frac{250}{f'_目} = \frac{250}{20} = 12.5(倍)$$

② 显微镜的视放大率 $\Gamma_显$ 等于物镜的垂轴放大率 $\beta_物$ 和目镜视放大率 $\Gamma_目$ 的乘积。已知 $\Gamma_显 = -300$，已求出 $\Gamma_目 = 12.5$，故显微物镜的垂轴放大率 $\beta_物$ 为

$$\beta_物 = \frac{\Gamma_显}{\Gamma_目} = \frac{-300}{12.5} = -24$$

③ 求可分辨的最小距离 σ。已知 $f'_目 = 20$ mm，人眼的视角分辨率 $\alpha = 60''$，目镜焦平面上可分辨距离 σ' 应为

$$\sigma' = 20 \times \tan 60'' = -0.005\ 8 \text{ (mm)}$$

又知物镜垂轴放大率为 $\beta_物 = -24^\times$，所以物方可分辨的最小距离 σ 为

$$\sigma = \frac{\sigma'}{\beta_物} = \frac{0.005\ 8}{24} = 0.000\ 24 \text{ (mm)}$$

例 3-5：用一架 5 倍的开普勒望远镜，通过一个观察窗观察位于距离 500 mm 远处的目标，假定该望远镜的物镜和目镜之间有足够的调焦可能，该望远镜物镜焦距 $f'_物 = 100$ mm，求此时仪器的实际视放大率 Γ 等于多少？

解：本题的特殊之处是使用一个望远镜通过足够的调焦来观察有限距离的目标。既不同于观察无限远目标，又不同于观察近距离小物体，由于有观察窗的原因，目标不可能移近，因此不能按物在 250 mm 明视距离处计算人眼直接观察时对应的视角。

首先根据已知条件，求目镜焦距和物镜倍率。

① 求目镜的焦距。

$$f'_目 = \frac{-f'_物}{\Gamma} = \frac{-100}{-5} = 20 \text{ (mm)}$$

② 求物体通过物镜的像距 l' 和物镜的垂轴放大率 $\beta_物$。

用高斯公式计算

$$\frac{1}{l'} - \frac{1}{l} = \frac{1}{f'_物}, \quad \frac{1}{l'} - \frac{1}{-500} = \frac{1}{100}$$

$$l' = 125 \text{ mm}$$

$$\beta_物 = \frac{y'}{y} = \frac{l'}{l} = \frac{125}{-500} = -\frac{1}{4}$$

我们的最终目的是求出视放大率 Γ。由于 $\Gamma = \tan \omega'_仪 / \tan \omega_眼$，如能分别求出 $\tan \omega_眼$ 和 $\tan \omega_仪$，则 Γ 可求出。根据本题的特殊情况，人眼直接观察的视角正切为 $\tan \omega_眼 = y/500$，通过仪器观察的视角正切为

$$\tan \omega_{仪} = \frac{y'}{f'_目} = \frac{-y/4}{20} = \frac{-y}{80}$$

所以

$$\Gamma = \frac{\tan \omega_{仪}}{\tan \omega_{眼}} = -\frac{-y/80}{y/500} = -6.25$$

此时实际的视放大率为 6.25，而不是 5。

例 3－6：在一个 2 倍伽利略望远镜物镜前，加一个焦距为 100 mm 的正透镜，构成一个组合放大镜。问此组合放大镜的视放大率等于多少倍？对一个近视度的观察者，需要调节视度，目镜应向哪个方向移动(靠近物镜还是远离物镜)？若目镜焦距 $f'_目 = 20$ mm，目镜移动量是多少？

解：本题第一问是求组合放大镜的放大率。从题意可知，如果求出组合放大镜的焦距，则可知其视放大率。画出光路，如图 3－4 所示。

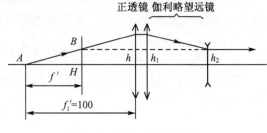

图 3－4　例 3－6 示意图

由于焦距是焦点到主面的距离，只要延长平行于光轴的出射光线，便可找到物方主点 H，显然 HA 即组合放大镜的焦距。从图 3－4可见 $h = h_1, BH = h_2$，因为伽利略望远镜视放大率 $\Gamma = 2$，可以证明 $h_1/h_2 = h/BH = 2$，所以 $AH = f'_1/2 = f' = 50$ mm，即组合放大镜的焦距为 $f' = 50$ mm。组合放大镜的视放大率 $\Gamma = 250/50 = 5$。

本题第二问是要求 500 度的近视眼观察者需调节的目镜的移动量和方向。由目镜移动量公式 $x = \dfrac{-SDf'^2_目}{1\,000}$ (mm)可知，当 $SD = -5$ 时

$$x = \frac{5 \times 20^2}{1\,000} = 2 \ (mm)$$

x 为正值，说明负目镜的物方焦点应向左移，即目镜向靠近物镜的方向移动，这样无限远物体通过物镜的像点在目镜物方焦点的右侧，通过目镜后成一放大的虚像，为近视眼所观察。

例 3－7：我国自行研制的基线为 1.2 m 的体视测距机，其视放大率 $\Gamma = 15$，问该测距机在 5 km 距离上的测距误差是多少？

解：根据对体视误差的讨论可知，测距误差公式为

$$\Delta l = 5 \times 10^{-5} \frac{l^2}{B\Gamma}$$

将 $l = 5\,000$ m，$B = 1.2$ m，$\Gamma = 15$ 代入上式，则

$$\Delta l = 5 \times 10^{-5} \times \frac{5\,000^2}{1.2 \times 15} \approx 69 \ (m)$$

(二) 习题

3－1　当进入已开演的电影院时，看不清周围的人和座位，为什么过一会就能看清了？当白天走出电影院时，感到光线特别强，这是为什么？

3－2　正常人眼的远点在什么地方？若某正常人眼的最大调节范围为 −10 视度，其近点

距离为多少?

3—3　通常说的明视距离为多少?它对应多少视度?某近视眼远点距离为 0.5 m,他近视的度数为多少?他需配的眼镜焦距为多少?

3—4　某人配 250 度的近视眼镜,试问他的眼睛的远点距离是多少?眼镜的焦距为多少?

3—5　一架望远镜镜筒上标有"7×50"的字样,问它代表什么意义?

3—6　画出光路图说明望远镜的工作原理。

3—7　说明望远镜的视放大率、角放大率和垂轴放大率之间的关系,根据此关系找出测量望远镜视放大率的方法。

3—8　用两个负透镜能否组成一个望远镜?说明原因。

3—9　将望远镜倒过来看,是什么样的观察效果?说明为什么形成这种效果。

3—10　假定用眼睛直接观察敌人的坦克时,可以在 400 m 的距离上看清坦克的编号,如果要求距离 2 km 处也能看清,问应使用几倍的望远镜?

3—11　有一焦距为 150 mm 的物镜,拟和一目镜组装成一个 6 倍的望远镜,问组成开普勒和伽利略望远镜时,物镜和目镜之间距离各为多少?

3—12　用一个 10 倍的望远镜观察镜前离物镜前焦点为 5 m 的物体时,若目镜向后移动 2 mm,则可使该物体通过整个系统后,按平行光束从目镜出射,试求物镜和目镜的焦距。

3—13　设有一望远物镜,焦距 $f'=100$ mm,对前方 1 m 处的物平面成像,在物镜与焦平面之间离开焦平面 40 mm 处加入一个附加透镜,使像平面仍然位于物镜的焦平面上,求该附加透镜的焦距(假定以上透镜均为理想薄透镜)。

3—14　设望远系统的视度调节范围为 ±5 视度,目镜焦距为 25 mm,求目镜的总移动量。

3—15　某望远镜系统由焦距为 200 mm 的物镜、焦距为 40 mm 的目镜和一块焦距为 100 mm 的转像透镜组成,若物镜的后焦面与目镜的前焦面间的距离为 400 mm,试求望远镜系统的视放大率。

3—16　一望远镜由一个焦距为 300 mm 的物镜和一个焦距为 50 mm 的目镜组成。用此望远镜观察物镜前 5 m 处的物体时,经调节使该物体通过目镜的像在目镜前方 400 mm 位置处,求此时物镜与目镜之间的距离(物镜、目镜均视为薄透镜)。

3—17　某开普勒望远镜视放大率 $\Gamma=-4$,物镜焦距 $f'_物=80$ mm,若其目镜由两个薄透镜构成,二薄透镜间的间隔为 18 mm,目镜的工作距离(目镜物方焦点到目镜第一个薄透镜的距离)为 5 mm,求两薄透镜的焦距分别等于多少?

3—18　已知一望远系统的物镜、转像透镜 1、转像透镜 2 和目镜的焦距分别为 $f'_物=200$ mm,$f'_{转1}=100$ mm,$f'_{转2}=200$ mm,$f'_目=50$ mm,两转像透镜间为平行光,求此望远镜的视放大率。若物镜前方置一垂直光轴的高为 44 mm 的物体,其像应为多大?若将物体向远离物镜的方向移动,问移到多远处刚好为仪器所分辨?

3—19　某望远镜物镜焦距 $f'_物=100$ mm,目镜焦距 $f'_目=20$ mm。在系统正前方垂直光轴直立一物体,它通过整个系统后像的大小为 6 mm,问此物体有多大?若将物体沿光轴移近 50 mm,问它通过整个系统后的像移动多少?像有多大?若将此物体向远处移开,移到多远处通过望远镜观察时该物休刚好被鉴别?

3—20　经纬仪望远镜的视放大率 $\Gamma=20$。使用夹线瞄准,问瞄准角误差等于多少?

3—21　焦距仪上测微目镜的焦距 $f'=17$ mm,使用叉线对准,问瞄准误差等于多少?

3—22　画光路图说明显微镜的工作原理。

3—23　试比较望远镜和显微镜的共同点与不同点。

3—24　显微镜目镜的视放大率 $\Gamma_目 = 10$,它的焦距等于多少? 设物镜的垂轴放大率 $\beta = -40$,求显微镜的视放大率。

3—25　已知显微镜目镜的视放大率 $\Gamma_目 = 15$,物的垂轴放大率 $\beta = -2.5$,物镜的物像共轭距为 180 mm,求物镜和目镜的焦距各为多少? 整个显微镜的焦距和总放大倍率各为多少?

3—26　一视放大率为 40 倍的显微镜由焦距为 50 mm 的物镜和焦距为 25 mm 的目镜组成,试求该显微镜物镜的倍率,物镜的物像之间的距离,物镜与目镜之间的距离(忽略透镜厚度),以及显微镜的总焦距。

3—27　某显微镜目镜焦距为 25 mm,物镜焦距为 16 mm,物镜与目镜之间的距离为 221 mm,试求:

(1) 物体到物镜的距离;

(2) 物镜的垂轴放大率;

(3) 显微镜的视放大率。

3—28　显微镜物镜焦距为 3 mm,中间像位于物镜像方焦点后 160 mm,若目镜的放大率为 20,求显微镜的视放大率。

3—29　现有焦距分别为 $f'_1 = 100$ mm 和 $f'_2 = 20$ mm 的两个薄透镜,如何构成望远系统? 该望远系统视放大率等于多少? 如果用这两个薄透镜组构成显微镜,假定 $f'_1 = 100$ mm 的透镜作物镜,其光学间隔(由 $F'_物$ 到 $F_目$ 的距离)$\Delta = 160$ mm,问此显微镜物镜的垂轴放大率多大? 显微镜的视放大率等于多少?

3—30　有一显微镜物镜,焦距 $f' = 13.75$ mm,物像之间的距离为 180 mm(忽略两主平面之间的距离),求这对共轭面的垂轴放大率、角放大率、轴向放大率。 如果用此物镜构成 100 倍显微镜,问应采用多大焦距的目镜?

3—31　要求设计一个视放大率为 100 的专用显微镜,如果采用一个焦距为 25 mm 的目镜,并且要求显微镜物镜的工作距离(由物平面到物镜的距离)等于 15 mm,问应采用多大焦距的物镜? 如果要求目镜能调节 ±5 个视度,问目镜的总移动量是多少?

3—32　用两个焦距都是 50 mm 的正透镜组成一个 10 倍的显微镜,问目镜的倍率、物镜的倍率以及物镜和目镜之间的间隔为多少?

3—33　一架显微镜的物镜焦距 $f'_物 = 4$ mm,中间像成在物镜像方焦点后 160 mm 处,如果目镜焦距 $f'_目 = 12.5$ mm,试求显微镜的视放大率。

3—34　在一个 2 倍伽利略望远镜物镜前加一个单片透镜,组合成一个放大镜,如要求组合放大镜的视放大率为 4,试问加入的单片透镜焦距为多少? 是正透镜还是负透镜?

3—35　燃烧室离观察窗 1.5 m,为了看清燃烧室内情况,需要采用一个实际视放大率为 5 的仪器,假定物镜和目镜之间的距离为 200 mm(物镜和目镜的厚度均忽略不计),试问物镜焦距和目镜焦距各为多大? 若要求视度调节范围为 ±5 视度,目镜的总移动量多大?

第四章　平面镜棱镜系统

一、本章要点和主要公式

光学系统除了由共轴球面系统组成之外,另一个重要的组成部分就是平面镜棱镜系统。共轴球面系统的所有优点都是因为它有一条对称轴线——光轴,而光轴不能折转则是它的缺点。为了克服其缺点同时又保持其优点,常常把平面镜棱镜系统和共轴球面系统组合起来,相互取长补短,满足一定的成像要求。

平面镜棱镜系统的主要作用有:

① 折叠球面系统光轴——减小质量,缩小体积。

② 改变像的方向——倒像。

③ 改变球面系统光轴位置——形成潜望高。

④ 改变光轴方向——扩大观察范围。

本章主要讨论平面镜、棱镜系统的成像性质。整章的思路如下:

① 先从平面镜的成像性质入手。因为棱镜可以看成是把一个或多个平面反射镜固定在一块具有一定形状的玻璃上而形成的光学零件,因此,要弄清平面镜棱镜系统的成像性质,首先必须明白平面镜的成像性质。

② 把棱镜展开成平行玻璃板。因为光线在棱镜中的光路除了在平面反射镜上的反射之外,还有在平面上的折射。把棱镜展开成平行玻璃板,相当于去掉棱镜的反射作用,只研究其折射成像性质。

③ 研究平行玻璃板的成像性质。因为平行玻璃板只存在折射,研究起来相对简单一点。

经过以上三步就可弄清平面镜棱镜的成像性质。

（一）平面镜的成像性质

1. 单个平面镜的成像性质

单个平面镜成像具有以下性质:

① 平面镜能使整个空间的物体理想成像,并且物点和像点相对平面镜对称。

② 物和像大小相等,但形状不同,物和像互为镜像。

③ 当保持入射光线的方向不变,而使平面镜绕与入射面垂直的轴线转动一个 α 角时,反射光线转动 2α 角。

2. 双平面镜（角镜）的成像性质

① 双平面镜（偶数个平面镜）所成的像与物大小相等、形状相似,是"相似像"。

② 位于两平面镜公共垂直面内的光线,不论它的入射方向如何,出射光线的转角 β 永远等于两平面镜间夹角 θ 的两倍,即 $\beta=2\theta$,如图 4-1 所示,出射光线的旋转方向与光线在两镜面上的反射次序有关。

图4—1中光线先在 P_1 镜面上反射,而后在 P_2 镜面上反射,由 P_1 镜面转到 P_2 镜面的方向为逆时针,而入射光线转到出射光线的方向也是逆时针。

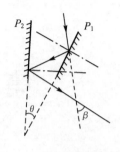

图4—1　两平面镜反射成像

(二)棱镜和棱镜的展开

1. 棱镜

把一个或多个反射镜"粘"在一块,具有一定形状的玻璃上所形成的光学零件称为棱镜。

一个反射棱镜的工作面包括两个折射面和若干个反射面,这些反射面多数是利用全反射原理反射光线,几乎没有光能损失。当然,如果光线在反射面上的入射角小于全反射临界角,则该反射面上仍然需要镀反射膜。

两个工作面的交线称为棱镜的棱,与所有棱垂直的截面称为棱镜的"主截面"。

2. 棱镜的展开

光线经过棱镜时既有在反射面上的反射,又有在入射面和出射面上的折射,因此为了研究棱镜的成像性质,就必须研究光线在平面镜上的反射成像性质和在入射面及出射面上的折射成像性质,也就是说既要考虑反射又要考虑折射,讨论起来相对复杂。平面镜的成像性质已经清楚,如果我们能够设法把反射的作用"去掉",只研究棱镜的折射成像性质,问题就简单得多,棱镜的展开即为此目的而采取的一种研究方法。

所谓棱镜的展开,是指把棱镜的主截面沿着它的反射面按反射的先后次序展开,从而取消棱镜的反射,以平行玻璃板的折射代替棱镜折射的方法。

例4—1: 将图4—2中各棱镜展开。

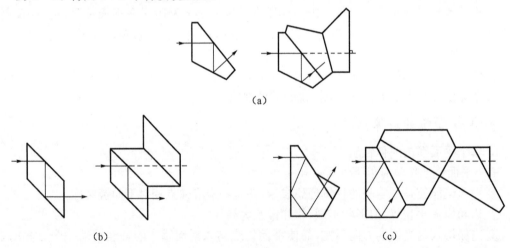

(a)

(b)　　　　　　　　　　　　　(c)

图4—2　棱镜展开示意图

(a) 半五角棱镜(BⅡ—40°);(b) 斜方棱镜(XⅡ—0°);(c) 烟斗棱镜(FY—60°)

3. 对棱镜的要求

平面镜棱镜系统通常要与共轴球面系统组合起来一起使用,为了保证共轴球面系统的优点,对棱镜的结构有两个要求:

① 棱镜展开后应是一块平行玻璃板。

② 如果棱镜位于非平行光束中,则光轴必须与棱镜的入射及出射表面垂直。

(三)平行玻璃板的成像性质

1. 成像性质

① 放大率 $\beta = \gamma = \alpha = 1$。

② 平行玻璃板不影响系统的光学特性,只是使像平面的位置发生移动,移动量的大小为

$$\frac{n-1}{n} L$$

式中,n 为玻璃折射率,L 为平板厚度。

2. 相当空气层厚度

一块厚度为 L、折射率为 n 的平行玻璃板与厚度 $e = L/n$ 的空气层"相当",相当之处在于:

① 同一光线的入射光线在入射表面上的投射高相同,出射光线在出射表面上的投射高相同。

② 像面到出射表面的距离相等。

③ 像的大小相等。

$e = L/n$ 称为厚度为 L、折射率为 n 的平行玻璃板的"相当空气层厚度"。当光线通过"相当空气层"时,光线不发生折射,而是直线进出。

当光束在棱镜表面的入射角 I、I' 较大时,相当空气层厚度的计算公式应为

$$E = \frac{L}{n} \frac{\cos I}{\cos I'} \tag{4-1}$$

3. 棱镜外形尺寸计算——相当空气层的应用

利用相当空气层的概念,进行像平面位置和棱镜外形尺寸计算十分方便。

例 4-2:有一焦距为 150 mm 的望远物镜,其口径为 40 mm,像的直径为 20 mm。在物镜后方 80 mm 处放置一直角棱镜(玻璃折射率为 1.5),假如系统没有渐晕,求棱镜入射和出射表面的通光口径及像平面离开棱镜出射表面的距离。

解:由于物体位于无限远处,像平面位于像方焦平面上,根据给出的条件,全部成像光束位于一个高为 150 mm,上底和下底分别为 20 mm 和 40 mm 的梯形截面的锥体内,如图 4-3 所示。

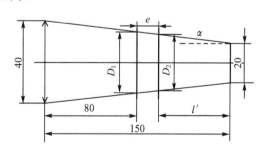

图 4-3　利用相当空气层计算棱镜外形尺寸

棱镜入射表面的通光口径为

$$D_1 = 20 + 2(150 - 80) \tan \alpha$$

$$\tan \alpha = \left(\frac{40-20}{2}\right)/150 = 0.066\ 67$$

得

$$D_1 = 29.33$$

查《光学设计手册》常用棱镜分类表中直角棱镜ＤⅠ-90°,可得直角棱镜展开后的平行玻璃板厚度 L 应该等于通光口径 D_1,即 $L=D_1=29.33$ mm,因此平行玻璃板的相当空气层厚度 e 为

$$e=\frac{L}{n}=\frac{29.33}{1.5}=19.56 \text{（mm）}$$

由图 4-3 可知,通过棱镜后像平面离开棱镜出射表面的距离 l' 为

$$l'=150-80-e=50.44 \text{ mm}$$

棱镜出射表面的通光口径 D_2 为

$$D_2=20+2l'\tan\alpha$$

得

$$D_2=26.73 \text{ mm}$$

(四) 确定平面镜棱镜系统成像方向的方法

为了表示物像关系,物空间以右手直角坐标系 xyz 表示,并且 x 轴与光轴重合,y 轴位于棱镜主截面内,z 轴垂直于主截面;$x'y'z'$ 表示 xyz 坐标通过平面镜棱镜系统后所成像的方向。要注意的是,xyz、$x'y'z'$ 只表示物、像的方向而不表示物、像的位置。

1. 具有单一主截面的平面镜棱镜系统

如果所有的平面镜棱镜的主截面都相互重合,则这样的系统就是具有单一主截面的平面镜棱镜系统。判断此类系统成像方向的规则为:

① 在 x' 的方向上,x' 永远与光轴出射的方向相同。

② 在 y' 的方向上,若光轴同向,光轴反射次数为偶数时,y' 与 y 同向;光轴反射次数为奇数时,y' 与 y 反向。

若光轴反向,光轴反射次数为偶数时,y' 与 y 反向;光轴反射次数为奇数时,y' 与 y 同向。

③ 在 z' 的方向上,没有屋脊面时,z' 与 z 同向;有屋脊面时,z' 与 z 反向。

注意:判断光轴是同向还是反向,不能只从表面上看,要具体情况具体分析。

① 入射光轴和出射光轴平行即偏转角为 0°,则认为光轴同向。

② 入射光轴和出射光轴偏转角小于 90°,均认为光轴同向。

③ 入射光轴和出射光轴偏转角等于 90°,可认为同向,也可认为是反向,得到的结论一样。

记住以上规则,对于根据成像要求选择组成系统的棱镜有至关重要的作用。而对于一个给定的平面镜棱镜系统,要确定其成像方向,除了可以应用以上规则之外,还可以采取以下方法:

① 先判断 x' 的方向,x' 的方向永远与光轴出射的方向相同。

② 判断 z' 的方向。有屋脊面时,z' 与 z 反向;没有屋脊面时,z' 与 z 同向。

③ 计算光线在系统中的总反射次数。当系统中没有屋脊面时,光线的总反射次数与光轴的反射次数相同;而当系统中有屋脊面时,光线的总反射次数与光轴的反射次数不等。这是因为光轴在屋脊面上的反射是在屋脊棱上进行的,反射次数只有一次,而光线在屋脊面上反射时,要先后在两个反射面上进行,反射次数为两次。

④ 判断 y' 的方向。由光线的总反射次数可以确定系统所成的像是镜像还是相似像,如果是镜像,则 $x'y'z'$ 为左手坐标系,如果是相似像,则 $x'y'z'$ 为右手坐标系,从而可以由已经判断出的 x' 和 z' 的方向决定 y' 的方向。

例 4-3：判断图 4-4 中各棱镜系统的成像方向。

解：如图 4-4 所示。

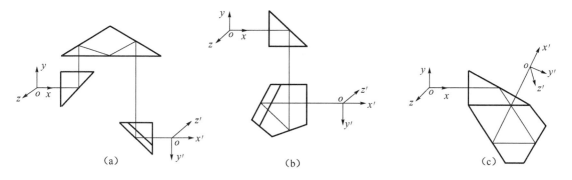

图 4-4　棱镜成像方向判断

在图 4-4(a)中，x' 与 x 同向，因有一个屋脊面，z' 与 z 反向，光线的总反射次数为 6 次，因此，整个系统成一个相似像，即 $x'y'z'$ 为右手坐标系，从而确定 y' 的方向。

在图 4-4(b)中，x' 与 x 方向相同，因有一个屋脊面，z' 与 z 反向，光线的总反射次数为四次，整个系统成一个相似像，$x'y'z'$ 应为右手坐标系，从而确定 y' 的方向。

在图 4-4(c)中，x' 与光轴出射方向相同，因没有屋脊面，z' 与 z 方向相同，光线的总反射次数为 3 次，整个系统成镜像，因而 $x'y'z'$ 为左手坐标系，从而可以确定 y' 的方向。

2. 具有两个相互垂直主截面的平面镜棱镜系统

判断这一类平面镜棱镜系统的成像方向，首先要把整个系统分成两部分，使每一部分都成为一个具有单一主截面的平面镜棱镜系统，然后根据棱镜只能改变主截面内的物像方向，而不改变垂直于主截面内的物像方向的特点，判断 y'、z' 的方向。

具体方法如下：

① x' 的方向，与光轴出射的方向相同。

② y' 的方向，把主截面与 xoy 坐标面重合的所有平面镜棱镜从整个系统中分离出来，然后根据具有单一主截面系统的判断规则决定 y' 的方向。

③ z' 的方向有两种判断方法。

方法一：根据光线在整个系统中的总反射次数，判断所成像是镜像还是相似像，从而决定 z' 的方向。

方法二：与 y' 方向判断方法类似，把主截面与 xoz 坐标面平行的所有平面镜棱镜分离出来构成一个单一主截面的系统，用判断单一主截面系统成像方向规则中 y' 方向的判断规则决定 z' 的方向。

例 4-4：判断图 4-5 中各系统的成像方向。

解：图 4-5(a)中道威棱镜的主截面与其他 3 个棱镜的主截面垂直且与 xoy 坐标面平行，因此道威棱镜只影响 z' 的方向。又由于光轴在道威棱镜中的反射次数为一次，光轴同向，所以 z' 与 z 反向，确定了 x' 和 z' 方向后，根据光线总反射次数一共有 4 次，成相似像，从而确定 y' 的方向，如图 4-5(a)所示。

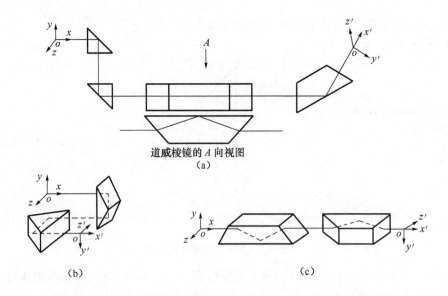

道威棱镜的 A 向视图
(a)

(b)　　　　　　　　　　　　　　(c)

图 4-5　具有两个互相垂直主截面的平面镜棱镜系统成像方向判断

图 4-5(b)中两个直角棱镜的主截面相互垂直,第一个直角棱镜的主截面位于 xoy 坐标面内,只影响 y 的成像方向,并使光轴偏转 180°;第二个直角棱镜的主截面位于 xoz 坐标面内,只影响 z 的成像方向,并使光轴再次偏转 180°。经过两个棱镜之后,出射光轴与入射光同向,x' 与出射光轴方向相同,光线的总反射次数为 4 次,生成相似像。因此,只要确定了 z'(或 y')的方向,就可确定 y'(或 z')的方向。

图 4-5(c)中两个道威棱镜相互垂直放置,它们分别只影响 y' 或 z' 的方向,最后的成像方向如图 4-5(c)所示。

3. 根据成像要求选用棱镜

以上总结出的判断成像方向的规则,不仅可以用来判断一个已知平面镜棱镜系统的成像方向,而且还可以根据成像方向的要求来选用合适的棱镜构成一个平面镜棱镜系统。

例 4-5:根据图 4-6(a)所示成像要求,确定应选用的棱镜。

解:图 4-6(a)中要求光轴偏转 180°,并且出射光轴相对入射光轴有一定的距离,同时要求所成像为相似像。根据这些要求选用棱镜:

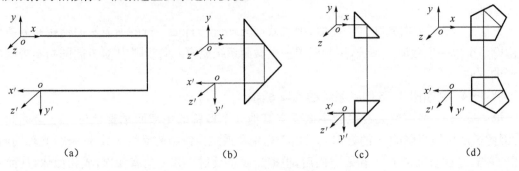

(a)　　　　　　　(b)　　　　　　　(c)　　　　　　　(d)

图 4-6　例 4-5 示意图

①　根据图4—6(a)中光轴位置要求,可采用一个使光轴改变180°的棱镜或两个光轴改变90°的棱镜,构成一个具有单一主截面的棱镜系统。查《光学设计手册》书中常用棱镜分类表,可以找出使光轴改变180°的棱镜有直角棱镜DⅡ—180°和等腰棱镜DⅢ—180°;能使光轴改变90°的棱镜一共有3个:直角棱镜DⅠ—90°、靴形棱镜FX—90°和五棱镜WⅡ—90°。

②　由于要求出射光轴与入射光轴反向,且y'与y反向,因此主截面内反射次数应为偶数次,可选用的棱镜组合有:

- 采用一个直角棱镜DⅡ—180°,如图4—6(b)所示;
- 采用两个直角棱镜DⅠ—90°,如图4—6(c)所示;
- 采用两个五棱镜WⅡ—90°,如图4—6(d)所示;
- 采用两个靴形棱镜FX—90°;
- 采用一个靴形棱镜FX—90°和一个五棱镜WⅡ—90°。

③　由于图4—6(a)中z'与z同向,不用加屋脊面。

以上这些可能的棱镜组合,究竟采用哪一种,应根据系统的外形尺寸和结构安排而定。

(五)共轴球面系统与平面镜棱镜系统的组合

1. 共轴球面系统与平面镜系统的组合

共轴球面系统与平面镜系统的组合,应遵守以下规定:

①　配合的先后次序不受限制。

②　两系统光轴应重合。

③　球面系统透镜之间的间隔不能改变。

2. 共轴球面系统与棱镜系统的组合

除了应遵守平面镜系统与球面系统组合的规定外,还应该满足:

①　如果棱镜的入射表面与共轴球面系统的光轴不垂直,则该棱镜只能放在平行光束中,否则将破坏系统的共轴性。

②　加入棱镜之后,共轴球面系统透镜之间的间隔必须考虑到平行玻璃板产生的像面位移,位移量为$\left(1-\dfrac{1}{n}\right)L$,否则将会破坏原共轴球面系统的成像性质。

3. 确定整个系统的成像方向

要确定由平面镜棱镜系统和共轴球面系统组合而成的整个系统的成像方向,可先分别确定平面镜棱镜系统和共轴球面系统的成像方向,然后再根据两个系统的成像方向判断整个系统的成像方向。

判断出两个系统的成像方向后:

①　如果共轴球面系统成正像,则整个系统成像方向与平面镜棱镜系统成像方向相同。

②　如果共轴球面系统成倒像,则整个系统成像方向与平面镜棱镜系统成像方向相反。

例4—6:确定图4—7中各系统的成像方向。

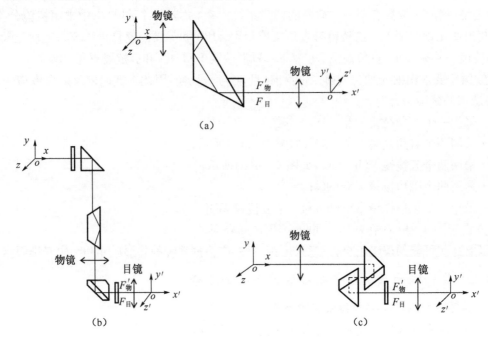

图4—7 例4—6示意图

解:图4—7(a)中,共轴球面系统(望远系统)成像为倒像,因此整个系统的成像应与平面镜棱镜系统成像方向相反,并且是一个镜像。

图4—7(b)中,共轴球面系统(望远系统)成倒像,平面镜棱镜系统是由直角棱镜、道威棱镜和直角屋脊棱镜组成的单一主截面系统,它成一个倒立的相似像,根据组合系统判定成像方向的规则,整个系统应成一个正立的相似像。

图4—7(c)中,共轴球面系统(望远系统)成倒像,平面镜棱镜系统由两个主截面相互垂直的直角棱镜构成,这两个直角棱镜分别起着使 z 和 y 改变方向的作用,整个棱镜系统成一个倒立的相似像,根据组合系统判定成像方向的规则,组合系统成像方向与平面镜棱镜系统成像方向相反,成一个正立的相似像。

(六)棱镜的偏差

1. 光学平行差

把一个实际棱镜展开成等效平板后,这一平板的平行度称为棱镜的光学平行差。它是由于棱镜结构存在几何形状误差而引起的。

光学平行差按产生的原因不同,分为两类:

① 第一光学平行差 θ_I:指棱镜展开后的玻璃板在主截面内的不平行度误差,它是由于棱镜在主截面内的角度误差而产生的。

② 第二光学平行差 θ_{II}:指棱镜展开后的玻璃板在垂直于主截面的方向上的不平行度误差,它是由于棱镜的各个棱的几何位置误差所造成的。这种棱镜的位置误差称为"棱差"或"塔差"。

第一光学平行差 θ_I 与主截面内角度误差的关系,以及第二光学平行差 θ_{II} 与棱差的关系,随着棱镜的形状不同而不同,在一般的光学仪器设计手册中均可以查到。

2. 屋脊棱镜的双像差

一个理想的屋脊棱镜,两屋脊面之间的夹角应该严格等于 $90°$,如果不等,一束平行光入射到屋脊面上,经过两个屋脊面反射后,成为两束相互之间有一定夹角的平行光,每束光分别成一个像,因而出现双像。这两束平行光之间的夹角,称为屋脊棱镜的双像差,用 S 表示。

当屋脊角为 $90\pm\delta$,棱镜的材料折射率为 n 时,双像差 S 与屋脊角误差 δ 之间的关系为:

① 当入射平行光束位于屋脊棱的垂直面内时

$$S = 4n\delta \qquad\qquad (4-2)$$

② 当入射光束与屋脊棱的垂直面成 ω 角度时

$$S = 4n\delta\cos\omega \qquad\qquad (4-3)$$

二、典型题解与习题

(一) 典型题解

例 4-7:两个平行且反射面相对放置的平面反射镜,相距 $4d$,一物体离开其中一镜面的距离为 d,找出离开两镜面最近的四个像。

解:如图 4-8 所示,由 M_1 和 M_2 所成的四个像分别为:

① 物体在 M_1 后 d 处成像;

② 物体在 M_2 后 $3d$ 处成像;

③ 像① 作为 M_2 的物在 M_2 后 $5d$ 处成像;

④ 像② 作为 M_1 的物在 M_1 后 $7d$ 处成像。

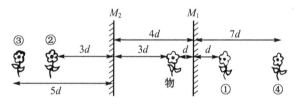

图 4-8 两平面镜反射成像

例 4-8:两个相互倾斜放置的平面镜,一条光线平行于其中一镜面入射,两镜面间经过四次反射后正好沿原路返回,如图4-9所示,求两镜面之间的夹角 ϕ。

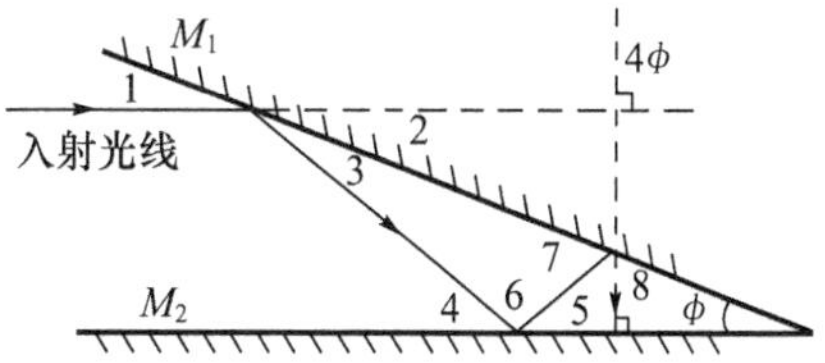

解:要想求出 ϕ,先要弄清图 4-9 中各角度之间的关系。由于入射光线平行于镜面 M_2,$\angle 1 = \angle 2 = \angle 3 = \phi$,$\angle 4 = \angle 5 = \angle 2 + \angle 3 = 2\phi$

$\angle 6 = 180° - \angle 4 - \angle 5 = 180° - 4\phi$

$\angle 7 = 180° - \angle 3 - \angle 6 = 3\phi = \angle 8$

图 4-9 两倾斜平面镜反射成像

而 $\qquad\qquad \angle 8 = 180° - 90° - \phi = 90° - \phi$

所以 $\qquad\qquad 3\phi = 90° - \phi,\ \phi = 90°/4 = 22.5°$

实际上,按照双平面镜的成像性质,当入射光线经过双平面镜(即角镜)的两个反射面依次反射(反射次数为两次)后,出射光线相对入射光线的偏转角为角镜夹角 ϕ 的两倍 2ϕ,而当入射光线经过双平面镜的两个反射面依次反射 4 次(每面两次)后,出射光线的偏转角应为角镜夹角 ϕ 的 4 倍 4ϕ,以此类推:6 次反射时,偏转角为 6ϕ……

本题中,经过 4 次反射后,出射光线与入射光线的偏转角为 90°,即 $4\phi = 90°$,$\phi = 22.5°$。

例 4-9:图 4-10 所示为开普勒望远系统和斜方棱镜组合而成的 10 倍望远系统,若物镜的焦距 $f'_物 = 160$ mm,斜方棱镜入射面到物镜距离为 115 mm,轴向光束在棱镜入射面上的通光口径为22.5 mm(斜方棱镜展开厚度 $L = 2D$,D 为棱镜入射面口径,$n = 1.5$),求:

① 目镜焦距 $f'_目$;

② 目镜离棱镜出射面的距离;

③ 若孔径光阑位于物镜框上,求物镜的口径;

④ 出射瞳孔直径;

⑤ 出射瞳孔离目镜的距离。

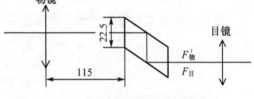

图 4-10　开普勒望远镜和斜方棱镜组合

解:① 根据望远系统视放大率公式

$$\Gamma = -\frac{f'_物}{f'_目}$$

得

$$f'_目 = -\frac{f'_物}{\Gamma} = -\frac{160}{-10} = 16 \ (\text{mm})$$

② 按照望远系统的工程原理,开普勒望远镜的物镜与目镜之间的间隔应为 $f'_物 + f'_目 = 160 + 16 = 176$ (mm),而棱镜的入射面到物镜的距离为 115 mm,为了求出目镜离开棱镜出射面的距离,只要求出棱镜的等效空气层厚度就可以了。

斜方棱镜展开后的玻璃平板厚度为

$$L = 2D = 2 \times 22.5 = 45 \ (\text{mm})$$

则

$$e = \frac{L}{n} = \frac{45}{1.5} = 30 \ (\text{mm})$$

所以,棱镜的出射表面到目镜的距离应为

$$176 - 115 - e = 31 \text{ mm}$$

③ 由于孔径光阑位于物镜上,因此轴向光束在物镜上的口径就应该是物镜的口径,根据图 4-11 中的几何关系

$$\frac{D_物}{22.5} = \frac{160}{160 - 115}$$

求出 $D_物 = 80$ mm。

④ 根据望远系统视放大率 Γ 与入瞳及出瞳的关系

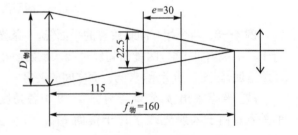

图 4-11　例 4-9 系统展开示意图

$$\Gamma = D/D'$$

而光阑位于物镜上,所以入瞳的口径也就是物镜的口径,出瞳直径为

$$D' = \frac{D_物}{\Gamma} = \frac{80}{-10} = -8 \ (\text{mm})$$

负号表示整个系统成倒像。

⑤ 出射瞳孔实际上是光阑经过其后的系统在像空间所成的像,本题中实际上也就是物镜框经过目镜所成的像,即

$$l=-176 \text{ mm}, \quad f_目'=16 \text{ mm}$$

由高斯公式求 l'

$$\frac{1}{l'}-\frac{1}{l}=\frac{1}{f_目'}$$

得

$$l'=17.6 \text{ mm}$$

即出射瞳孔在目镜右方 17.6 mm 处。

(二) 习题

4—1　根据单个平面镜的成像性质,物像大小相等但形状不同,成镜像。为什么日常人们对镜自照时,一般不易感觉到镜中所成的像和自己的实际形象不同?

4—2　如果要求图 4—7(b)中的周视瞄准镜光轴俯仰 $\pm15°$,问端部直角棱镜应俯仰多大角度?

4—3　假定望远镜物镜的焦距为 80 mm,通光口径为 20 mm,半视场角 $\omega=5°$,在它后面 50 mm 处放一直角屋脊棱镜 90°—2,求棱镜的尺寸和像面位置。

4—4　平面镜成像有哪些性质?单平面镜和双平面镜旋转各有什么特点?

4—5　证明一平面反射镜和一紧挨的焦距为 f' 的会聚透镜组合而成的系统,等价于焦距为 f' 的凹面反射镜。

4—6　作图找出图 4—12 中的箭头 OP 先通过平面 MV 反射,再经 $M'V$ 所成的像。

4—7　某人身高为 h,站在安在墙上的镜前,求该人能够从头到脚看到自己全身像时的镜子大小 L 是多少?

4—8　某人身高 180 cm,一平面镜放在他身前 120 cm 处,为了看到他自己的全身像,镜子大小应是多少?

4—9　什么叫屋脊面?屋脊面的作用是什么?对屋脊面有何要求?

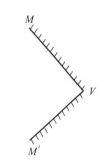

图 4—12　习题 4—6 示意图

4—10　为什么要进行棱镜展开?以 D II—180° 直角棱镜为例说明怎样进行棱镜展开?若该棱镜的通光口径 $D=15$ mm,折射率 $n=1.5$,求展开后的平行玻璃板的厚度及相当空气层厚度。

4—11　道威棱镜能否使用在非平行光路中?说明理由。

4—12　在由一正一负两薄透镜组构成的摄远型望远物镜的正负透镜之间加入一个直角边长为 30 mm,折射率为 1.5 的直角棱镜,使光轴折转 90°。直角棱镜入射面离正透镜组距离为 18 mm,出射面离负透镜组 12 mm,正透镜组的像方焦点位于负透镜组后 50 mm 处,摄远物镜的总焦距为 150 mm,试问正透镜组和负透镜组的焦距各为多少?

4—13　有一视放大率为 6 倍的望远系统,其物方视场角 $2\omega=8°$,物镜的焦距为 150 mm,出瞳直径为 5 mm。在物镜后方 80 mm 处放置一直角棱镜(玻璃折射率为 1.5),假定系统没有渐晕,求棱镜入射及出射表面的通光口径以及像平面离开棱镜出射面的距离?如目镜要调节—2 个视度时,应向哪个方向移动?移动量为多少?

4—14　由一个正透镜和一个负透镜以及一个直角棱镜构成的望远物镜,如图 4—13 所示。假定正透镜的焦距 $f_1'=100$ mm,直角棱镜入射表面离正透镜的距离为 20 mm,棱镜的口

径 $D=30$ mm,棱镜玻璃的折射率为1.5,如果要求系统的组合焦距 $f'=150$ mm,负透镜到系统组合焦点 F' 的距离为45 mm。求负透镜的焦距 f'_2 和它到棱镜出射表面的距离。

4－15　一个8倍的望远系统,如图4－14所示。斜方棱镜的入射面到物镜的距离为110 mm,棱镜的通光口径为30 mm,棱镜玻璃折射率 $n=1.5$,棱镜出射面到目镜的距离为30 mm,求物镜和目镜的焦距等于多大? 如果入瞳和物镜重合,则物镜的口径等于多大?

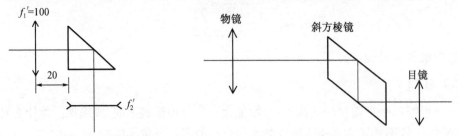

图4－13　望远物镜和直角棱镜组合　　　图4－14　望远系统和斜方棱镜组合

4－16　用棱镜展开的方法,求通光口径为20 mm,光轴转角为90°的标准五角棱镜内光轴的光路长。如果把这个棱镜放在一个焦距为150 mm的望远物镜成像光路中,棱镜入射面与物镜像方主面的距离为50 mm,求望远物镜的焦面与棱镜出射面之间的距离(已知棱镜玻璃的折射率 $n=1.5$)。

4－17　判断图4－15中各系统的成像方向。

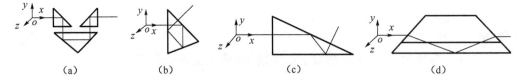

(a)　　　　　(b)　　　　　(c)　　　　　(d)

图4－15　习题4－17示意图

4－18　有一个如图4－16所示的6倍开普勒望远镜,物方视场角 $2\omega=6°$,出瞳直径 $D'=5$ mm,目镜焦距 $f'_目=30$ mm。在物镜后方70 mm处放置一块靴形屋脊棱镜(折射率 $n=1.5$,展开后玻璃板厚度 $L=2.980D_棱$),分划板厚度为3 mm(折射率 $n=1.5$),在其后表面上刻制出划线,假定系统无渐晕。试问:

① 孔径光阑应选在何处?

② 分划板的有效口径为多大?

③ 分划板的刻划面离棱镜出射面的实际距离等于多少?

④ 为了形成潜望高,并得到与物相似的正像,顶部(虚线框内)应选用何种棱镜,并说明理由。

4－19　图4－17所示的光学系统由一个开普勒望远镜和一个施密特棱镜组合而成,试确定整个系统物像空间的方向对

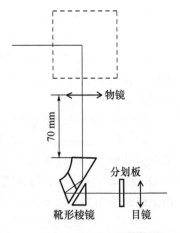

图4－16　习题4－18示意图

应关系。如果物镜的焦距为100 mm,口径为20 mm,系统的视场角 $2\omega=5°$,系统的入瞳与物镜框重合,并且没有渐晕,棱镜入射面到物镜像方主平面的距离为50 mm,求棱镜入射面和出射面上的通光口径以及出射面到物镜像方焦面的距离(已知施密特屋脊棱镜展开以后的光路

长 $L=3D$，棱镜玻璃的折射率 $n=1.5$)。

4—20 假定一个薄透镜组焦距为 100 mm，通光口径为 20 mm，利用它使无限远物体成像，像的直径为 10 mm，在距透镜组后 50 mm 处加入一五角棱镜，使光轴折转 90°，求棱镜通光口径 D 和通过棱镜后的像面位置 l'。假定棱镜的折射率 $n=1.5163$，展开厚度 $L=3.414D$，D 是棱镜通光口径。

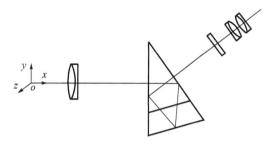

图 4—17 习题 4—19 示意图

4—21 望远物镜的通光口径为 20 mm，焦距为 100 mm，半视场角为 3°，在像方焦面前放一直角棱镜(玻璃折射率 $n=1.5163$)，棱镜出射面离开焦平面距离为 10 mm，求棱镜入射面到物镜的距离和棱镜的通光口径。

4—22 判断图 4—18 所示各系统的成像方向。

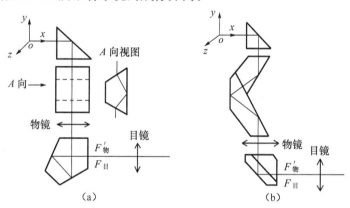

图 4—18 习题 4—22 示意图

4—23 设计一个由棱镜构成的平面镜棱镜系统，要求出射光轴与入射光轴平行同向，且有一定的潜望高，同时要求物和像相似并反向，问：

① 如果不用屋脊棱镜该选用什么样的棱镜？这些棱镜应如何安置？

② 如果可以选用屋脊棱镜，又该如何？

4—24 图 4—19 所示光学系统对无限远物体成像，要求物像方向如图 4—19 所示，试确定在虚线框中应选用何种棱镜。

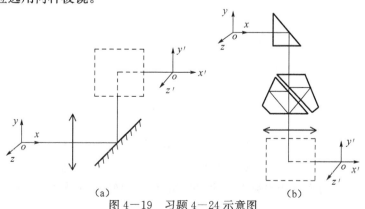

图 4—19 习题 4—24 示意图

第五章　光学系统中的成像光束和光阑

一、本章要点和主要公式

光学仪器中的光学系统是由光学元件如透镜、平面镜、棱镜等按照一定要求组合而成的。这些光学元件的尺寸是有限度的,它们的大小是通过对成像光束位置和大小的适当选择而确定的。对光学系统成像光束位置的选择,实际上是对轴外像点成像光束位置的选择。换句话说,光学系统成像光束位置和大小确定之后,组成光学系统的各个光学元件的通光口径也就确定了,从而又直接影响光学仪器外形尺寸和质量大小。不同类型的光学仪器,对成像光束位置和大小的选择原则不同,情况比较复杂,必须针对具体情况进行分析研究。本章就是讨论如何根据不同光学仪器的实际要求,来选择最佳的成像光束位置和大小。为讨论问题方便,先介绍几个有关的名词术语。

（一）几个名词术语

1. 光阑

在光学系统中,不论是限制成像光束的口径,还是限制成像范围的孔或框(透镜框、棱镜框)统称为"光阑"。

① 孔径光阑:限制进入光学系统成像光束口径大小的光阑称为"孔径光阑"。

② 视场光阑:限制光学系统成像范围的光阑称为"视场光阑"。

2. 渐晕及渐晕系数

① 渐晕:由于轴外斜光束口径小于轴上点光束口径,而引起像平面轴外部分比像平面中心暗的现象称为"渐晕"。

② 线渐晕系数 K_D:假定轴上点光束口径为 D,视场角为 ω 的斜光束在子午截面内光束口径为 D_ω,则 D_ω 和 D 之比称为"线渐晕系数",用 K_D 表示。

③ 面渐晕系数:轴外光束截面面积与轴上光束截面面积之比称为"面渐晕系数",用 K_S 表示。

3. 入瞳和出瞳、出瞳距离和眼点距离

在没有渐晕情况下,孔径光阑在光学系统物空间的像称为"入瞳",在像空间的像称为"出瞳",分别限制入射光束口径 D 和出射光束口径 D' 的大小,入瞳和出瞳对光学系统存在物像共轭关系。由于光学系统没有渐晕,轴外光束的中心光线(即主光线)必然通过孔径光阑中心;物方入射光束中心光线必然通过入瞳中心;像方出射光束中心光线必然通过出瞳中心。

出瞳离系统最后一面顶点的距离称为"出瞳距离",用 l'_z 表示,l'_z 决定出射光束的位置。

当系统存在渐晕时,边缘视场成像光束的中心光线不再通过入瞳中心、孔径光阑中心和出瞳中心。这时我们把边缘视场出射光束的中心光线和光轴的交点称为"眼点",眼点到系统最后一面的距离称为"眼点距离",用 L'_z 表示。

例 5—1：照相镜头焦距 $f=35$ mm，底片像幅尺寸为 24×36 mm^2，求该相机的最大视场角，视场光阑位于何处？

解：照相镜头的照相范围受底片框限制，底片框就是视场光阑，位于镜头的像方焦平面处。根据视场角 ω 和理想像高 y' 的关系式

$$y'=-f'\tan\omega \text{ 或 } \tan\omega=-y'/f'$$

其中，y' 等于底片对角线的一半，即 $y'=\dfrac{1}{2}\sqrt{24^2+36^2}=21.63$（mm）。将 $f'=35$ mm，$y'=21.63$ mm 代入上式，得该照相镜头的最大视场角 $2\omega=63.4°$。

例 5—2：6 倍双目望远镜系统中，物镜焦距为 108 mm，物镜口径为 30 mm，目镜口径为 20 mm，如果系统中没有视场光阑，问该望远镜最大极限视场角等于多少？渐晕系数 $K_D=0.5$ 时的视场角等于多少？

解：已知 $\Gamma=-6$，可求得目镜焦距为 $f'_目=-\dfrac{f'_物}{\Gamma}=18$ mm。

极限视场角是刚刚能进入光学系统一条光线时所对应的视场角。如图 5—1 所示，连接物镜和目镜上边缘 C 和 D 两点，交物镜像方焦平面于 B' 点。B' 是最边缘像点，对应的像高为 y'_{max}，相应的视场角即极限视场角 ω_{max}。过 D 点作平行于光轴的直线，与物镜和像平面分别交于 E、F 点。根据 $\triangle DB'F\backsim$ $\triangle DCE$，可求得 $y'_{max}=10.714$ mm。

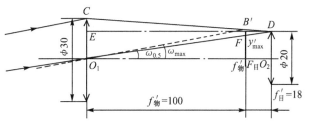

图 5—1　双目望远镜视场

将 y'_{max}、$f'_物$ 值代入公式 $\tan\omega_{max}=\dfrac{y'_{max}}{f'_物}=\dfrac{10.714}{108}=0.099\,2$，得 $2\omega=11.33°$。

假定渐晕系数 $K_D=0.5$ 时对应的视场为 $\omega_{0.5}$。连接物镜中心 O_1 和目镜上边缘点 D，直线 O_1D 与光轴夹角即 $\omega_{0.5}$。

$$\tan\omega_{0.5}=\frac{O_2D}{O_1O_2}=\frac{10}{108+18}=0.079\,4$$

$$2\omega_{0.5}=9.08°$$

（二）选择望远系统成像光束位置的基本原则

① 首先根据系统光学特性（D/f'，f'）的要求，对轴上点边缘光线进行光路计算，从而确定轴上点边缘光线在系统中每个光学零件或光阑上的口径，这些轴向光束口径是为保证光学系统的光学特性，系统中各个光学零件所必需的最小口径。

② 所谓选择成像光束位置，是指选择轴外点的成像光束位置，成像光束位置不同，直接影响各光学零件的实际口径，也即影响仪器的体积和质量。在保证光学系统光学特性条件下，能使系统中各个光学零件的口径比较均匀的成像光束位置，是最佳的位置。一般情况下，使轴外光束的中心光线通过轴向光束口径最大的光学零件或光阑的中心。换句话说，一般情况下轴向光束口径最大的孔或框作为孔径光阑。根据这一原则，望远系统中通常把孔径光阑选在物镜

框上。

轴外点成像光束位置确定后,计算边缘视场的上、下边缘光线,以确定各个光学零件的实际通光口径,计算成像光束的中心光线,可找到相应的入瞳和出瞳或眼点的位置。

实际望远系统中对成像光束限制的情况很复杂,例如有的有渐晕,有的没有渐晕;有的在视场中心的有限部分内无渐晕,而在此部分以外边缘视场就有渐晕;有的虽有渐晕,中心光线和光轴交点位置却不变;有的则随着渐晕改变,中心光线和光轴的交点位置也在改变。这样入瞳、出瞳和孔径光阑的含义在不同情况下有些差别。下面举例说明。

例5-3:7倍望远系统,视场 $2\omega=8°$,目镜焦距为25 mm,出瞳直径为5 mm,假定无渐晕,求孔径光阑、入瞳和出瞳位置,物镜和目镜的口径、视场光阑口径。

解:根据望远系统入瞳直径 D 和出瞳直径 D' 的关系式 $D=\Gamma D'=7\times5=35$ (mm)。轴上点边缘光线在物镜上的口径为35 mm,在目镜上的口径 $D'=5$ mm。物镜轴向口径最大。孔径光阑选在物镜框上。入瞳也和孔径光阑重合。

因为无渐晕,边缘视场成像光束的中心光线应通过孔径光阑中心 O_1,从图5-2中可看出边缘视场下边缘光线在目镜上的投射高最大,它确定目镜的口径,对下边缘光线进行光路计算:

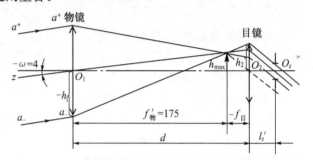

图5-2 双目望远镜的光阑、入瞳和出瞳

$$h_1=-17.5, -\omega_1=4°=-u_1$$

$$f'_{物}=-\Gamma f_{目}=7\times25=175 \text{ (mm)}$$

$$\tan u'_1-\tan u_1=h_1\varphi_1$$

$$\tan u'_1=\frac{-17.5}{175}+\tan(-4°)=-0.169\ 9$$

$$h_2=h_1-d\tan u'_1=-17.5-(175+25)\times(-0.169\ 93)=16.486 \text{ (mm)}$$

$$D_{目}=2h_2=33 \text{ mm}$$

计算通过 O_1 的主光线 z,求出瞳位置:

$$h_{z1}=0, h_{z2}=-d\tan(-\omega)=200\times\tan 4°=13.99$$

$$\tan u'_z=\tan u_2+h_{z2}\varphi_2=\tan(-4°)+\frac{13.99}{25}=0.489\ 5$$

$$l'_z=\frac{h_{z2}}{\tan u'_z}=\frac{13.99}{0.489\ 5}=28.58 \text{ (mm)}$$

视场光阑口径

$$D_{分}=2y'_{max}=-2f'_{物}\tan\omega=-2\times175\times\tan(-4°)=24.5$$

出瞳位置离目镜像方主平面距离为28.58 mm。

由上例得出:光学系统没有渐晕时,孔径光阑既确定了轴向光束口径,也确定了轴外光束口径。孔径光阑在系统物、像空间的共轭像分别为入瞳和出瞳。轴外光束中心光线(主光线)在物空间、像空间分别通过入瞳中心和出瞳中心,也必须通过孔径光阑中心。

例5-4:在例5-3望远系统中,若目镜口径为28 mm,其他条件不变,求系统入瞳、出瞳、孔径光阑位置。在多大视场范围内无渐晕?边缘视场线渐晕系数等于多少?眼点距离位于何处?

解： 在该望远系统中，物镜框限制轴向光束口径，在一定视场范围内的轴外光束口径也由物镜框限制，换言之，该系统在一定视场范围内无渐晕，视场超过一定范围后，将产生渐晕，而且随视场加大，渐晕也加大，如图 5-3 所示。

下面我们求无渐晕时的最大视场范围 ω。连接物镜下边缘 D 和目镜上边缘 E 点，直线 DE 与像平面交于 B'_0 点，B'_0 点对应的视场 ω_0 就是无渐晕的最大视场。

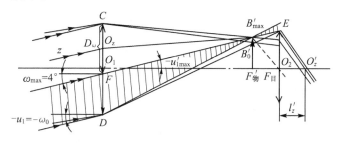

图 5-3　双目望远镜的眼点

$$\tan(-u'_1)=\frac{EO_2+O_1D}{d}$$

$$=\frac{14+17.5}{175+25}=0.157\,5$$

$$\tan u'_1=-0.157\,5$$

$$\tan u'_1-\tan u_1=h_1\varphi_1,\tan u_1=-0.157\,5-\frac{-17.5}{175}=-0.057\,5$$

$$u_1=\omega_0=-3.29°,2\omega_0=6.58°$$

当 $2\omega_0\leqslant6.58°$ 时无渐晕，此时的物镜框既限制轴向光束口径，也限制轴外光束口径。物镜框就是孔径光阑，因前方无光学系统，孔径光阑也就是入瞳。物镜框在像方的像就是出瞳。出瞳位置可用物像位置关系式求，也可用光路计算公式求，我们用位置关系求。孔径光阑中心 O_1 对目镜的共轭像是 O'_z。当 $l_2=-200$ mm，$f'_目=25$ mm，应用高斯公式

$$\frac{1}{l'_z}=\frac{1}{l_z}+\frac{1}{f'_目}=\frac{1}{-200}+\frac{1}{25}=0.035$$

得 $l_z'=28.57$ mm，即望远镜的出瞳位置在目镜后 28.57 mm 处。

当 $2\omega_0$ 超过 6.58° 后，轴外成像光束不仅受物镜框限制，同时还受目镜框限制。下面我们求边缘视场 $2\omega_{max}=8°$ 时的线渐晕系数。图 5-3 中对应像高 y'_{max} 为

$$y'_{max}=-f'_物\tan\omega_{max}=175\tan4°=12.237$$

连接 B'_{max} 和目镜上边缘 E 点，交物镜于 F 点，F 点以下光线，被目镜框切割，CF 为进入系统的光束宽度 D_ω，下面求 D_ω。

$$D_\omega=CO_1+O_1F=17.5+O_1F$$

只要求出 O_1F，即可求出 D_ω。FE 光线与光轴夹角为 u'_{1max}，有

$$\tan(-u'_{1max})=\frac{EO_2-B'_{max}F_目}{f'_目}=\frac{14-12.237}{25}=0.070\,5$$

$$O_1F=d\tan(-u'_{1max})-EO_2=200\times0.070\,5-14=0.1$$

$$D_\omega=17.5+0.1=17.6$$

$$K_D=\frac{D_\omega}{D}=\frac{17.6}{35}=50.3\%\approx50\%$$

眼点距离是边缘成像光束中心光线在像方和光轴的交点到目镜的距离。计算边缘视场成像光束的中心光线 z

$$h_z=\frac{17.5}{2}=8.75\ (mm),\tan u_{z1}=-\tan4°$$

$$\tan u'_{z1}=\tan u_{z1}+h_{z1}\varphi_1=\tan(-4°)+\frac{8.75}{175}=-0.019\ 9$$

$$h_{z2}=h_{z1}-d\tan u_{z1}=8.75-200\tan u_{z1}=12.735\text{ mm}$$

$$\tan u'_{z2}=\tan u_{z2}+h_{z2}\varphi_2=-0.019\ 9+\frac{12.735}{25}=0.489\ 5$$

$$L'_z=\frac{h'_{z2}}{\tan u'_{z2}}=\frac{12.735}{0.489\ 5}=26.017\text{ (mm)}$$

眼点距离 $L'_z=26.017$ mm。

出瞳距离 $l'_z=28.57$ mm。

由本例得出：如果中心视场没有渐晕，边缘视场有渐晕，一般按没渐晕的那部分视场来确定孔径光阑、入瞳和出瞳位置。如果边缘视场出射成像光束的中心光线与光轴交点离出瞳较远，需计算出它的位置，即眼点距离 L'_z。L'_z 和 l'_z 一起作为光学系统的光学特性指标。

例 5—5： 在例 5—3 望远系统中，位于物镜前 150 mm 处有一保护玻璃，其口径与物镜口径相同(均为 35 mm)，目镜口径不予限制，求该系统的孔径光阑、入瞳、出瞳位置。

解： 如图 5—4 所示，AB 和 CD 两个镜框口径均等于轴向光束口径 D，$D=\Gamma D'=7\times5=35$ (mm)。当物点离开轴上点时即产生渐晕，成像光束的主光线不通过物镜中心 O_1，当视场改变时，主光线和光轴的交点位置 O_z 是否随视场而改变呢？

假定保护镜框 AB 与物镜框 CD 的距离为 L，轴外物点视场角

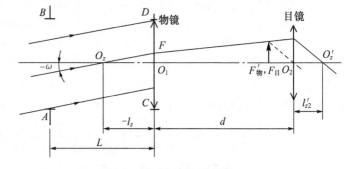

图 5—4　例 5—5 示意图

为 ω，轴外成像光束的下边缘光线和上边缘光线分别由保护镜框 A 和物镜框 D 限制，成像光束的中心光线 O_zF 与光轴交点为 O_z。O_z 离物镜中心 O_1 距离为 l_z，下面求 l_z：

$$O_1F=l_z\tan\omega \text{ 或 } l_z=O_1F/\tan\omega \tag{a}$$

$$O_1F=\frac{CD}{2}-\frac{CD+L\tan\omega}{2}=\frac{-L}{2}\tan\omega \tag{b}$$

将式(b)代入式(a)得

$$l_z=-L/2 \tag{c}$$

由此可见，l_z 只与 AB 和 CD 之间的距离 L 有关，而与视场角 ω 无关，这就是说，无论视场角多大，入射光束中心光线与光轴交点位置不变。这样 O_z 即名义孔径光阑位置，也即入瞳位置，O_z 在像空间的共轭像 $O_z{}'$ 即出瞳位置。

将 $L=150$ mm 代入式(c)得

$$l_z=-75\text{ mm}$$

连续应用物像位置公式，求出瞳位置：

$$l'_{z1}=\frac{l_z f'_物}{l_z+f'_物}=\frac{-75\times175}{-75+175}=-131.25\text{ (mm)}$$

$$l_{z2}=l'_{z1}-d=-131.25-200=-331.25 \text{（mm）}$$

$$l'_{z2}=\frac{l_{z2}f'_{目}}{l_{z2}+f'_{目}}=\frac{-331.25\times25}{-331.25+25}=27.04 \text{（mm）}$$

即出瞳位于目镜后 27.04 mm 处。

在此例系统中有两个光阑的口径和轴向光束口径相同。除轴上点外，其他轴外点都存在渐晕，且随视场角的加大渐晕逐渐增加，但不同视场的成像光束主光线与光轴交点位置不变，这时可根据轴外斜光束主光线的位置确定孔径光阑、入瞳和出瞳位置。在该例子中，根据主光线的位置，相当于孔径光阑位于两光阑的中点，实际上那里并没有真正限制光束口径的光阑，因此称为"名义孔径光阑"。

还有另一种情况，就是随着视场角的增加，由于渐晕，不同视场角的主光线与光轴交点位置发生变化，这时一般按近轴区的主光线和光轴的交点位置来确定孔径光阑、入瞳和出瞳位置。如果边缘视场出射光束主光线和光轴交点位置与近轴区出射光束主光线和光轴的交点位置相差较远，则把边缘视场出射主光线和光轴的交点即眼点，到系统最后一面的距离——眼点距离 L'_z 和出瞳距离 l'_z 一并算出，二者相差不远时，不必给出眼点距离。

（三）显微镜中的光束限制和远心光路

① 一般观察显微镜中，显微镜物镜上的轴向光束口径最大，通常把孔径光阑选在物镜框上。

位于目镜物方焦平面上的圆孔光阑或分划镜框，限制了系统的成像范围，是显微镜的视场光阑。一般显微镜的视场光阑直径大约为 20 mm。显微镜的线视场 $2y_{max}$ 为

$$2y_{max}=\frac{20}{\beta} \tag{5-1}$$

式中，β 为显微镜物镜垂轴放大率。

显微镜的数值孔径 $NA=nu$，式中，n 为物方折射率，u 为轴上边缘光线与光轴夹角，也叫物方孔径角。显微镜的数值孔径 NA 和显微镜视放大率 Γ、出瞳直径 D' 之间的关系为

$$NA=D'\frac{\Gamma}{500} \tag{5-2}$$

显微镜的出瞳直径 D' 通常取 1 mm，代入式(5-2)得

$$NA=\frac{\Gamma}{500}$$

例5-6： 200 倍显微镜的目镜焦距为 25 mm，求显微镜的线视场。如果出瞳直径 $D'=1$ mm，显微镜物镜的物像共轭距为 195 mm，求显微镜的数值孔径和物镜的通光口径（均按薄透镜计算）。

解： 显微镜视放大率 $\Gamma=\beta\Gamma_{目}$，式中，$\Gamma_{目}=\frac{250}{f'_{目}}$，将 $f'_{目}=25$ mm 代入得

目镜视放大率 $\qquad\qquad \Gamma_{目}=\frac{250}{25}=10$

物镜垂轴放大率 $\qquad\qquad \beta=\frac{\Gamma}{\Gamma_{目}}=\frac{-200}{10}=-20$

显微镜的线视场 $\qquad\qquad zy_{max}=\frac{20}{-20}=-1 \text{（mm）}$

根据物像位置及大小关系式 $\beta=l'/l=-20$,有

$$l'=-20l \tag{a}$$

$$-l+l=195 \tag{b}$$

式(a)和式(b)联立得

$$l=-9.286 \text{ mm}, l'=185.714 \text{ mm}$$

根据 $NA=D'\dfrac{\Gamma}{500}$ 求显微镜的数值孔径 NA。已知 $D'=1$ mm,所以 $NA=\dfrac{\Gamma}{500}=\dfrac{200}{500}=0.4$,又因为 $NA=nu,n=1$,即 $NA=u=0.4$,物镜通光口径 $D_物$ 为

$$D_物=2(-lu)=2\times9.286\times0.4=7.429 \text{ (mm)}$$

② 测量显微镜中,为了消除由于像平面位置的放置误差而引起的测量误差,在物镜的像方焦平面上加入一个光阑作为孔径光阑,入瞳则位于物方无穷远处,称为"物方远心光路"。

③ 某些大地测量仪器或投影仪器中,需要消除由于像平面和标尺分划刻线面不重合而引起的测量误差,在物镜的物方焦平面处加上一个光阑作为孔径光阑,物镜的出瞳位于像方无穷远处,称为"像方远心光路"。

例5-7: 如果例5-6中的显微镜用于测量,问物镜的通光口径需要多大? 孔径光阑口径多大?

解: 例5-6中已求出该显微镜物镜的垂轴放大率 $\beta=-20$,物高 $y=0.5$ mm,物距 $=-9.286$ mm,像距 $l'=185.714$ mm,$u=0.4$。用于测量时,需在物镜像方焦平面上加入一个光阑孔,作为孔径光阑,构成物方远心光路。下面首先求物镜焦距:

$$\frac{1}{f'}=\frac{1}{l'}-\frac{1}{l}=\frac{1}{185.714}-\frac{1}{-9.286}=0.113\ 1$$

$$f'=8.844 \text{ mm}$$

由图5-5可知,孔径光阑 PP' 放在 F' 处,下面求孔径光阑口径 PP':

$$\beta=\frac{u}{u'}或 u'=\frac{u}{\beta}=\frac{-0.4}{-20}=0.02$$

$$PP'=2(l'-f')u'=2\times(185.714-8.844)\times0.02=7.075 \text{ (mm)}$$

当孔径光阑选在物镜框上时,物镜通光口径等于7.429 mm;当孔径光阑选在 PP' 处时,物镜通光口径需加大,其半口径为 O_1Q:

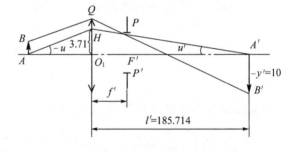

图5-5 显微镜物镜情形

$$O_1Q=O_1H+HQ=\frac{7.429}{2}+HQ=3.71+HQ$$

根据 $\triangle HQP \sim \triangle A'B'P$ 可求得

$$HQ=\frac{f'}{l'-f'}A'B'=\frac{8.844}{185.714-8.844}\times10=0.5 \text{ (mm)}$$

因此测量用物镜通光口径为 $2(O_1Q)=2\times(3.71+0.5)=8.42$ (mm)。

求测量用显微镜物镜口径更为简便的方法是,从轴外物点 B 引 BQ 线与轴上点边缘光线 AH 平行,即

$$BQ /\!/ AB, HQ = AB = 0.5 \text{ mm(物高)}$$
$$O_1 Q = -3.71 + AB = 3.71 + 0.5 = 4.21 \text{ (mm)}$$

测量用物镜口径为 $2(O_1 Q) = 8.42$ mm。

显然测量用显微镜物镜通光口径比相同条件下的观察用显微镜物镜通光口径要大。

（四）夜视仪器中的光束限制

夜视仪器中,红外变像管是核心部分,其工作过程为:成像在阴极面上的红外辐射图像,经光电阴极变成低能电子图像,然后经电子光学系统,把低能电子图像变成高能电子图像并聚焦在荧光屏上,荧光屏将电子图像转变为可见图像。夜视仪器的工作原理是:红外辐射目标经红外物镜成的不可见的像落在红外变像管阴极面上,经红外变像管的光谱转换、亮度增强和电子成像,在荧光屏上显示出目标的可见图像,此可见图像恰好位于目镜物方焦平面上,经目镜后以平行光出射,供人眼观察。由此可见,夜视仪器中的物镜和目镜被变像管截断,因此在讨论夜视仪器的光束限制时,应对物镜、目镜分别进行讨论。

物镜的孔径光阑通常选在物镜框上,而成像范围由成像器件(变像管、像增强器等)的阴极面框限制,因此阴极面框就是物镜的视场光阑。

目镜的成像范围由荧光屏框限制,因此荧光屏框就是目镜的视场光阑。人眼瞳孔的位置和大小,决定了出射光束的位置和大小。因此人眼瞳孔即目镜的孔径光阑,也就是目镜的出瞳。夜间观察时,人眼瞳孔大约为 7 mm。

例 5-8:7.5 倍红外望远系统,物镜焦距为 200 mm,相对孔径 1∶1,红外变像管垂轴放大率 $\beta = -0.8$,阴极面最大直径 Φ 为 31.5 mm,人眼瞳孔距目镜 200 mm,人眼瞳孔直径为 7 mm,问:

① 物镜的孔径光阑选在何处? 物镜通光口径多大?

② 目镜相对孔径多大? 目镜实际通光口径多大(不允许有渐晕)?

解: ① 物镜的孔径光阑选在物镜框,入瞳和孔径光阑重合,入瞳直径 $D_入 = \left[\dfrac{D}{f'}\right] f' = \dfrac{1}{1} \times 200 = 200$ (mm)。物镜通光口径和入瞳直径大小相等,均为 200 mm。

由图 5-6 可看到,物方视场角为 ω,像方视场角为 ω'。

$$\tan \omega = \frac{D_阴}{2 \times f'_物} = \frac{31.5}{2 \times 200} = 0.078\,8$$

即 $\omega = 4.5°$,或 $2\omega = 9°$。

② 求目镜视场角 $2\omega'$ 和目镜焦距 $f'_目$,根据望远系统视放大率定义 $\Gamma = \dfrac{\tan \omega'}{\tan \omega}$,将

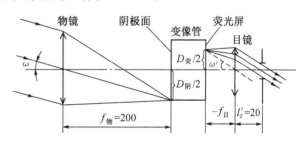

图 5-6　例 5-8 示意图

$\Gamma = 7.5, \omega = 4.5°$ 代入上式得

$$\tan \omega' = 7.5 \times \tan 4.5° = 0.590\,6$$

即 $\omega' = 30.57°$,目镜视场 $2\omega' = 61.13°$。

因荧光屏与目镜物方焦平面重合,所以有

$$\tan \omega' = \frac{D_{荧}}{2f'_{目}} \text{ 或 } f'_{目} = D_{荧}/(2\tan \omega')$$

当 $D_{荧} = \beta D_{阴} = 0.8 \times 31.5 = 25.2$（mm）时，将 $\tan \omega'$ 值及 $D_{荧}$ 值代入 $f'_{目}$ 式中求得目镜焦距：

$$f'_{目} = \frac{25.2}{2 \times 0.590\ 6} = 21.33 \text{ (mm)}$$

③求目镜通光口径 $D_{目}$，从图 5-6 中的几何关系，可得

$$D_{目} = 2\left(l'_z \tan \omega' + \frac{D'}{2}\right)$$

将 $l'_z = 20$ mm，$\omega' = 30.57°$，$D' = 7$ mm 值代入 $D_{目}$ 式中，得

$$D_{目} = 2 \times \left(20 \times 0.590\ 625 + \frac{7}{2}\right) = 30.63 \text{ (mm)}$$

④求目镜相对孔径：

$$\frac{D'}{f'_{目}} = \frac{7}{21.33} = \frac{1}{3}$$

由于人眼瞳孔在夜间放大，因此夜视仪中目镜相对孔径较大。在设计目镜时应注意到这一点。

（五）场镜的特性和应用

场镜的定义：和像平面重合，或很靠近像平面的透镜统称为"场镜"。

场镜的性质：只改变成像光束位置，而不影响光学系统的光学特性（D/f'，2ω，f' 等）。

场镜的应用：在一些望远系统中，成像光束在光路中的位置已经确定，可能不能同时满足对入瞳、出瞳位置的要求，这时可在中间实像平面加场镜。欲使出瞳距离减小加正场镜，$f'_{场} > 0$；反之，欲使出瞳距离加大，加负场镜，$f'_{场} < 0$。

在某些连续成像的组合系统中，为了使前透镜组的出射光束都能进入后透镜组，可能要求后透镜组口径加大很多，为了不使后透镜组口径过大，常在实像平面上加入场镜，使前组的出射光束主光线，经场镜后，通过后透镜组的中心，从而大大减小后透镜组的口径。

在一些红外系统中，为了减小红外探测器的尺寸，也常在系统中加入场镜。

例 5-9：望远系统由焦距分别为 100 mm 和 20 mm 的两正透镜构成，物方视场为 $2\omega = 10°$，出瞳直径 $D' = 5$ mm，由于目镜口径的限制，轴外边缘视场渐晕系数 $K_D = 0.5$，为了消除渐晕，需在中间像平面上加场镜，问在不增加目镜口径的情况下，场镜焦距等于多大时能消除渐晕？

解：由图 5-7 物镜像高

$$F'_{物}B' = -f'\tan \omega = 100 \times \tan 5° = 8.75 \text{ (mm)}$$

边缘视场的成像光束被目镜切割，渐晕系数为 0.5，即只有上光进入系统时，目镜的口径为

$$D_{目} = 2(O_2 C) = 2 \times 120\tan 5° = 21 \text{ (mm)}$$

在不增加目镜口径情况下，在目镜物方焦平面上加一块场镜，使光线 $a_- B'$ 与光线 $B'C$ 共

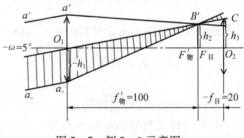

图 5-7　例 5-9 示意图

轭,使全部下光均可进入目镜。下面对边缘视场下边缘光线进行光路计算,以便求得场镜焦距 $f_{场}'$。

已知: $u_1 = -5°$, $f_1' = f_{物}' = 100$ mm, $D_{物} = \Gamma D' = 5 \times 5 = 25$ (mm), $h_1 = -12.5$ mm 可计算出

$$\tan u_1' = \tan u_1 + h_1\varphi_1 = \tan(-5°) + \frac{-12.5}{100} = -0.212\,5 = \tan u_2$$

$$h_2 = h_1 - d_1\tan u_1' = -12.5 - 100 \times (-0.212\,5) = 8.75 \text{ (mm)}$$

$$\tan u_2' - \tan u_2 = h_2\varphi_{场}$$

$$u_2' = -5°$$

$$\tan(-5°) - (-0.212\,49) = \frac{8.75}{f_{场}'}$$

$$f_{场}' = 70 \text{ mm}$$

当场镜的焦距为 70 mm 时,目镜口径没有增大,系统却消除了渐晕。

例 5-10:有一红外成像物镜,通光口径 $D = 25$ mm,焦距 $f' = 100$ mm,视场 $2\omega = 6°$。问:

① 若不加场镜,应选多大尺寸的探测器?

② 若探测器的光敏面为 $\phi 3$ mm,需要在物镜像方焦平面上放置一块场镜,问该场镜的焦距和口径各为多少? 此时探测器应放在何处,光线才能照满光敏面?

解:① 求不加场镜时探测器光敏面尺寸,根据无穷远物体理想像高计算公式

$$2y' = -2f'\tan\omega = -2 \times 100 \times \tan(-3°) = 10.48 \text{ (mm)}$$

探测器光敏面尺寸为 $\phi 10.48$ mm。

② 若选用光敏面尺寸为 $\phi 3$ mm 的探测器,求场镜焦距和口径应为多少? 探测器应位于何处?

由图 5-8,场镜位于物镜像方焦平面上,其口径应和像高一样大,即 $D_{场} = 10.48$ mm。

物镜框是入瞳,通过场镜后应成像在探测器光敏面上,换句话说,对场镜而言,物镜框和探测器光敏面为物像共轭。根据物像大小位置关系式

$$\beta = \frac{y'}{y} = \frac{l'}{l}$$

有 $\qquad \dfrac{-3}{25} = \dfrac{l'}{-100}, l' = 12 \text{ mm}$

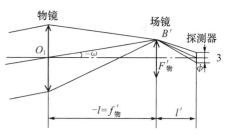

图 5-8　红外望远光学系统

探测器光敏面应位于场镜后方 12 mm 处。

用下式求场镜焦距:

$$\frac{1}{l'} - \frac{1}{l} = \frac{1}{f_{场}'}$$

将 $l' = 12$ mm, $l = -100$ mm 代入,得

$$\frac{1}{12} - \frac{1}{-100} = \frac{1}{f_{镜}'}$$

场镜焦距为 $10.714\ mm$。

由本例可看出红外系统中场镜的作用有两种:一是可以使探测器光敏面进一步缩小,本例中加场镜前光敏面尺寸为 $\phi10.48$ mm,加镜后为 $\phi3$ mm;二是系统的入瞳经场镜后成像在探测器上,使探测器光敏面上得到均匀的辐射度。

图 5-9 所示为美国探测金星的"水手Ⅱ号"宇宙飞船上的红外辐射计光学系统,其中物镜是一块用锗(Ge)制成的单透镜,与一个超半球透镜(浸没透镜)相组合,探测器紧紧贴在浸没透镜上。在国内外的人造卫星红外地平仪中以及其他空间红外装置中,都采用类似"水手Ⅱ号"这样的光学系统。

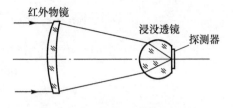

图 5-9　红外辐射计光学系统

浸没透镜和场镜的作用相同,使用浸没透镜可以显著减小探测器光敏面尺寸。浸没透镜通常是平凸球冠体,由高折射率红外材料(Ge、Si)做成,探测器光敏面采用光胶或用粘胶材料粘接在浸没透镜的平面上,使像面浸没在折射率较高的介质中,浸没透镜与一般场镜的不同之处在于它的垂轴放大率不等于1,如何求浸没透镜的垂轴放大率呢?

根据单个折射球面物像共轭关系式

$$\frac{n'}{l'}-\frac{n}{l}=\frac{n'-n}{r},\beta=\frac{nl'}{n'l} \tag{5-3}$$

联立以上二式可求得

$$\beta=1-\frac{l'(n'-n)}{n'r} \tag{5-4}$$

式中,n 为物方介质折射率,通常 $n=1$;n' 为浸没透镜光学材料的折射率;l' 为浸没透镜第一面顶点到探测器光敏面的距离,即等于透镜中心厚度;r 为第一面球面半径。

将 $l'=d$,$n=1$ 代入式(5-4)得

$$\beta=1-\frac{d(n'-1)}{n'r} \tag{5-5}$$

通常称 $1/\beta$ 为浸没透镜的缩小比。

例 5-11: 有一浸没透镜由锗(Ge)材料制成,锗的折射率为 4,浸没透镜第一面半径为 5.5 mm,厚度为 6.474 mm,求该浸没透镜的缩小比。

解: 将 $d=6.474$ mm,$r=5.5$ mm,$n'=4$ 代入式 $\beta=1-\dfrac{d(n'-1)}{n'r}$,求得浸没透镜的垂轴放大率 β 为

$$\beta=1-\frac{6.474\times(4-1)}{4\times5.5}=0.117$$

浸没透镜的缩小比 $1/\beta=8.53$。

例 5-12: 如图 5-10 所示,某红外探测系统由例 5-11 中浸没透镜和红外物镜构成,被探测的热源大小为 $\phi20$ mm,热源离红外物镜 800 mm,探测器光敏面尺寸为 0.18×0.18 mm²,浸没透镜轴向光束口径为 $\phi8$ mm,红外物镜和浸没透镜由锗(Ge)制成($n=4$),求红外物镜的焦距、通光口径多大?浸没透镜与红外物镜之间间隔等于多大(红外物镜按薄透镜

计算)?

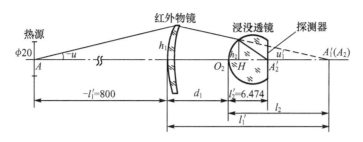

图 5—10　例 5—12 示意图

解： ① 首先求物镜的垂轴放大率 β_1。根据已知条件，热源为 $\phi20$ mm,即物高 $y=10$ mm,像面尺寸为 0.18×0.18 mm^2,即像高为 $-y'=0.09$ mm,整个系统的垂轴放大率 β 为

$$\beta=\frac{y'}{y}=\frac{-0.09}{10}=-0.009$$

物镜垂轴放大率为 β_1,浸没透镜的垂轴放大率为 β_2,我们采用了例 5—11 中的浸没透镜,$\beta_2=0.117$,由于 $\beta=\beta_1\beta_2$ 或 $\beta_1=\beta/\beta_2$,将 $\beta=-0.009$,$\beta_2=0.117$ 代入 β_1 式得 $\beta_1=-0.076\,8$。

② 求物镜焦距。对红外物镜使用物像关系式

$$\frac{1}{l_1'}-\frac{1}{l_1}=\frac{1}{f_1'} \tag{a}$$

$$\beta_1=l_1'/l_1 \tag{b}$$

将 $l_1=800$ mm 代入式(a),$\beta_1=-0.076\,8$ 代入式(b)后联立求解式(a)、式(b)得

$$l_1'=61.4 \text{ mm}, f_1'=57.02 \text{ mm}$$

③ 求红外物镜与浸没透镜之间的间隔 d_1。由图 5—10 可看出 $d_1=l_1'-l_2$,l_1' 已求出,如能求出 l_2,便可求得 d_1。下面我们求 l_2。

对浸没透镜第一面使用单个折射面的垂轴放大率公式 $\beta_2=n_2l_2'/(n_2'l_2)$ 或 $l_2=n_2l_2'/(n_2'\beta_2)$,其中 $l_2'=6.474$ mm,$n_2=1$,$n_2'=4$,$\beta_2=0.117$ 代入 l_2 式中得

$$l_2=13.81 \text{ mm}$$

$$d_1=61.4-13.81=47.6 \text{ (mm)}$$

物镜像方主平面到浸没透镜第一面顶点的距离为 47.6 mm。

④ 求红外物镜通光口径。已知浸没透镜通光口径为 $\phi8$ mm,即 $h_2=4$ mm,由图可得

$$\tan u_1'=\frac{h_2}{HA_1'}=\frac{h_2}{l_2-O_2H}=\frac{4}{13.81-1.725}=0.331$$

$$h_1=l_1'\tan u_1'=61.4\times0.331=20.32 \text{ (mm)}$$

物镜通光口径 $D_1=2h_1=40.65$ mm。

（六）空间物体成像的清晰深度——景深

1. 景深的定义

如图 5—11 所示,A 和 A' 是一对共轭面,位于 A 平面(基准物平面)前后的 A_1 和 A_2 两个物平面,在 A' 像平面上形成两个光斑 Z',如果 Z' 很小,在 A' 上仍然能看清 A_1 和 A_2 物平面上各物点所成的像,我们把能在像面上获得清晰像的物空间深度,称为系统的"景深"。

2. 景深的计算公式

我们把像平面上允许的最大光斑直径 Z' 作为景深的标准。

设基准物平面到系统物方主平面距离为 l，主平面上口径为 D，物镜焦距为 f'，允许光斑直径为 Z' 的情况下，能看清的最远和最近物距分别为 l_1 和 l_2，l_1 和 l_2 距离之差就是景深。计算 l_1、l_2 的公式为

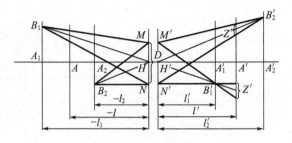

图 5—11　景深示意图

$$\frac{1}{l_1}=\frac{1}{l}+\frac{Z'}{D}\left(\frac{1}{l}+\frac{1}{f'}\right) \tag{5-6}$$

$$\frac{1}{l_2}=\frac{1}{l}-\frac{Z'}{D}\left(\frac{1}{l}+\frac{1}{f'}\right) \tag{5-7}$$

$$\frac{1}{l_1}-\frac{1}{l_2}=\frac{2Z'}{D}\left(\frac{1}{l}+\frac{1}{f'}\right) \tag{5-8}$$

3. 景深的性质

① 容许的光斑直径 Z' 越大，景深越大。

② 照相物镜的相对孔径、焦距与景深的关系如下：

对照相物镜来说 $l \gg f'$，式(5-8)可写成

$$\frac{1}{l_1}-\frac{1}{l_2}\approx\frac{2Z'}{Df'}=\frac{2Z'}{\left(\dfrac{D}{f'}\right)f'^{2}} \tag{5-9}$$

由式(5-9)可看出，照相物镜的相对孔径 D/f' 越大，景深越小；在相同相对孔径条件下，焦距越长，景深越小。

③ 如果最远的清晰范围到无限远，即 $l_1=-\infty$，求最近的基准物平面位置 L_∞ 和总的景深。

将 $l_1=-\infty$ 代入式(5-6)

$$0=\frac{1}{l_\infty}+\frac{Z'}{D}\left(\frac{1}{l_\infty}+\frac{1}{f'}\right)$$

求解得

$$\frac{1}{l_\infty}=-\frac{Z'}{Df'}\frac{1}{1+\dfrac{Z'}{D}} \tag{5-10}$$

为了求总的景深，需求出最近的清晰物平面位置，用 $l_{2\infty}$ 表示，即 $l_2=l_{2\infty}$。将式(5-10)代入式(5-7)得

$$\frac{1}{l_{2\infty}}=-\frac{2Z'}{Df'}\frac{1}{1+\dfrac{Z'}{D}}=\frac{2}{l_\infty}$$

或

$$l_{2\infty}=\frac{1}{2}l_{2\infty} \tag{5-11}$$

由无限远到 $l_{2\infty}$ 即总的景深。

例 5—13：照相物镜焦距为 50 mm，相对孔径 1：5，对 2 m 远处目标照相，假定底片上像点弥散斑直径小于 0.05 mm 仍可认为成像清晰，问物空间能清晰成像的最远、最近距离各为多少米？

解：已知：$f'=50$ mm，$D/f'=1/5$，$D=10$ mm，$Z'=0.05$ mm，$l=-2$ m。将这些已知数据代入式(5-6)和式(5-7)得

$$\frac{1}{l_1}=\frac{1}{l}+\frac{Z'}{D}\left(\frac{1}{l}+\frac{1}{f'}\right)$$

$$=\frac{1}{-200}+\frac{0.05}{10}\times\left(\frac{1}{-2\,000}+\frac{1}{50}\right)=-0.000\,402\,5$$

最远清晰成像物距为

$$l_1=-2.484 \text{ m}$$

$$\frac{1}{l_2}=\frac{1}{l}-\frac{Z'}{D}\left(\frac{1}{l}+\frac{1}{f'}\right)$$

$$=\frac{1}{-2\,000}-\frac{0.05}{10}\times\left(\frac{1}{-2\,000}+\frac{1}{50}\right)=-0.000\,597\,5$$

最近清晰成像物距为

$$l_2=-1.674 \text{ m}$$

该照相物镜从物镜前 2.484～1.674 m 成像均清晰。

例 5—14：例 5—13 中照相物镜的其他条件不变，只是使最远的清晰成像范围到无限远，求最近基准物平面位置和总景深。

解：将 $f'=50$ mm，$D/f'=1/5$，或 $D=10$ mm，$Z'=0.05$ mm 代入式(5-10)得最近基准物平面距离 l_{∞}

$$\frac{1}{l_{\infty}}=-\frac{Z'}{Df'}\times\frac{1}{1+(Z'/D)}$$

$$=-\frac{0.05}{10\times50}\times\frac{1}{1+(0.05/10)}=-9.95\times10^{-5}$$

$$l_{\infty}=-10.05 \text{ m}$$

将 l_{∞} 值代入式(5-11)得最近清晰成像距离 $l_{2\infty}$ 为

$$l_{2\infty}=\frac{1}{2}l_{\infty}=-5.025 \text{ m}$$

此时景物从物镜前 5.035 m 到无限远均能在底片上清晰成像。

由例 5—13 和例 5—14 可看出，同一相机，在同样条件下拍摄不同距离景物时，成像清晰范围不同，基准物平面越远，景深越大。

如果在底片上的弥散直径 Z' 允许 0.2 mm 时，l_{∞} 等于多大呢？将 $f'=50$ mm，$D/f'=1/5$，$D=10$ mm，$Z'=0.2$ mm 代入式(5-10)，求得最近基准物平面距离 l_{∞} 为

$$\frac{1}{l_{\infty}}=-\frac{Z'}{Df'}\frac{1}{1+(Z'/D)}=-\frac{0.2}{10\times50}\times\frac{1}{1+(0.2/10)}=-3.92\times10^{-4}$$

$$l_{\infty}=-2.55 \text{ m}$$

成像清晰最近距离 $l_{2\infty}=\dfrac{1}{2}l_{\infty}=-1.275$ m。可见当允许的弥散斑直径 Z' 不同时,用同样的相机拍摄,景深不同,Z' 越大,景深越大。$Z'=0.2$ mm 时,景深从物镜前 1.275 m 到无穷远,而 $Z'=0.05$ mm 时,景深从物镜前 5.025 m 到无穷远。

二、习题

5-1 在设计一个光学系统时,应如何考虑选择孔径光阑的位置?

5-2 怎样表示显微镜物镜的成像光束大小和成像范围大小?一般观察用显微镜的孔径光阑选在何处?测量用显微镜的孔径光阑选在何处?为什么?

5-3 照相物镜的焦距等于 75 mm,底片尺寸为 55×55 mm²,求视场光阑位于何处?该照相物镜的最大视场角等于多少?

5-4 为什么大多数望远镜和显微镜的孔径光阑都位于物镜上?

5-5 有一架 10 倍开普勒望远镜,物镜和目镜之间距离为 275 mm,物镜相对孔径为 1:5,视场角 $2\omega=6°$。

(1) 孔径光阑选在何处?为什么?

(2) 分别求入瞳、出瞳、视场光阑的位置和大小。

5-6 某中继光学系统,由相距 50 mm 的两透镜组构成,第一透镜焦距 $f'_1=10$ mm,通光直径 $D_1=66.7$mm,第二透镜焦距 $f'_2=55$ mm,通光直径 $D_2=45.8$ mm,两透镜之间为平行光路,物平面成像范围为 $\phi20$ mm。问:像高多大?该系统的孔径光阑位于何处?第一透镜的实际相对孔径多大?是否存在渐晕?

5-7 5 倍望远镜口径 30 mm,孔径光阑位于物镜框上,如果观察者的瞳孔直径为 5 mm,问物镜有效口径多大?

5-8 一圆形光阑直径为 10 mm,放在一透镜和光源的正中间作为孔径光阑,透镜的焦距为 100 mm,在透镜后 140 mm 的地方有一屏,光源的像正好成在屏上,求出瞳直径。

5-9 一圆柱形筒,端面直径 $\phi20$ mm,长 100 mm,一端装有一个薄正透镜,焦距为40 mm。

(1) 如果装有透镜的这一端正对着远距离物体,求入瞳直径和位置。

(2) 物体位于什么地方时镜头本身可以作为入瞳?

5-10 开普勒望远镜物镜口径为 20 mm,焦距为 250 mm,目镜口径(等于轴向光束口径)为 2 mm。

(1) 孔径光阑应选在何处?

(2) 求出瞳位置和出瞳大小。

(3) 如果目镜的视放大率超出给定的视放大率 50%,此时出瞳直径应多大?

(4) 如果目镜的视放大率只有给定的视放大率的 50%,此时出瞳直径应多大?

5-11 有一薄透镜焦距为 50 mm,通光口径为 40 mm,在透镜左侧 30 mm 处放置一个直径为 20 mm 的圆孔光阑,一轴上物点位于光阑左方 200 mm 处。求:

(1) 限制光束口径的是圆孔光阑还是透镜框?

(2) 此时该薄透镜的相对孔径多大?

（3）出瞳离开透镜多远？出瞳直径多大？

5—12　一薄透镜焦距为 100 mm，通光口径为 40 mm，用作放大镜，如果人眼位于透镜后 50 mm 的平行光路中，问人眼能看清的物体范围多大？

5—13　一薄透镜的焦距为 60 mm，通光口径为 30 mm，用作放大镜，如果被观察物体位于透镜前 50 mm 处，问人眼必须位于透镜后什么位置才能看清 $\phi80$ mm 的物平面？

5—14　简易相机的物镜由一个单透镜构成（按薄透镜考虑），焦距 $f'=60$ mm，孔径光阑位于透镜后方 15 mm 处，假定物镜的相对孔径为 1：8，求孔径光阑直径大小和入瞳位置。

5—15　有一光学测量镜头，物方线视场 $2y=80$ mm，物体位于镜头左侧 3 m 处，系统垂轴放大率为 1/16，相对孔径为 1：4，为了提高测量精度，采用物方远心光路，如果系统不允许有渐晕，求物镜的焦距和通光直径大小，以及孔径光阑的位置和孔径光阑直径大小。

5—16　假定显微镜目镜的视放大率 $\Gamma_目=15$，物镜的垂轴放大率为 2.5，求物镜的焦距和通光直径。如果该显微镜用于测量，问显微镜物镜的通光直径需要多大（显微镜物镜的物平面到像平面的距离为 180 mm）？

5—17　有一个 10 倍放大镜，通光直径为 20 mm，人眼离透镜组 15 mm，人眼瞳孔直径为 3 mm，求线渐晕系数为 0.5 时，人眼观察到的线视场多大？系统无渐晕时，人眼观察到的线视场又为多大？

5—18　分别用图表示什么叫物方远心光路，什么叫像方远心光路。它们的作用是什么？

5—19　6 倍双目望远镜光学系统中，出射光束口径 $D'=5$ mm，目镜焦距为 18 mm，孔径光阑选在物镜上，如果要求出射瞳孔离开目镜像方主平面的距离为 15 mm，求在物镜焦平面上加入的场镜的焦距。

5—20　有一红外物镜，其通光直径 $D=30$ mm，焦距 $f'=120$ mm，视场 $2\omega=6°$。求：

（1）若不加场镜，应选用光敏面多大尺寸的探测器？

（2）若红外物镜焦面上需加辐射调制器，将场镜放在物镜像方焦平面后 6 mm 处，选用光敏面为 $\phi3.6$ mm 的探测器，此时场镜的焦距和通光口径多大？探测器的光敏面应位于场镜后何处？

5—21　一个焦距为 50 mm，相对孔径为 1：2 的投影物镜，将物平面成一放大到 4 倍的实像，如果像平面上允许的几何弥散斑直径为 0.2 mm，问在基准物平面前后的几何景深是多少？

5—22　某夜间驾驶仪的入瞳直径为 34 mm，物镜焦距为 52.87 mm，被观察物平面离物镜 30 m，红外变像管的分辨率为 25 lp/mm，求该仪器的景深。

5—23　某夜间驾驶仪的物镜焦距为 60 mm，相对孔径 1：5，基准物平面在物镜前方 30 m 处，像面与红外变像管阴极面重合，阴极面的分辨率为 30 lp/mm，求该驾驶仪的景深。

第六章　辐射度学和光度学基础

光学系统实质上是辐射能传输系统,辐射能传输问题包括两方面:一是辐射能传播方向问题,二是辐射能传输数量大小问题。研究电磁波辐射能的测试、计量和计算的学科称为"辐射度学",研究波长为 $400 \sim 760$ nm 可见光范围内辐射能的测试、计量和计算的学科称为"光度学"。本章主要讨论按人眼视觉强度来度量的辐射能传输的数量大小问题。在辐射度学和光度学中的基本概念、基本量的定义和度量单位,以及有关的计算公式比较多,是辐射能计算的基础,应深刻理解,牢牢记忆,并能熟练应用。

一、本章要点和主要公式

(一)立体角

有关辐射能量的计算问题是一个空间问题,因此经常用到立体角的概念。

立体角定义:一个任意形状封闭锥面所包含的空间称为"立体角",用 Ω 表示。

立体角的单位——球面度:以锥顶为球心,以 r 为半径作一圆球,如果锥面在圆球上所截的面积等于 r^2,则该立体角为一个"球面度"(sr)。整个球面面积为 $4\pi r^2$,因此对整个空间有

$$\Omega = \frac{4\pi r^2}{r^2} = 4\pi(\text{sr})$$

假定一个圆锥面的半顶角为 α,该圆锥所包含的立体角为

$$\Omega = 4\pi\sin^2\frac{\alpha}{2} \tag{6-1}$$

当 α 较小时,$\sin\frac{\alpha}{2} \approx \frac{\alpha}{2}$,则

$$\Omega = \pi\alpha^2 \tag{6-2}$$

如图 6-1 所示,假定离 A 点 l 处有一微面 $\mathrm{d}S$,$\mathrm{d}S$ 的法线 ON 与 AO 的夹角为 α,那么微面 $\mathrm{d}S$ 对 A 点所张立体角为

$$\mathrm{d}\Omega = \frac{\mathrm{d}S\cos\alpha}{l^2} \tag{6-3}$$

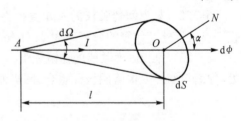

图 6-1　立体角的定义

例 6-1:流式细胞光度计原来用数值孔径 $NA = 0.25$ 的显微镜物镜,为了增加进入测试系统的光能量,改用 $NA = 0.5$ 的显微镜物镜,试分别求前后两种显微镜物镜入射光锥对应的立体角。

解:根据式(6-1),$\Omega = 4\pi\sin^2\frac{\alpha}{2}$,因为 $NA = n\sin u = 0.25$,其中 $n = 1$,所以将 $u = 14.48° = a$,代入式(6-1)得 $\Omega = 4\pi\sin^2\frac{14.48°}{2} = 0.2(\text{sr})$。

当 $NA=0.25$ 时,用同样的方法求出 $\Omega=0.842$ sr,由此可见,当数值孔径增加一倍时,对应的立体角后者约是前者的 4 倍。

例 6-2:地球的半径等于 6.371×10^6 m,太阳到地球的平均距离为 1.496×10^{11} m,求地球对太阳的立体角等于多大?

解:根据式(6-3),$\mathrm{d}\Omega=\dfrac{\mathrm{d}S\cos\alpha}{l^2}=\dfrac{\mathrm{d}S_n}{l^2}$,$\mathrm{d}S_n$ 为地球的最大截圆面积,$\mathrm{d}S_n=\pi R_{\text{地}}^2=\pi(6.371\times10^6)^2$ m^2,l 为太阳到地球的平均距离,$l=1.496\times10^{11}$ m,将 $\mathrm{d}S_n$、l 值一并代入式(6-3),得

$$\mathrm{d}\Omega=\frac{\pi\times(6.371\times10^6)^2}{(1.496\times10^{11})^2}=5.698\times10^{-9}(\text{sr})$$

第二种方法可根据半顶角 α 的圆锥面包含的立体角公式(6-2)来求 $\mathrm{d}\Omega$:

$$\Omega=4\pi\sin^2\frac{\alpha}{2}$$

$$\tan\alpha=\frac{R_{\text{地}}}{l}=\frac{6.371\times10^6}{1.496\times10^{11}}=4.258\,7\times10^{-5}\approx\sin\alpha\approx\alpha$$

代入 $\mathrm{d}\Omega$ 中得

$$\mathrm{d}\Omega=4\times\pi\times\left(\frac{4.258\,7\times10^{-5}}{2}\right)^2=5.698\times10^{-9}(\text{sr})$$

两种方法所得结果相同。

(二)辐射度学中的基本量及其单位

1. 辐射通量 Φ_e

辐射通量是单位时间内辐射体所辐射的总能量,即辐射功率,用 Φ_e 表示,单位是瓦特(W)。

2. 辐射强度 I_e

辐射强度表示辐射体在不同方向上的辐射特性。假定在给定方向上取立体角 $\mathrm{d}\Omega$,在 $\mathrm{d}\Omega$ 范围内的辐射通量为 $\mathrm{d}\Phi_e$,则辐射体在该方向上的辐射强度 I_e 为

$$I_e=\frac{\mathrm{d}\Phi_e}{\mathrm{d}\Omega} \tag{6-4}$$

辐射强度的单位为 W/sr。

3. 辐出射度 M_e 和辐照度 E_e

辐出射度表示辐射体表面不同位置的辐射特性。假定在辐射体某点周围取微面 $\mathrm{d}S$,$\mathrm{d}S$ 向外(不管方向如何)辐射的辐射通量为 $\mathrm{d}\Phi_e$,则辐出射度 M_e 为

$$M_e=\frac{\mathrm{d}\Phi_e}{\mathrm{d}S} \tag{6-5}$$

如果某表面被其他辐射体照射,单位面积上接收的辐射量称为"辐照度",用 E_e 表示:

$$E_e=\frac{\mathrm{d}\Phi_e}{\mathrm{d}S} \tag{6-6}$$

辐出射度和辐照度的单位均为 W/m^2。

4. 辐亮度 L_e

辐亮度代表辐射体不同表面位置,在不同方向上的辐射特性。如图 6-2 所示,在辐射体某点 A 处取微面 $\mathrm{d}S$,在 AO 方向上取立体角 $\mathrm{d}\Omega$,微面 $\mathrm{d}S$ 与在 AO 垂直方向上的投影面积 $\mathrm{d}S_n=$

$\mathrm{d}S\cos\alpha$，假定辐射体上 A 点处在 AO 方向上的辐射强度为 I_e，那么 I_e 与 $\mathrm{d}S_n$ 之比称为"辐亮度"，用 L_e 表示，即

$$L_e = \frac{I_e}{\mathrm{d}S_n} \qquad (6-7)$$

辐亮度单位为 $\mathrm{W}/(\mathrm{sr}\cdot\mathrm{m}^2)$。

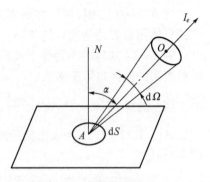

图 6-2 辐亮度的定义

(三)光度学中的基本量及其单位

1. 发光强度 I

发光强度是光度学中的最基本量，表示发光体在不同方向上的发光特性，与辐射度学中的辐射强度相对应，其关系为

$$I = 683V(\lambda)I_e \qquad (6-8)$$

式中，$V(\lambda)$ 为人眼视见函数。视见函数表示人眼不同波长辐射的敏感度差别。表 6-1 中给出了明视觉视见函数的国际标准。图 6-3 所示为相应的视见函数曲线。

表 6-1　明视觉视见函数国际标准

光线颜色	波长/nm	V_λ	光线颜色	波长/nm	V_λ
紫	400	0.000 4	黄	580	0.870 0
紫	410	0.001 2	黄	590	0.757 0
靛	420	0.004 0	橙	600	0.631 0
靛	430	0.011 6	橙	610	0.503 0
靛	440	0.023 0	橙	620	0.381 0
蓝	450	0.038 0	橙	630	0.265 0
蓝	460	0.060 0	橙	640	0.175 0
蓝	470	0.091 0	橙	650	0.107 0
蓝	480	0.139 0	红	660	0.061 0
蓝	490	0.208 0	红	670	0.032 0
绿	500	0.323 0	红	680	0.017 0
绿	510	0.503 0	红	690	0.008 2
绿	520	0.710 0	红	700	0.004 1
绿	530	0.862 0	红	710	0.002 1
黄	540	0.954 0	红	720	0.001 05
黄	550	0.995 0	红	730	0.000 52
黄	555	1.000 0	红	740	0.000 25
黄	560	0.995 0	红	750	0.000 12
黄	570	0.952 0	红	760	0.000 06

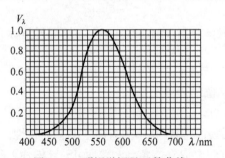

图 6-3　明视觉视见函数曲线

发光强度单位为坎(cd)。坎的定义为：如果发光体发出电磁波频率为 540×10^{12} Hz 的单色辐射(波长 $\lambda = 555$ nm)，且在此方向上辐射强度 $I_e = 1/683$ W·sr^{-1}，则发光体在该方向上发光强度为 1 坎(cd)。

发光强度不同单位的换算关系为

$$1 \text{ 国际烛光} = 1.02 \text{ cd}$$

$$1 \text{ 新烛光} = 1 \text{ cd}$$

例 6-3：有一发光体发出波长 $\lambda = 600$ nm 的单色光，在某一方向上辐射强度 I_e 为 1/683 W·sr^{-1}，问该发光体在此方向上的发光强度等于多少？

从表 6-1 查得 $V(600) = 0.631$，代入式(6-8)，得

$$I = 683 \times 0.631 \times (1/683) = 0.631 \text{(cd)}$$

由此可见，辐射强度相同，但辐射的波长不同时，发光强度不同。

2. 光通量和光视效能

按人眼产生的视觉强度来度量的辐射通量称为"光通量"。光通量 $\mathrm{d}\Phi$ 和辐射量 $\mathrm{d}\Phi_e$ 成正比，即

$$\mathrm{d}\Phi_\lambda = K(\lambda)\mathrm{d}\Phi_{e\lambda} \tag{6-9}$$

式中

$$K(\lambda) = 683V(\lambda) \tag{6-10}$$

$V(\lambda)$ 是人眼对波长为 λ 的视觉函数。$K(\lambda)$ 称为波长为 λ 的光谱光视效能。人眼对波长为 $\lambda = 555$ nm 的光最敏感，$V(555) = 1$，$K_{\max}(555) = 683$ cd·sr/W，称为"最大光谱光视效能"。

以上讨论的为单色光，对于包含整个波长范围的辐射体来说，总光通量和总辐射通量的关系为

$$K = \frac{\Phi}{\Phi_e} = \frac{\displaystyle\int_0^\infty K(\lambda)\mathrm{d}\Phi_{e\lambda}\mathrm{d}\lambda}{\displaystyle\int_0^\infty \mathrm{d}\Phi_{e\lambda}\mathrm{d}\lambda} \tag{6-11}$$

式中，K 称为辐射体的"光视效能"，或称"发光效率"；Φ 以 lm 为单位，Φ_e 以 W 为单位，K 的单位为 lm/W，表示光源消耗 1 W 功率发出的流明数。常用光源的 K 值如表 6-2 所示。

表 6-2　常用光源的光视效能 K

光源种类	光视效能/(lm·W^{-1})	光源种类	光视效能/(lm·W^{-1})
钨丝灯(真空)	8~9.2	日光灯	27~41
钨丝灯(充气)	9.2~21	高压水银灯	34~45
石英卤钨灯	30	超高压水银灯	40~47.5
气体放电管	16~30	钠光灯	60

发光强度也可用光源在单位立体角内辐射的光能量表示。即：

如果发光体非均匀发光，则

$$I = \frac{\mathrm{d}\Phi}{\mathrm{d}\Omega} \tag{6-12}$$

如果发光体均匀发光，则

$$I = \frac{\Phi}{\Omega} \qquad (6-13)$$

例 6－4：已知一光源同时辐射两种波长的光波，第一种波长 $\lambda_1 = 480$ nm，辐射通量 30 W；第二种波长 $\lambda_2 = 580$ nm，辐射通量 20 W。试求：

① λ_1 和 λ_2 的光谱光视效能及光通量；

② 该光源的光视效能（发光效率）。

解：① 求 λ_1、λ_2 的光视效能和光通量。根据光谱光视效能 $K(\lambda) = 683V(\lambda)$，从表 6－1 中查出 $V(480) = 0.139$，$V(580) = 0.87$，代入 $K(\lambda)$ 式可得两种不同的光谱效能 $K(480)$ 和 $K(580)$ 为

$$K(480) = 683 \times 0.139 = 94.937 \ (\text{cd} \cdot \text{sr/W})$$

$$K(580) = 683 \times 0.87 = 594.21 \ (\text{cd} \cdot \text{sr/W})$$

将 $\Phi_{e480} = 30$ W，$\Phi_{e580} = 20$ W 分别代入光通量公式(6－9)，得光源对两种波长的光通量 Φ_{480} 和 Φ_{580} 为

$$\Phi_{480} = K(480)\Phi_{e480} = 94.397 \times 30 = 2\ 848.11 \ (\text{lm})$$

$$\Phi_{580} = K(580)\Phi_{e480} = 594.21 \times 20 = 1\ 184.2 \ (\text{lm})$$

② 求该光源的光视效能 K：

$$K = \frac{\Phi}{\Phi_e} = \frac{\Phi_{480} + \Phi_{580}}{\Phi_{e480} + \Phi_{e580}} = \frac{2\ 848.11 + 1\ 184.2}{30 + 20} = 294.65 \ (\text{lm/W})$$

例 6－5：射入屏幕的光为波长等于 600 mm 的红光，其光通量为 1 000 lm，试求：

① $\lambda = 600$ nm 的光谱光视效能；

② 屏幕在 1 min 内接收的辐射能量。

解：① 求 $\lambda = 600$ nm 的光谱光视效能 $K(600)$。根据式(6－10)，光谱光视效能 $K(\lambda) = 683V(\lambda)$，从表 6－1 中查到 $V(600) = 0.631$，故

$$K(600) = 683 \times 0.631 = 431 \ (\text{cd} \cdot \text{sr/W})$$

② 求屏幕在 1 min 内接收的辐射能量 Q。已知入射到屏幕上的光通量 $\text{d}\Phi = 1\ 000$ lm，根据式(6－9)，将 $\text{d}\Phi = 1\ 000$ lm，$K(\lambda) = 431$ cd · sr/W 代入式中，得 $\text{d}\Phi_e = \dfrac{1\ 000}{431} = 2.32\ (\text{W})$，$\text{d}\Phi_e$ 为辐射通量，也即辐射体每秒钟辐射的能量，辐射能量等于辐射通量 $\text{d}\Phi_e$ 与时间 t 的乘积，t 以(″)为单位，Q 以 J 为单位。将 $\text{d}\Phi_e = 2.32$ W，$t = 60$ s 代入 Q 式得

$$Q = 2.32 \times 60 = 139.2 \ (\text{J})$$

例 6－6：已知 220 V，60 W 的充气钨丝灯泡均匀发光，辐射的总光通量为 900 lm，求该灯泡的光视效能和发光强度。

解：根据式(6－11)，将已知量 $\Phi = 900$ lm，$\Phi_e = 60$ W 代入式(6－11)中得 K 为

$$K = \frac{900}{60} = 15 \ (\text{lm} \cdot \text{W})$$

由于灯泡均匀发光，根据式(6－13)，发光强度 I 为

$$I = \frac{\Phi}{\Omega}$$

已知 $\Phi = 900$ lm，且灯泡向整个空间均匀发光，因而 $\Omega = 4\pi$ sr，将 Φ 和 Φ_e 值一并代入上式得发光强度为

$$I = \frac{900}{4\pi} = 71.6 \; (\text{cd})$$

3. 光出射度 M 和光照度 E

一定面积的发光体,表面不同位置上的发光强弱可能不同。在某点周围取微小面积 dS,假定它发出的光通量为 $d\Phi$(不管光源的辐射方向,也不管辐射范围的立体角大小),则该点光出射度表示为

$$M = \frac{d\Phi}{dS} \qquad (6-14)$$

换言之,光出射度表示发光表面单位面积内所发出的光通量。在发光表面均匀发光情况下,光出射度公式为

$$M = \frac{\Phi}{S} \qquad (6-15)$$

式中,M 的单位为 lm/m^2。

反之,某一表面被发光体照明,那么单位面积上所接收的光通量叫做"光照度",用 E 表示

$$E = \frac{d\Phi}{dS} \qquad (6-16)$$

被照表面均匀照明情况下,光照度公式为

$$E = \frac{\Phi}{S} \qquad (6-17)$$

式中,光照度 E 的单位为勒克斯(lx);$1 \; \text{lx} = 1 \; \text{lm/m}^2$,即 $1 \; \text{m}^2$ 面积上接收的光通量为 $1 \; \text{lm}$。常见物体光照度值如表 $6-3$ 所示。

表 6-3　常见物体的光照度值

常见物体	光照度值/lx
夜间天空在地面上产生的光照度	3×10^{-4}
满月在天顶时对地面产生的光照度	0.2
辨认方向时所需要的光照度	1
晴朗夏天室内的光照度	$100 \sim 500$
夏天太阳不直接照到的露天地的光照度	$1\,000 \sim 10\,000$
太阳直照的光照度	100 000
办公室工作所必需的光照度	$20 \sim 100$

如图 $6-4$ 所示,发光点 A 在 AO 方向上的发光强度为 I,在距离光源 l 处取微面 dS,dS 的法线 ON 与 AO 夹角为 α,则 dS 上的光照度 E 为

$$E = \frac{I\cos\alpha}{l^2} \qquad (6-18)$$

式中,I 以 cd 为单位,l 以 m 为单位,则 E 的单位为 lx。

例 6-7:如图 $6-5$ 所示,在桌面 OB 上方有一盏 $100 \; W$ 的钨丝充气灯泡 P,光源在各方向均匀发光,灯泡可在垂直桌面方向上下移动,问灯泡离桌面多高时,B 点($OB = 1 \; \text{m}$)处的光照度最大?该光照度等于多大?

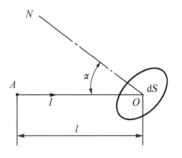

图 6-4　光照度公式示意图

解： 从表 6-2 中查得钨丝充气灯泡的光视效能 $K=9.2\sim21$ lm/W，取平均值 $K=15$ lm/W，根据式(6-11)，灯泡发出的总光通量为 $\Phi=K\Phi_e=15\times100=1\,500$(lm)。

由于光源均匀发光，根据式(6-13)，发光强度为

$$I=\frac{\Phi}{\Omega}=\frac{\Phi}{4\pi}=119.36 \text{ cd}$$

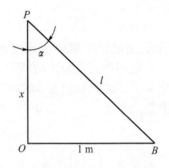

图 6-5 例 6-7 示意图

根据式(6-18)，B 点周围的光照度为 $E=\dfrac{I_0\cos\alpha}{l^2}$

令 $OP=x$，则

$$l=\sqrt{OP^2+OB^2}=\sqrt{1+x^2},\cos\alpha=\frac{x}{l}=\frac{x}{\sqrt{1+x^2}}$$

将 l、$\cos\alpha$ 关系式代入式(6-18)得

$$E=\frac{I_0(x/\sqrt{1+x^2})}{1+x^2}=\frac{I_0x}{(1+x^2)^{3/2}}$$

令 $\mathrm{d}E/\mathrm{d}x=0$，经整理简化后可得

$$1-2x^2=0;x=\sqrt{\frac{1}{2}}=0.707\,1(\text{m})$$

将 x 值代入 l 表达式得 $l=\sqrt{1+x^2}=\sqrt{1+0.707\,1^2}=1.225$(m)，将 $I=119.36$ cd$=I_0$，$x=0.707\,1$ m 代入 E 的表达式得

$$E_{\max}=\frac{I_0x}{(1+x^2)^{3/2}}=\frac{119.36\times0.707\,1}{(1+0.707\,1^2)^{3/2}}=45.94(\text{lx})$$

当灯泡离桌面 $0.707\,1$ m 时，B 点处的光照度最大，其值为 45.94 lx。

例 6-8： 如图 6-6 所示，有一个各方向均匀发光的光源，在离光源 100 mm 处放置一个口径为 200 mm 的聚光镜，光源经聚光镜后，照明前方一定距离上直径为 2 m 的圆，要求被照明圆内的平均光照度大于 200 lx，光源光视效能为 30 lm/W，问光源的辐射功率应大于多少 W？(忽略光能损失)

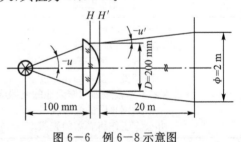

图 6-6 例 6-8 示意图

解： ① 求进入聚光镜的光通量。要求在直径为 2 m 的圆内平均光照度为 200 lx，那么被照明圆内接收的总光通量即进入聚光镜的光通量 Φ，根据式(6-7)，$\Phi=ES$，其中将 $S=\pi R^2=\pi(1^2)=\pi$ (m^2)，$E=200$ lx 代入上式得 $\Phi=200\pi=628.319$(lm)。

② 求光源发出的总光通量 $\Phi_{总}$，上面求出的光通量 $\Phi=628.319$ lm，就是光源在半光锥角内发出的光通量，根据式(6-1)对应的立体角为

$$\Omega=4\pi\sin^2\frac{u}{2}$$

根据图 6-6，$\tan(-u)=\dfrac{100}{100}=1$，$|u|=45°$，代入 Ω 式得

$$\Omega=4\pi\sin^2\frac{45°}{2}=1.84(\text{sr})$$

由于光源在各方向均匀发光,光通量与立体角成正比,由此可求得光源向整个空间发出的总光通量 $\Phi_总$ 为 $\Phi_总=\dfrac{\Phi}{\Omega}4\pi=\dfrac{628.319}{1.84}\times4\pi=4\,290(\text{lm})$。

③求光源的辐射功率(辐射通量)。根据式(6-11)

$$\Phi=K\Phi_e \text{ 或 } \Phi_e=\frac{\Phi}{K}$$

将 $\Phi=4\,290$ lm,$K=30$ lm/W 代入 Φ_e 式得

$$\Phi_e=\frac{4\,290}{30}=143(\text{W})$$

该光源的辐射功率应大于 143 W。

4. 光亮度 L

发光强度表示发光体在不同方向上的发光特性,光出射度表示发光体不同表面位置上的发光特性,光亮度则表示发光表面不同位置在不同方向上的发光特性。与图 6-2 相似,A 点处微小面积 $\mathrm{d}S$,在 AO 方向上的发光强度为 I,$\mathrm{d}S$ 在法线 AN 和 AO 夹角为 α,$\mathrm{d}S$ 在垂直 AO 方向上的投影面积为 $\mathrm{d}S_n$,则 A 点处在 AO 方向上的光亮度 L 为

$$L=\frac{I}{\mathrm{d}S_n} \tag{6-19}$$

式中,I 以 cd 为单位,$\mathrm{d}S_n$ 以 m^2 为单位,则 L 的单位为 $\mathrm{cd/m}^2$。

将 $I=\dfrac{\mathrm{d}\Phi}{\mathrm{d}\Omega}$,$\mathrm{d}S_n=\mathrm{d}S\cos\alpha$ 代入式(6-19),得到光亮度 L 与光通量 $\mathrm{d}\Phi$ 的关系为

$$L=\frac{\mathrm{d}\Phi}{\mathrm{d}S\cos\alpha\cdot\mathrm{d}\Omega} \tag{6-20}$$

光亮度表示发光面某一点处在给定方向上单位投影面积单位立体角内发出的光通量。

光亮度的新单位与原采用的单位换算关系为

1 尼特(nt)＝1 $\mathrm{cd/m}^2$

1 熙提(sd)＝10^4 $\mathrm{cd/m}^2$

$$1 \text{ 英尺}-\text{朗伯}=\frac{1\text{ 坎}}{\pi\times1\text{ 平方英尺}}=3.426 \text{ cd/m}^2$$

1 坎/平方英尺＝10.746 $\mathrm{cd/m}^2$

常见发光物体的光亮度值见表 6-4。

表 6-4　常见发光物体的光亮度值

光源名称	光亮度/(cd·m^{-2})	光源名称	光亮度/(cd·m^{-2})
在地球上看到的太阳	1.5×10^9	煤油灯焰	1.5×10^4
普通电弧	1.5×10^8	白天的晴朗天空	5×10^3
超高压球状水银灯	1.2×10^9	人工照明下读书阅读时的纸面	10
钨丝白炽灯灯丝	$(5\sim15)\times10^6$	无月的夜空	10^{-4}
太阳照射下漫反射的白色表面	3×10^4	与人眼最小灵敏度对应的物体	10^{-6}
在地球上看到的月亮表面	2.5×10^3		
乙炔焰	8×10^4		

例 6-9：有一均磨砂球形灯，它的直径为 $\phi 17$ cm，光通量为 200 lm，求该球形灯的光亮度。

解：根据球形灯的发光强度求它的光亮度，光亮度和发光强度的关系为式(6-19)

$$L = \frac{I}{dS_n}$$

式中，$I = \dfrac{d\Phi}{d\Omega}$，因为球形灯各方向的发光强度相等，因此

$$I = \frac{\Phi}{\Omega} = \frac{\Phi}{4\pi} = 159.15 \text{ cd}$$

dS_n 为球形光源发光面在与发光强度垂直方向上的投影面积

$$dS_n = \pi R_{\text{灯}}^2 = \pi \times (0.17/2)^2 = 2.27 \times 10^{-2} (\text{m}^2)$$

将 dS_n、I 值代入式(6-19)，计算光亮度 L 为

$$L = \frac{159.15}{2.27 \times 10^{-2}} = 7 \times 10^3 (\text{cd/m}^2)$$

该磨砂球形灯的光亮度为 7×10^3 cd/m²。

例 6-10：如图 6-7 所示，直径为 $\phi 17$ cm 的磨砂球形灯泡，辐射出的光通量为 2 000 lm，在灯泡的正下方 1 m 处的水平面 dS_A 上产生的光照度为 159 lx，求该灯泡的光亮度。

解：例 6-9 中我们根据光源本身的发光强度来求光源光亮度。本例中我们将根据光源在给定的被照表面上的光照度来求光源的光亮度。如图 6-7 所示，在 A 点周围取微面 dS_A，它所接收的光通量 $\Phi_{\text{接收}}$ 为

$$\Phi_{\text{接收}} = EdS_A \qquad \text{(a)}$$

如果忽略光能损失，dS_A 接收的光通量应该等于 dS_A 在立体角 $d\Omega_A$ 内辐射出的光通量 $d\Phi_{\text{辐射}}$，根据式(6-20)

$$d\Phi_{\text{辐射}} = L dS_A \cos\alpha d\Omega_A \qquad \text{(b)}$$

不考虑光能损失，式(b)中的光亮度和光源本身的光亮度相等。因光源垂直照射 dS_A，所以 $\alpha = 0$，$d\Omega_A$ 为 A 点对球形灯所张的立体角，根据式(6-3)将值代入 $d\Omega_A$ 式得

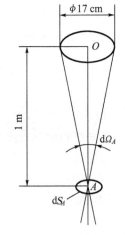

图 6-7 例 6-10 示意图

$$d\Omega_A = \frac{\pi R_{\text{灯}}^2}{l^2} = \frac{\pi (0.172/2)^2}{1^2} = 7.23 \times \pi \times 10^{-3} (\text{sr})$$

将 α、$d\Omega$ 值代入式(b)得

$$\Phi_{\text{辐射}} = L dS_A \times 7.23\pi \times 10^{-3} \qquad \text{(c)}$$

令式(a)和式(c)相等，得

$$E = \pi L \times 7.23 \times 10^{-3} \qquad \text{(d)}$$

式(d)表示被照表面上的光照度和光源光亮度之间的关系，将 $E = 159$ lx 代入式(d)得光亮度为

$$L = \frac{159}{\pi \times 7.23 \times 10^{-3}} = 7 \times 10^3 (\text{cd/m}^2)$$

（四）发光强度余弦定律

在各个方向上的光亮度都近似一致的均匀发光体称为"朗伯辐射体"。假定发光微面 dS 是朗伯辐射体，dS 在与该面垂直的方向上的发光强度为 I_0，在与 I_0 成 α 角方向上的发光强度为 I，I 与 I_0 之间的关系为

$$I = I_0 \cos \alpha \qquad (6-21)$$

式(6-21)称作"发光强度余弦定律"，也称"朗伯定律"，显然朗伯辐射体应符合发光强度余弦定律。根据余弦定律可导出：光亮度为 L 的均匀发光微面 dS，在半顶角为 u 的圆锥内辐射出的光通量为

$$\Phi = \pi L \, dS \sin^2 u \qquad (6-22)$$

如果发光面为单面发光，$u = 90°$，发光体发出的总光通量为

$$\Phi = \pi L \, dS \qquad (6-23)$$

如果发光体是双面发光，则

$$\Phi = 2\pi L \, dS \qquad (6-24)$$

例 6－11： 直径 $\phi 20$ mm 的标准白板，在与板面法线成 $30°$ 方向上测得发光强度为 1 cd，求：

① 标准白板在与法线成 $60°$ 的方向上的发光强度；

② 白板的光亮度；

③ 白板在半顶角 $u = 15°$ 的圆锥内辐射出的光通量；

④ 白板辐射总光通量。

解：（1）求 $\alpha = 60°$ 方向上的发光强度 I_{60}。标准白板是一个朗伯辐射体，在各方向上的光亮度 L 是一样的，即 L 是常数，各方向上的发光强度应符合余弦定律式(6-21)

$$I = I_0 \cos \alpha \quad 或 \quad I_0 = I / \cos \alpha$$

将 $\alpha = 30°$，$I = 1$ cd 代入 I_0 表达式，得 $I_0 = 1/\cos 30° = 1.15$（cd）。

同理

$$I_{60} = I_0 \cos 60° = 1.15 \times \cos 60° = 0.577 \text{（cd）}$$

② 求白板的光亮度 L。根据式(6-19)，将 $dS_n = \pi \left(\dfrac{0.02}{2}\right)^2 = \pi \times 10^{-4}$（m²），$I_0 = 1.15$ cd 一并代入式(6-19)中得光亮度为

$$L = \frac{1.15}{\pi \times 10^{-4}} = 3.66 \times 10^2 \text{（cd/m}^2\text{）}$$

③ 求 $u = 15°$ 范围内的光通量。将 L、dS、u 值代入式(6-22)中得光通量为 $\Phi = \pi \times 3.66 \times 10^3 \times \pi \times 10^{-4} \sin^2 15° = 0.242$（lm）。

④ 求白板辐射出的总光通量 $\Phi_{总}$。标准白板是单面发光的朗伯光源，根据单面发光时的总光通量公式得总光通量为 $\Phi_{总} = \pi L \, dS = \pi \times 3.66 \times 10^{-3} \times \pi \times 10^{-4} = 3.613$（lm）。

例 6－12： 一支功率为 5 mW 的氦氖激光器，光源光视效能为 152 lm/W，发光面直径为 $\phi 1$ mm，发散角（光束半顶角）为 1 mrad，求：

① 激光器发出的总光通量；

② 发光强度；

③ 激光器发光面的光亮度;

④ 激光束在 5 m 远处屏幕上产生的光照度。

解:① 求激光器发出的总光通量。将已知量 $K = 152 \text{ lm/W}, \Phi_e = 5 \text{ mW} = 0.005 \text{ W}$ 代入式(6-11),得 $\Phi = K\Phi_e = 152 \times 0.005 = 0.76 \text{ (lm)}$。

② 求发光强度。激光束发散角 α 很小,对应的立体角 $\Omega = \pi\alpha^2$,根据式(6-13)可得发光强度 I 为

$$I = \frac{\Phi}{\Omega} = \frac{0.76}{\pi\alpha^2} = \frac{0.76}{\pi \times (0.001)^2} = 2.42 \times 10^5 \text{ (cd)}$$

③ 求激光器发光面的光亮度 L。将 I、$\mathrm{d}S_n$ 值一并代入式(6-19)中得

$$L = \frac{2.42 \times 10^5}{7.85 \times 10^{-7}} = 3.08 \times 10^{11} \text{ (cd/m}^2)$$

④ 求 5 m 远处产生的光照度 E。将 $\alpha = 0$,以及 I、l 值代入式(6-18)中得光照度为

$$E = \frac{2.42 \times 10^5}{5^5} = 9.68 \times 10^3 \text{ (lx)}$$

由该例题可看出,激光光源发出的光通量并不大,但因光束发散角很小,可以将能量在空间上高度集中起来。它的发光强度、光亮度比一般光源大得多。一束光经会聚后可能达到的温度主要取决于光源的光亮度。激光光源经聚光镜聚焦后,在焦点附近能产生几千度乃至几万度的高温,能熔化以至汽化各种对激光有一定吸收的金属和非金属材料,因此目前在工业上已成功应用激光进行精密焊接、打孔和切割;另一方面,激光器高度集中的能量也可以致盲或烧伤,有强大的破坏力,因此使用激光器时要特别小心。

(五)全扩散表面的光亮度

如果被照明物体的表面在各方向上的光亮度相同,则称这样的表面为"全扩散表面"。

假定全扩散表面 $\mathrm{d}S$ 接受的光照度为 E,它的漫反射系数为 ρ,全扩散表面光亮度为 L,则 L 和 E、ρ 之间的关系为

$$L = \frac{1}{\pi}\rho E \qquad (6-25)$$

式中,E 的单位为 lx,L 的单位为 cd/m^2。

常见物体表面漫反射系数值见表 6-5。

表 6-5 常见物体表面的漫反射系数值

照明表面	漫反射系数/%	照明表面	漫反射系数/%
氧化镁	96	黏土	16
石灰	91	月亮	10~20
雪	78	黑土	5~10
白纸	70~80	黑呢绒	1~4
白砂	25	黑丝绒	0.2~1

例 6-13:发光强度为 100 cd 的白炽灯泡照射在墙壁上,墙壁和光线照射方向距离为 3 m,墙壁的漫反射系数为 0.7,求与光线照射方向相垂直的墙面上的光照度及墙面的光亮度。

解:根据式(6-18),将 $\alpha = 0$(因垂直照明)值代入,得

$$E = \frac{100}{3^2} = 11.11 \ (\text{lx})$$

墙壁可视为全扩散表面,其漫反射系数 $\rho = 0.7$,根据式(6-25),全扩散表面的光亮度 L 为

$$L = \frac{9}{\pi} E = \frac{0.7 \times 11.11}{\pi} = 2.48 \ (\text{cd/m}^2)$$

由此可见,当被照反射表面上的光照度给定时,光亮度与漫反射系数成正比,墙面越白,漫反射系数值越大,屋子显得越亮,道理就在于此。

(六) 光学系统中光束的光亮度

通过对光束在均匀透明介质中传播和在两种介质分界面上的折射、反射三种情况的分析研究,得出光学系统中光束的光亮度普遍关系式为

$$\frac{L_1}{n_1^2} = \frac{L_2}{n_2^2} = \frac{L_3}{n_3^2} = \cdots = \frac{L_k}{n_k^2} = L_0 \tag{6-26}$$

式中,$n_1, n_2, \cdots, n_k$ 为不同介质的折射率;$L_1, L_2, \cdots, L_k$ 为相应介质中光束的光亮度;L_0 称为 "折合光亮度"。

式(6-26)表示:如果不考虑光能损失,则位于同一条光线上的所有各点,在该光线传播方向上的折合光亮度不变。不论光束在均匀介质中传播,还是经过任意次折射、反射,式(6-26)永远成立。下面分别对不同情况进行讨论。

① $n_1 = n_2$ 时,$L_1 = L_2 = L_0$ 表示光束在均介质中传播时,光亮度不变,实际光亮度等于折合光亮度。

② $n_1 = -n_2$ 时,$L_1 = L_2 = L_0$ 表示光束在两介质分界面反射,光亮度不变,实际光亮度等于折合光亮度。

③ $n_1 \neq n_2$ 时,$L_2 = (n_2^2 / n_1^2) / L_1$ 表示光束从折射率为 n_1 的介质折射进入折射率为 n_2 的介质中时,折射光束的光亮度 L_2 和入射光束光亮度 L_1 之间的关系。

在理想成像时,由于物点 A 点发出的光线均通过像点 A',因此物和像的光亮度 L 和 L' 之间存在以下关系:

$$L' = L \left(\frac{n'}{n} \right)^2 \tag{6-27}$$

式中,n、n' 分别为物、像空间介质折射率。

当物像空间介质相同时,物像光亮度相等,即 $L' = L$。实际光学系统是有光能损失的,如果光学系统透过率为 τ,则

$$L' = \tau L \left(\frac{n'}{n} \right)^2 \tag{6-28}$$

(七) 轴上像点光照度公式

如图 6-8 所示,物平面上点 A 的光亮度为 L,且各方向光亮度相同,物、像空间最大孔径角分别为 $u_{\max}$ 和 $u'_{\max}$,轴上像点 A' 周围的光照度

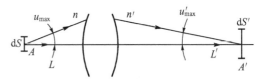

图 6-8　轴上像点的光照度

E_0' 为

$$E_0' = \pi L' \sin^2 u'_{\max} = \pi L \left(\frac{n'}{n}\right)^2 \sin^2 u'_{\max} \tag{6-29}$$

考虑到实际光学系统的光能损失,则

$$E_0' = \tau \pi L \left(\frac{n'}{n}\right)^2 \sin^2 u'_{\max} \tag{6-30}$$

物、像空间介质相同时,即 $n' = n$ 时,则有

$$E_0' = \pi L \sin^2 u'_{\max} \tag{6-31}$$

式中,L 以 cd/m² 为单位,E_0 以 lx 为单位。

(八)轴外像点的光照度公式

假定像平面上各像点对应的光束都充满出瞳,即无渐晕。光学系统的出瞳好像一个朗伯发光面照亮像平面,假定光轴方向上的发光强度为 I_0,像平面到出瞳的距离为 l_0,轴外像点的主光线与光轴夹角为 ω',那么轴外像点周围的光照度 E_ω' 为

$$E_\omega' = \frac{I_0}{l_0^2} \cos^4 \omega' = E_0' \cos^4 \omega' \tag{6-32}$$

或

$$\frac{E_\omega'}{E_0'} = \cos^4 \omega' \tag{6-33}$$

在没有渐晕情况下,随着像方视场角的增加,像平面光照度按 $\cos \omega'$ 的 4 次方下降。当 ω' 较大时,轴外像点光照度将大大降低。实际光学系统中,通常都存在斜光束渐晕,假定线渐晕系数为 K',则

$$\frac{E_\omega'}{E_0'} = K \cos^4 \omega' \tag{6-34}$$

式中,K 一般都小于 1,因此像面边缘部分光照度下降更快。

例 6—14:太阳表面的辐亮度为 2×10^7 W/(sr·m²),要求通过聚光镜所成亮斑像的中心辐照度为 1.5×10^7 W/m²,问聚光镜相对孔径应取多大?假定聚光镜焦距为 50 mm,问集中在太阳光斑像上的辐射通量多大?

解:① 求聚光镜的相对孔径,与式(6-31)类似,$E_e' = \tau \pi L_e \sin^2 u' \approx \frac{1}{4} \tau \pi L_e \left(\frac{D}{f'}\right)^2$,假定忽略大气对辐射能量的吸收损失,则 $\tau = 1$。将 $E_e' = 1.5 \times 10^7$ W/m²,$L_e = 2 \times 10^7$ W/(sr·m²)代入式(6-31)得

$$\frac{D}{f'} = \sqrt{\frac{4E_e'}{\pi L_e}} = \sqrt{\frac{4 \times 1.5 \times 10^7}{\pi \times 2 \times 10^7}} = 0.95 \approx 1$$

聚光镜的相对孔径为 1:1。

② 求太阳光斑像大小。已知太阳半径 $R_日 = 7 \times 10^8$ m,太阳到地球距离 $l = 1.5 \times 10^{11}$ m,那么太阳对聚光镜的视场角为

$$\tan \omega = \frac{R_日}{l} = \frac{7 \times 10^8}{-1.5 \times 10^{11}} = -0.004\ 67$$

太阳光斑像半径 $y'_日$ 为
$$y'_日 = -f'\tan\omega = 50\times0.004\ 67 = 0.234\ (\text{mm})$$
太阳光斑像面积
$$S'_日 = \pi y'^2_日 = \pi\times0.234^2 = 0.17\ (\text{mm}^2) = 1.7\times10^{-7}(\text{m}^2)$$
③ 求太阳光斑像上的辐射通量 Φ_e（光功率）：
$$\Phi'_e = E'_e S'_日 = 1.5\times10^7\times1.7\times10^{-7} = 2.56\ (\text{W})$$
由该题看出：

① 太阳光被聚焦后，可用于点火、钻孔、熔化烧毁等，起作用的是辐照度，而不是光源本身的辐亮度。

② 远距离物体成像时，像平面上的辐照度与相对孔径的平方成正比。而像斑的大小 $S'_日\propto f'^2$，古希腊人曾想用长焦距反光镜烧毁远距离敌舰，即所谓超距离燃烧，实际上这是不可能的，因为像斑面积与反光镜焦距平方成比例，这就是说，焦距长时，成像面积加大，当进入光学系统的辐通量一定时，辐照度将大大下降，因而不可能达到使敌舰烧毁所需的照度值。

例 6−15：用一投影物镜将荧光屏上的图像放大 20 倍成像在屏幕上，如图 6−9 所示，假定物镜焦距为 150 mm，相对孔径 1∶1，透过率为 0.8。要求屏幕中心光照度不小于 30 lx，求荧光屏的光亮度为多大？

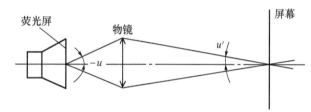

图 6−9　例 6−15 示意图

解：根据像平面光照度公式(6−31)，有
$$E'_0 = \pi L\sin^2 u'_{\max} \text{或} L = \frac{E'_0}{\tau\pi\sin^2 u'} \tag{a}$$
下面求 u' 角，根据理想光学系统光路计算公式
$$n'\tan u' - n\tan u = h\varphi \qquad (n'=n=1)$$
$$\tan u' - \tan u = \frac{D}{2f'} = \frac{1}{2} \tag{b}$$
$$\beta = \frac{\tan u}{\tan u'} = -20\text{；或 } \tan u' = \frac{\tan u}{-20} \tag{c}$$
联立式(b)、式(c)得
$$\tan u' = 0.028, u' = 1.264°$$
将 $E'_0 = 30\ \text{lx}, u' = 1.264°, \tau = 0.8$ 代入式(a)得
$$L = \frac{30}{0.8\times\pi\times\sin^2 1.364°} = 2.1\times10^4(\text{cd/m}^2)$$

例 6−16：有一广角照相物镜，视场角 $100°$，视场中心的光照度为 40 lx，求边缘视场光照度（系统无渐晕）。

解：根据轴外点和轴上点光照度之间的关系式(6−33)，$\dfrac{E'_\omega}{E'_0} = \cos^4\omega'$ 或 $E'_\omega = E'_0\cos^4\omega'$，

将 E_0'、ω'代入得 $E_{50°}'=40\times\cos^4 50°=6.83$（lx）。

视场边缘光照度大大下降。

(九) 照相物镜像平面的光照度和光圈数

1. 照相物镜的像平面光照度公式

由于被照景物的距离比照相物镜的焦距大得多，因此可视为物在无穷远处，像面和像方焦平面重合。因此像方最大孔径角的正弦值 $\sin u_{max}'\approx D/(2f')$，将此关系式代入式(6-31)得照相物镜像平面的光照度公式为

$$E_0'=\frac{1}{4}\tau\pi L\left(\frac{D}{f'}\right)^2 \tag{6-35}$$

式中，$\dfrac{D}{f'}$ 为照相物镜的相对孔径。

$F=f'/D$，相对孔径的倒数称为 F 制光圈数。

2. T 制光圈的意义及与 F 制光圈的关系

不同型号摄影镜头调到同一挡光圈数，并用同一时间曝光时，由于各镜头的透过率不同，因此在感光底片上的光照度不同，曝光量当然也不同。在电影摄影中对曝光控制要求十分严格，为了避免透过率的影响，近年来实行了一种 T 制光圈。T 制光圈的意义：假定某一物镜的透过率为 τ，相对孔径为 D/f'，T 制光圈的相对孔径为 $(D/f)_T$，三者之间的关系为

$$\left(\frac{D}{f}\right)_T^2=\tau\left[\frac{D}{f'}\right]^2 \tag{6-36}$$

用 T 制光圈表示的像面光照度公式为

$$E_0'=\frac{\pi}{4}L\left[\frac{D}{f'}\right]_T^2 \tag{6-37}$$

由上式可见，只要 T 制光圈数相同，景物亮度相同，即使物镜的结构、焦距不同，透过率不同，但像平面上光照度也是相同的。

3. 曝光量 H

底片上单位面积在 t 时间内接收的曝光量 H 为

$$H=Et_0$$

式中，光照度 E 以 lx 为单位，时间 t 以 s 为单位，曝光量 H 的单位为 lx·s。

例 6-17：有一照相物镜的透过率为 0.64，F 制光圈数为 2.8，求对应的 T 制光圈数。

解：根据式(6-36)，因为光圈数等于相对孔径的倒数，即光圈数$=f'/D$，将 F 制光圈数代入式中，得 $\tau\left(\dfrac{1}{F}\right)^2=\left(\dfrac{1}{F_T}\right)^2$ 或 $F_T=\dfrac{1}{\sqrt{\tau}}F$。

将 $\tau=0.64$，$F=2.8$ 代入 F_T 式中，得

$$F_T=\frac{2.8}{\sqrt{0.64}}=3.5$$

当 $\tau=0.64$ 时，与 F 制光圈数对应的 T 制光圈数为 3.5。

例 6-18：为了拍摄景物，取光圈数为 11，曝光时间取 1/50 s，如果将曝光时间缩短为 1/100 s，问照相镜头光圈数应取多大？

解：为使两次拍摄景物效果一样,两次拍摄的曝光量 H 应不变,即 $H=E_1 t_1=E_2 t_2$ 或

$$\frac{t_2}{t_1}=\frac{E_1}{E_2}$$

因为 $E=\frac{1}{4}\tau\pi L(D/f')^2$,所以 $\frac{E_1}{E_2}=\frac{(D/f')_1^2}{(D/f')_2^2}=\frac{F_2^2}{F_1^2}=\frac{t_2}{t_1}$,由此得出

$$F_2=\sqrt{\frac{t_2}{t_1}}F_1=\sqrt{\frac{1/100}{1/50}}\times 11=7.8\approx 8$$

曝光时间由 $1/50$ s 缩短为 $1/100$ s 时,光圈数由 11 变到 8。

例 6—19：若使用德国标准 DIN21 底片,为了在底片上获得容易辨认的图像,需要曝光量 0.16 lx·s。假定曝光时间取 $1/100$ s,照相物镜透过率为 0.5,目标光亮度为 5×10^3 cd/m²,问镜头需用多大相对孔径? 相对应的 T 制相对孔径多大?

解：曝光量 $H=Et$,将 $H=0.16$ lx·s, $t=0.01$ s 代入,得

$$E=16 \text{ lx}$$

根据式(6-35),有

$$\left(\frac{D}{f'}\right)_F=\sqrt{\frac{4E}{\tau\pi L}}=\sqrt{\frac{4\times 16}{0.5\pi\times 5\times 10^3}}=\frac{1}{11}$$

根据式(6-36)

$$\left(\frac{D}{f'}\right)_F=\sqrt{\tau}\left(\frac{D}{f'}\right)_F=\sqrt{0.5}\times\frac{1}{11}\approx\frac{1}{16}$$

所以,F 制光圈数为 11,即 F 制相对孔径 1：11；T 制光圈数为 16,即 T 制相对孔径为 1：16。

（十）人眼的主观光亮度

当人眼直接观察外界物体时,外界物体在视网膜上的像对人眼的刺激强度称为"主观光亮度"。外界物体分为发光点和发光面两大类,表示人眼主观光亮度的方法相应地也有两种。

1. 发光点

我们把在视网膜上成像小于 1 个视神经细胞的物体称为"发光点",例如星星。显然发光点对人眼的刺激强度应取决于该细胞接收的光通量。换言之,人眼对发光点的主观光亮度用进入眼睛的光通量表示

$$d\Phi=I\frac{\pi a^2}{4l^2} \tag{6-38}$$

式中,I 为发光点发光强度,a 为人眼瞳孔直径,l 为发光点到人眼的距离。

2. 发光面

在人眼视网膜上所成像有较大面积的发光体称作"发光面",例如太阳、月亮等,显然发光面对人眼的刺激强度取决于视网膜上的光照度。换言之,人眼对发光面的主观光亮度用人眼视网膜上的光照度表示

$$E'=1.4\tau_{眼}L\left[\frac{a}{f'_{眼}}\right]^2 \tag{6-39}$$

式中,$\tau_{眼}$ 为眼睛的透过率,a 为眼睛瞳孔直径,$f'_{眼}$ 为眼睛的像方焦距,L 为发光面的光亮度。

从式(6-39)看出,当人眼观察发光面时,主观光亮度与发光面的光亮度 L 成正比,和眼睛瞳孔直径 a 的平方成正比,而与物体位置无关。

例6-20：有两个灯泡 A 和 B,离人眼距离分别为 5 m 和 10 m,此时人眼感到两个灯泡一样亮,问灯泡 A、B 的发光强度是否相同? 二者发光强度应满足什么关系?

解：根据人眼对发光点的主观光亮度公式(6-38)

$$\mathrm{d}\Phi_A = I_A \frac{\pi a^2}{4 l_A^2} \tag{a}$$

$$\mathrm{d}\Phi_B = I_B \frac{\pi a^2}{4 l_B^2} \tag{b}$$

由于人眼对两个灯泡的主观光亮度一样,因此式(a)与式(b)相等,经化简后得

$$\frac{I_A}{I_B} = \left(\frac{l_A}{l_B}\right)^2 \tag{c}$$

将已知量 $l_A = 5$ m, $l_B = 10$ m 代入式(c)得

$$I_B = 4 I_A$$

由式(c)看出,当两个发光点对人眼的主观光亮度相同时,两发光点的发光强度之比等于距离平方之比。当两发光点距离之比为 2 时,发光强度之比为 4,如果两灯泡发光强度一样,近者觉得亮,远者则觉得暗。

(十一) 通过望远镜观察时的主观光亮度

和讨论人眼直接观察外界物体时的主观光亮度一样,在讨论通过望远镜观察发光体的主观光亮度时,把发光体也分为发光点和发光面两大类。

1. 发光点

当使用望远镜时,人眼瞳孔应与望远镜的出瞳 D' 重合,D' 和人眼瞳孔 a 之间的大小关系不同,主观光亮度不同。

① $D' \leqslant a$ 时,假定仪器入瞳直径为 D,发光点发光强度为 I,离仪器距离为 l,和式(6-38)类似,进入仪器的光通量为 $\mathrm{d}\Phi_仪$ 为

$$\mathrm{d}\Phi_仪 = I \frac{\pi D^2}{4 l^2}$$

假定望远镜的透过率为 $\tau_仪$,从望远镜出射的光通量为 $\mathrm{d}\Phi'_仪$,由于 $D' \leqslant a$,$\mathrm{d}\Phi'_仪$ 能全部进入眼瞳,那么使用望远镜时人眼的主观光亮度为

$$\mathrm{d}\Phi'_仪 = \tau_仪 \mathrm{d}\Phi_仪 = \tau_仪 I \frac{\pi D^2}{(4 l^2)} \tag{6-40}$$

与人眼直接观察发光点时的主观光亮度 $\mathrm{d}\Phi_眼 = I(\pi a^2 / (4 l^2))$ 相比为

$$\frac{\mathrm{d}\Phi'_仪}{\mathrm{d}\Phi_眼} = \tau_仪 \left(\frac{D}{a}\right)^2 \tag{6-41}$$

由于望远镜物镜口径 $D > a$,所以使用望远镜观察发光点时,主观光亮度大大增加,这就是用望远镜观察星星时,为什么感觉到比用眼睛直接观察时明亮得多的道理。

② $D' > a$ 时,从望远镜射出的光通量有一部分不能进入眼睛,能有效利用的出射光束口径等于人眼瞳孔直径 a,射入望远镜等效光束口径为 $D = \Gamma a$,代入式(6-41)得

$$\frac{\mathrm{d}\Phi'_仪}{\mathrm{d}\Phi_眼} = \tau_仪 \left(\frac{\Gamma a}{a}\right)^2 = \tau_仪 \Gamma^2 \tag{6-42}$$

由此可知,如果忽略系统的光能损失,用望远镜观察时的主观光亮度是用人眼直接观察时主观光亮度的 Γ^2 倍,因此用望远镜观察发光点时,主观光亮度大大提高。

2. 发光面

同样分 $D'<a$ 和 $D'\geqslant a$ 两种情况讨论。

① $D'<a$ 时,人眼直接观察发光面的主观光亮度由式(6-39)表示,当用望远镜观察发光面时,发光面经望远镜所成的像就是相对人眼的物,假定望远镜有光能损失,其透过率为 $\tau_{仪}$,公式中光亮度 L 应该用 $\tau_{仪}L$ 代替。又因为,$D'<a$,实际进入人眼的光束口径为 D'。式(6-39)中的 a 应该用 D' 代替。这样就得到了通过望远镜观察时的主观光亮度 $E'_{仪}$

$$E'_{仪}=1.4\tau_{眼}\tau_{仪}L\left(\frac{D'}{f'}\right)^2 \tag{6-43}$$

式(6-43)与式(6-39)相比,得

$$\frac{E'_{仪}}{E'_{眼}}=\tau_{仪}\left(\frac{D'}{a}\right)^2 \tag{6-44}$$

由于 $\tau_{仪}<1$,$D'/a<1$,所以 $\dfrac{E'_{仪}}{E'_{眼}}<1$。也就是说用望远镜观察发光面时,主观光亮度反而降低。

② $D'\geqslant a$ 时,进入人眼的光束口径为 a,根据式(6-43),并用 a 代替 D' 得

$$E'_{仪}=1.4\tau_{眼}\tau_{仪}L\left(\frac{a}{f'}\right)^2 \tag{6-45}$$

式(6-45)与式(6-39)相比,得

$$\frac{E'_{仪}}{E'_{眼}}=\tau_{仪}<1 \tag{6-46}$$

可见用望远镜观察发光面时,不论什么情况,主观光亮度都低于人眼直接观察时的主观光亮度。这个结论似乎不好理解,只要考虑到仪器的放大作用,虽然光通量增加,但视网膜上的像也增大了,单位面积上的光通量反而减少,从而降低了视网膜上的光照度,此结论也就不难理解了。

例 6-21:一望远镜的理想分辨率为 $4''$,视角分辨率为 $6''$(假定人眼的视角分辨率为 $60''$),用该架望远镜观察星星时,主观光亮度增加了多少倍(假定人眼瞳孔直径为 5mm,系统透过率为 0.5)?

解:首先求望远镜的入瞳直径 D。由物理光学中衍射分辨率公式可知,$a=140''/D$ 或者说 $D=140''/a$。式中 a 为衍射分辨率角,以 s 为单位;D 为系统入射瞳孔直径,以 mm 为单位。将 $a=4''$ 代入得

$$D=140/4=35\ (\text{mm})$$

然后求望远镜的视放大率 Γ。题中给出望远镜的视角分辨率为 $6''$,相当于刚刚被分辨的物体细节对望远镜的视角 ω;人眼的视角分辨率为 $60''$,相当于刚刚被分辨的物体细节被望远镜放大后的像方视角 ω'。根据公式 $\Gamma=\tan\omega'/\tan\omega\approx\omega'/\omega$,将 $\omega'=60''$,$\omega=6''$ 代入得

$$\Gamma=\frac{60''}{6''}=10(\text{倍})$$

这架望远镜的视放大率为 10 倍。

根据公式 $\Gamma=D/D'$，将 $D=35$ mm，$\Gamma=10$ 倍代入后求得望远镜的出瞳直径 D' 为

$$D'=\frac{35}{10}=3.5\text{（mm）}$$

题中假定出瞳孔直径 $a=5$ mm，所以 $D'<a$，从望远镜出射的光通量全部进入人眼。

式(6-41)表示当 $D'<a$ 时用望远镜和人眼直接观察发光点时的主观光亮度之比，将 $\tau_仪=0.5$，$D=35$ mm，$a=5$ mm 代入式(6-41)，得

$$\frac{\mathrm{d}\Phi'_仪}{\mathrm{d}\Phi_眼}=0.5\times\left(\frac{35}{5}\right)^2=24.5$$

用望远镜观察星星时，主观光亮度提高 24.5 倍。

例 6-22： 如果用例 6-21 中给出的望远镜观察月亮，主观光亮度有何变化？

解： 例 6-21 中已经求出望远镜的出瞳直径 $D'=3.5$ mm，人眼瞳孔直径 $a=5$ mm，因此 $D'<a$。月亮是发光面，式(6-44)表示当 $D'<a$ 时，用望远镜和人眼直接观察发光面时的主观光亮度。将 $\tau_仪=0.5$，$D'=3.5$ mm，$a=5$ mm 代入式(6-44)，得

$$\frac{E'_仪}{E'_眼}=\tau_仪\left(\frac{D'}{a}\right)^2=0.5\times\left(\frac{3.5}{5}\right)^2=0.25$$

此式表示用该望远镜观察月亮时的主观光亮度，仅仅是人眼直接观察月亮时主观光亮度的 1/4，这是因为用了望远镜后，月亮在视网膜上的像增大（$\Gamma=10$ 倍），光照度下降，主观光亮度也降低了。

（十二）光学系统中光能损失的计算

为了求出光学系统成像的实际光亮度和光照度，必须求出透过率 τ。造成光能损失的原因有两个：一是介质分界面上的反射损失；二是光束通过介质时的吸收损失。

1. 反射损失计算

介质分界面上反射光通量 Φ'' 与入射光通量 Φ 之比称为"反射系数"，用 ρ 表示，即

$$\rho=\frac{\Phi''}{\Phi}$$

出射光通量 $\Phi'=\Phi-\Phi''=\Phi(1-\rho)$。

如果系统中有 k 个反射面，并考虑到从第一面出射的光通量 Φ'_1 就是入射到第二反射面的光通量 Φ_2，以此类推，最后得出从第 k 面出射的光通量 Φ'_k 为

$$\Phi'_k=\Phi_1(1-\rho_1)(1-\rho_2)\cdots(1-\rho_k) \tag{6-47}$$

2. 吸收损失计算

由于介质的吸收，光束通过介质时，光通量随介质厚度的增加逐渐减少。假定进入介质的光能量为 Φ_1，经过厚度为 l_1 的介质后，出射光通量(只考虑吸收损失)Φ_2 为

$$\Phi_2=\Phi'_1 P^{l_1} \tag{6-48}$$

式中 P 的意义为：光束通过单位长度($l=1$)的介质时，出射和入射光通量之比，称为介质的"透明系数"。我们规定 l 以 cm 为单位，P 就是光束通过 1 cm 厚度的介质时，出射和入射光通量之比。

3. 光学系统的光能损失计算

假定系统中有 m 个反射面和 n 种介质，同时考虑反射损失和吸收损失时，从整个系统出

射后的光通量 Φ'_m 为

$$\Phi'_m = \Phi_1(1-\rho_1)(1-\rho_2)\cdots(1-\rho_m)P_1^{l_1}P_2^{l_2}\cdots P_n^{l_n} \tag{6-49}$$

或

$$\tau = \frac{\Phi'_m}{\Phi_1} = (1-\rho_1)(1-\rho_2)\cdots(1-\rho_m)P_1^{l_1}P_2^{l_2}\cdots P_n^{l_n} \tag{6-50}$$

为简化计算,取冕牌玻璃的平均反射系数为 0.04,火石牌玻璃的平均反射系数为 0.05,忽略胶合面和全反射面反射损失。镀铝面平均反射系数为 0.85,镀银面为 0.90,光学玻璃的透明系数 P 取平均数为 0.99。将上述数据代入式(6-50)中,得光学系统的透过率 τ 为

$$\tau = (0.85)^{N_1}(0.90)^{N_2}(0.96)^{N_3}(0.95)^{N_4}P^l \tag{6-51}$$

式中,N_1 为镀铝面数,N_2 为镀银面数,N_3 为冕牌玻璃和空气接触面数,N_4 为火石玻璃和空气接触面数,l 为沿光轴计算的玻璃总厚度(以 cm 为单位)。

例 6-23:中继光学系统由两个透镜组和一个镀银反射面构成,如图 6-10 所示。

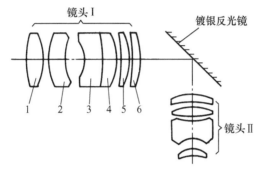

图 6-10 例 6-23 示意图

镜头 Ⅰ 的有关数据如表 6-6 所示。已知镜头 Ⅱ 的透过率 $\tau_2 = 0.66$,求镜头 Ⅰ 的透过率 τ_1 以及整个系统的透过率 τ。

表 6-6 例 6-23 光学系统数据

零件序号	材料	中心厚度/cm	与空气接触面数
1	冕	1.137	2
2	火石	1.337	2
3	火石	2.047	1
4	冕	1.545	1
5	冕	1.133	2
6	冕	1.058	2
	总厚度	8.257	

解:首先求镜头 Ⅰ 的透过率 τ_1。将 $N_1=0$,$N_2=0$,$N_3=7$,$N_4=3$,$P=0.99$,$l=8.257$ 代入式(6-51),求出镜头 Ⅰ 的透过率 τ_1。

$$\tau_1 = (0.96)^7 \times (0.95)^3 \times (0.99)^{8.257} = 0.59$$

即镜头 Ⅰ 的透过率为 59%。

全系统的透过率

$$\tau = \tau_1 \tau_2 (0.85)^{N_1} (0.90)^{N_2}$$

式中,$\tau_1 = 0.59$,$\tau_2 = 0.66$,$N_1 = 0$,$N_2 = 1$,代入上式得

$$\tau = 0.59 \times 0.66 \times 0.9 = 0.35$$

整个中继系统的透过率为 35%,光能损失还是比较严重的。为了减少光能损失,在介质分界面上镀减反膜,以减少反射损失。镀减反膜后的所有介质分界面上的反射系数均降为 0.01,这样光学系统透过率计算公式(6-51)变为

$$\tau = (0.85)^{N_1} (0.90)^{N_2} (0.99)^{N_3 + N_4 + l} \tag{6-52}$$

式(6-52)为镀减反膜后的透过率计算公式。

假设图 6-10 所示系统中,所有光学零件都镀减反膜,这时镜头 Ⅱ 的透过率 τ_2 提高为 0.86。分别计算透镜组 Ⅰ 和全系统的透过率 τ_1 和 τ。

根据式(6-52)计算镜头 Ⅰ 镀减反膜后的透过率 τ_1 为

$$\tau_1 = 0.99^{N_3 + N_4 + l} = 0.99^{7 + 3 + 8.257} = 0.83$$

镀膜后镜头 Ⅰ 的透过率 τ_1 由 0.59 增至 0.83,效果很明显。

全系统透过率

$$\tau = (0.9)^1 \tau_1 \tau_2 = 0.9 \times 0.83 \times 0.86 = 0.64$$

镀膜后全系统透过率 τ 由 0.35 增至 0.64。

例 6-24:已知乙炔焰的光亮度为 8×10^4 cd/m²,而人眼通常习惯 10^4 cd/m² 的光亮度,问焊接操作者需戴透过率为多大的防护眼镜?

解:已知入射到防护眼镜的光亮度 $L = 8 \times 10^4$ cd/m²,从防护眼镜射出后的光亮度 L' 应为 1×10^4 cd/m²,假定眼镜的透过率为 τ,则

$$\tau = \frac{L'}{L} = \frac{1 \times 10^4}{8 \times 10^4} = 0.125 = 12.5\%$$

防护眼镜的透过率应为 12.5%。

(十三)几种形状简单的朗伯辐射体的发光强度及光通量计算公式

1.发光强度公式及已知发光强度求光通量的公式

凡辐射强度曲线服从余弦定律 $I_\alpha = I_0 \cos \alpha$ 的辐射体均称为"朗伯辐射体"。严格来说,只有绝对黑体表面才是真正的朗伯辐射体。但在工程应用中,常把某些粗糙的自身发光物体和被照明的涂有氧化镁的表面,例如标准白板、积分球以及内部照明良好的磨砂灯罩等,看成朗伯辐射体,或叫朗伯光源。

军事目标中坦克、火炮及其他军事装备的表面涂有皱纹漆,又经长期风吹浪打、日晒雨淋,表面粗糙无光泽,可看作朗伯辐射体。

根据 $\mathrm{d}\Phi = I \mathrm{d}\Omega$,大多数光源都是轴对称分布,发光强度也是轴对称分布,因此有

$$\Phi = \int I \mathrm{d}\Omega = 2\pi \int_0^\pi I(\alpha) \sin \alpha \, \mathrm{d}\alpha \tag{6-53}$$

要找出辐射体在空间各方向上发光强度的分布规律是很麻烦的,如果光源是朗伯辐射体,问题就简单一些,人们已找出了几种形状简单的朗伯光源发光强度分布函数,下面分别进行介绍。

① 单面发光。如图 6-11 所示,辐射光源为单面发光圆片。发光强度分布函数为

$$I_\alpha = I_0 \cos \alpha \tag{6-54}$$

发光圆片的发光强度分布为直径等于 I_0 的球体,该球体与发光圆片中心相切。I_0 为在发光圆片垂直方向上的最大发光强度。

将式(6-54)代入式(6-53)积分后得光通量 Φ 为

$$\Phi = 2\pi \int_0^{\frac{\pi}{2}} I_0 \cos\alpha \sin\alpha \, \mathrm{d}\alpha = \pi I_0 \tag{6-55}$$

② 双面发光。如图 6-12 所示,双面发光圆片的发光强度分布函数为

$$I_\alpha = I_0 \cos\alpha$$

双面发光的光通量显然是单面发光的 2 倍,即

$$\Phi = 2\pi I_0 \tag{6-56}$$

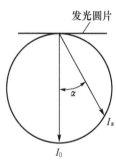

图 6-11　单面发光光源

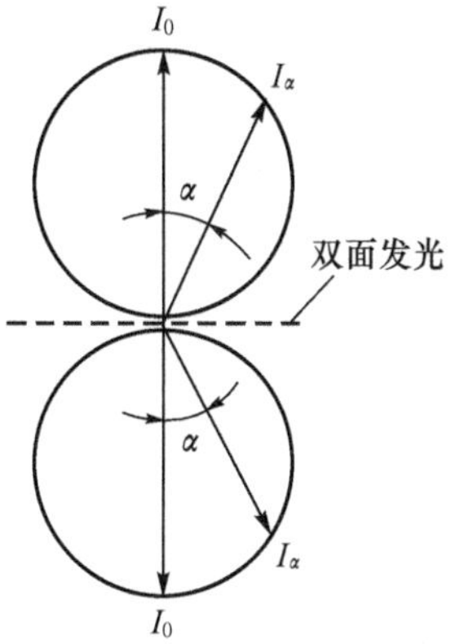

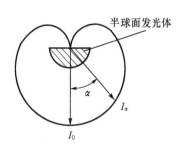

图 6-12　双面发光光源

③ 球面发光。如图 6-13 所示,辐射体是一个发光球面,各方向的发光强度一致,例如太阳、月亮。发光强度为

$$I_\alpha = I_0 \tag{6-57}$$

整个空间的立体角为球面度,所以球面发光的光通量 Φ 为

$$\Phi = 4\pi I_0 \tag{6-58}$$

④ 半球面发光。如图 6-14 所示,顶面不发光的半球面发光体的发光强度分布是绕极轴旋转的心脏形曲线。即

$$I_\alpha = \frac{1+\cos\alpha}{2} I_0 \tag{6-59}$$

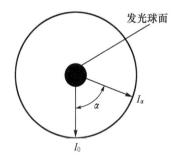

图 6-13　球面发光光源

图 6-14　半球面发光光源

将式(6-59)代入式(6-53)积分后得它的光通量为

$$\Phi = 2\pi I_0 \qquad (6-60)$$

⑤ 圆柱面发光。如图6-15所示,圆柱面发光体的发光强度是一个圆环面,它由一个直径为 I_0 的圆绕圆柱光源轴线旋转而成,发光强度分布函数为

$$I_\alpha = I_0 \cos \alpha \qquad (6-61)$$

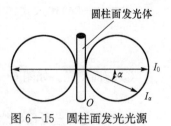

圆柱面发光体

图6-15 圆柱面发光光源

式中,α 为发光强度方向与圆柱面法线方向的夹角。光通量为

$$\Phi = \pi^2 I_0 \qquad (6-62)$$

虽然实际生活中遇到的辐射体很难是完全漫反射体,但是对于几何形状类似上面所介绍的几种发光体,可以参照以上公式近似求得它们的发光强度和光通量。但要想求得光源的任意方向上的发光强度和发出的光通量,首先应求得最大发光强度 I_0。下面介绍 I_0 的计算公式。

2. 最大发光强度的计算公式

假定朗伯光源的亮度 L 是已知的,如何由光源的光亮度 L 求最大发光强度 I_0 呢?

根据公式 $L = \dfrac{I}{\mathrm{d}S_n} = \dfrac{I}{\mathrm{d}S \cos \alpha}$,当 $\alpha = 0$ 时,也即发光强度方向与光源发光面法线重合时,发光强度最大,其大小为 $I_0 = L \mathrm{d}S$,此外 $\mathrm{d}S$ 是与法线方向相垂直的发光面投影面积,为与发光面总面积相区别,此处用 $\mathrm{d}S_n$ 表示,即

$$I_0 = L \mathrm{d}S_n \qquad (6-63)$$

下面分别介绍几种情况下 I_0 的计算公式:

① 单面发光。光源是半径为 R 的发光圆片,则 $\mathrm{d}S_n = \pi R^2$,将 $\mathrm{d}S_n$ 代入式(6-63)得

$$I_0 = L \pi R^2 \qquad (6-64)$$

② 球面发光。光源是以 R 为半径的球面,与发光强度相垂直的投影面积 $\mathrm{d}S_n = \pi R^2$,代入式(6-63)得

$$I_0 = L \pi R^2 \qquad (6-65)$$

③ 半球面发光,与 I_0 方向相垂直的投影面积为 $\mathrm{d}S_n = \pi R^2$,代入式(6-63)得

$$I_0 = L \pi R^2 \qquad (6-66)$$

以上三种情况下的半径 R,光亮度 L 相同时,最大发光强度 I_0 相同,但发光强度的分布规律不同,分别遵循式(6-54)、式(6-57)和式(6-59)。

④ 圆柱面发光(两端不发光)。圆柱两端面半径为 R、圆柱体长 l,在与圆柱体轴线垂直方向上的发光强度最大。

与垂直的圆柱面投影面积 $\mathrm{d}S_n = 2Rl$,代入式(6-53)得

$$I_0 = L(2Rl) \qquad (6-67)$$

求得 I_0 以后,便可求出用 L 表示的光通量大小,下面还是按几种情况分别介绍。

3. 已知光亮度 L 求光通量公式

① 单面发光。将式(6-64)中的 I_0 代入式(6-55),得

$$\Phi = \pi L \pi R^2 = \pi L S \qquad (6-68)$$

式中,$S = \pi R^2$,为发光圆片的实际面积。

② 双面发光。双面发光的光通量用式(6-56)表示,将式(6-64)中的 I_0 代入式(6-56)得

$$\varPhi = 2\pi L\pi R^2 = \pi L(2\pi R^2) = \pi LS \tag{6-69}$$

式中，$S = 2\pi R^2$ 为双面发光体的实际面积。

③ 球面发光。球面发光的光通量用式(6-58)表示，将式(6-65)中的最大发光强度 I_0 代入式(6-58)得

$$\varPhi = 4\pi L\pi R^2 = \pi L(4\pi R^2) = \pi LS \tag{6-70}$$

式中，$S = 4\pi R^2$ 为球面面积，也即发光总面积。

④ 半球面发光(顶面不发光)。计算半球面发光的光通量公式为式(6-60)，将式(6-66)中的最大发光强度 I_0 代入式(6-60)得

$$\varPhi = 2\pi L\pi R^2 = \pi L(2\pi R^2) = \pi LS \tag{6-71}$$

式中，$S = 2\pi R^2$ 是半径为 R 的半球面积。

⑤ 圆柱面发光(两端不发光)。将式(6-67)中的 I_0 代入式(6-62)中，得

$$\varPhi = \pi^2 L2Rl = \pi L(2\pi Rl) = \pi LS \tag{6-72}$$

式中，$S = 2\pi Rl$ 是端面半径为 R、长为 l 的圆柱体表面积(不含两端面)。

综合式(6-68)、式(6-72)，无论是哪种几何形状的光源，光通量与光亮度的关系均可写成统一的形式

$$\varPhi = \pi LS \tag{6-73}$$

所不同的是光源几何形状不同，S 不同，但 S 均指光源的发光总面积，而不是投影面积。

已知光出射公式(6-15)和光照度公式(6-17)，将式(6-73)中的 $\varPhi$ 分别代入式(6-15)和式(6-17)两式得：如果是发光面，光出射度为

$$M = \pi L \tag{6-74}$$

如果是被照面，光照度为

$$E = \pi L \tag{6-75}$$

综上所述，如果已知朗伯光源的光亮度及发光体的几何形状，可分别用式(6-63)、式(6-73)、式(6-74)求出朗伯光源的最大发光强度 I_0、总光通量 $\varPhi$、光出射度 M(或光照度 E)。

应该进一步强调的是，式(6-63)中 $\mathrm{d}S_n$ 为发光面在垂直方向上的投影面积，式中的 S 为发光面的总发光面积。L 以 $\mathrm{cd/m^2}$ 为单位，I_0 以 cd 为单位，M 以 $\mathrm{lm/m^2}$ 为单位，$\mathrm{d}S_n$ 和 S 以 $\mathrm{m^2}$ 为单位。

例 6-25：面积为 $1\ \mathrm{cm^2}$ 的单面发光圆盘是一个朗伯光源，光亮度为 $1\ 500\ \mathrm{lm/(m^2 \cdot sr)}$，求：

① 最大发光强度 I_0，与发光面法线成 $30°$ 方向上的发光强度 I_{30}。

② 圆盘发出的总光通量及光出射度。

解：① 根据单面发光的最大发光强度公式(6-63)，将 $L = 1\ 500\ \mathrm{cd/m^2}$，$\mathrm{d}S_n = 1\ \mathrm{cm^2} = 10^{-4}\ \mathrm{m^2}$ 代入得

$$I_0 = 1\ 500 \times 10^{-4} = 0.15\ (\mathrm{cd})$$

再根据单面发光的发光强度分布函数式(6-54)，将 $I_0 = 0.15\ \mathrm{cd}$，$\alpha = 30°$ 代入得

$$I_{30} = 0.15 \times \cos 30° = 0.13\ (\mathrm{cd})$$

② 根据朗伯光源光通量公式(6-73)，将 $L = 1\ 500\ \mathrm{cd/m^2}$，$S = 10^{-4}\ \mathrm{m^2}$ 代入得

$$\varPhi = \pi \times 1\ 500 \times 10^{-4} = 0.47\ (\mathrm{lm})$$

③ 根据朗伯光源光出射度公式(6-74)计算 M，将 $L = 1\ 500\ \mathrm{cd/m^2}$ 代入得

$$M = \pi \times 1\,500 = 4\,712.4\ (\text{lm/m}^2)$$

该单面发光的朗伯光源,其最大发光强度为 0.15 cd,与发光圆片法线夹角为 30° 方向上的发光强度为 0.13 cd,光通量为 0.47 lm,光出射度为 4 712.4 lm/m²。

二、典型题解与习题

(一)典型题解

例 6－26:如图 6－16 所示,发光强度为 50 cd 的灯泡 P 照明直径为 10 cm 的漫反射面 O,其他条件标注在图 6－16 中。求漫反射面上的光照度。假定被照明表面漫反射系数为 0.8,且各方向光亮度相等(为全扩散表面),求光亮度及 OA 方向的发光强度 I_{60}。

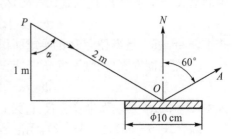

图 6－16 例 6－26 示意图

解:① 求漫反射面上的光照度。由图 6－16 可得 $\cos\alpha = 0.5$,将 $I = 50$ cd,$l = 2$ m,$\cos\alpha = 0.5$ 代入式 (6-18) 得

$$E = \frac{50 \times 0.5}{4} = 6.25\ (\text{lx})$$

② 求漫反射面的光亮度 L。漫反射面是朗伯辐射体,根据式 (6-25) 计算漫反射面光亮度 L,将 $\rho = 0.8$,$E = 6.25$ lx 代入式 (6-25) 得

$$L = \frac{1}{\pi} \times 0.8 \times 6.25 = 1.59\ (\text{cd/m}^2)$$

③ 求 OA 方向上的发光强度 I_{60},根据式 (6-19),有 $I = L\mathrm{d}S \cdot \cos\alpha$,将已知量 $L = 1.59$ cd/m²,$\mathrm{d}S = \pi\left(\dfrac{0.1}{2}\right)^2$ m²,$\alpha = 60°$ 代入得

$$I_{60} = 1.59 \times \pi \times \left(\frac{0.1}{2}\right)^2 \times \cos 60° = 6.24 \times 10^{-3}\ (\text{cd})$$

例 6－27:已知太阳表面温度约为 $t_{日} = 6\,000$ K,太阳和地球的平均距离 $l_{日地} = 1.496 \times 10^8$ km,太阳半径 $R_{日} = 6.957 \times 10^5$ km,如将太阳和地球都近似看作黑体,求地球表面的平均温度 $t_{地}$。

解:假定太阳的辐射强度为 $I_{日}$,地球对太阳的张角为 Ω,地球从太阳那里接收的辐射通量为 $\Phi_{地收}$,根据式 (6-13),计算地球接收的辐射通量 $\Phi_{地收}$,式 (6-13) 中,$\Omega = \pi R_{地}^2 / l_{日地}^2$,$R_{地}$ 为地球半径。将 Ω 代入式 (6-13) 得

$$\Phi_{地收} = I_{日}\frac{\pi R_{地}^2}{l_{日地}^2} \tag{6-76}$$

下面求太阳的辐射强度:

$$I_{日} = \frac{\Phi_{日辐}}{4\pi} \tag{6-77}$$

式中,$\Phi_{日辐}$ 为太阳向整个宇宙空间辐射出的辐射通量,因为太阳可看成黑体,它发出的辐射通量与太阳的温度 $t_{日}$、太阳的表面积 $S_{日}$ 存在以下关系:

$$\Phi_{日辐} = \sigma t_{日}^4 S_{日} \tag{6-78}$$

式中，σ 是一个常数。将式(6-78)代入式(6-77)中得

$$I_日 = \frac{\sigma\, t_日^4\, S_日}{4\pi} = \frac{\sigma\, t_日^4\, 4\pi R_日^2}{4\pi} = \sigma\, t_日^4\, R_日^2 \qquad (6-79)$$

将式(6-79)代入式(6-76)得

$$\Phi_{地收} = \sigma\, t_日^4\, R_日^2\, \frac{\pi R_地^2}{l_{日地}^2} \qquad (6-80)$$

地球每秒钟从太阳吸收的能量(辐射通量)必须等于地球每秒钟向外辐射的能量，才能保持地球表面温度不变，否则地球会变得越来越热或越来越冷。地球每秒钟向外发出的辐射通量等于多少呢？因为地球也可看成一个黑体，它每秒钟的辐射通量与地球表面温度的关系同式(6-78)，即

$$\Phi_{地放} = \sigma\, t_地^4\, S_地 = \sigma\, t_地^4\, 4\pi R_地^2 \qquad (6-81)$$

令式(6-80)与式(6-81)相等，得

$$\sigma t_日^4\, R_日^2\, \frac{\pi R_地^2}{l_{日地}^2} = \sigma t_地^4\, 4\pi R_地^2$$

化简后得

$$t_地 = \sqrt[4]{\frac{R_日^2}{4 l_{日地}^2}}\, t_日 \qquad (6-82)$$

将 $R_日$、$l_{日地}$、$t_日$ 等值代入式(6-82)得

$$t_地 = \sqrt[4]{\frac{(6.957\times10^5)^2}{4\times(1.496\times10^8)^2}}\times 6\,000 = 289.32 \ (\text{K})$$

$t_地$ 是绝对温度，转化成摄氏度得 $t = t_地 - 273 = 289.32 - 273 = 16.32(℃)$，由此可见地球的平均温度大约为 16 ℃。

例6-28：假定有视放大率分别为 20 和 50 的两种望远镜，其物镜通光直径均为 100 mm，求用不同倍率望远镜观察月亮时的主观光亮度与人眼直接观察月亮时的主观光亮度之比(忽略光能损失，并假设人眼的瞳孔直径为 4 mm)。

解：月亮是一个发光面，人眼对发光面的主观光亮度由视网膜上的光照度确定。通过望远镜和人眼直接观察发光面时的主观光亮度之比由式(6-44)表示。根据式(6-44)，讨论 $\Gamma = 20$ 和 $\Gamma = 50$ 两种情况下的主观光亮度。

①$\Gamma = 20$ 时的情况。因为 $\Gamma = D/D'$ 或 $D' = D/\Gamma$，将 $D = 100$ mm，$\Gamma = 20$ 代入得

$$D' = \frac{100}{20} = 5 \ (\text{mm})$$

已知人眼瞳孔直径 $a = 4$ mm，因此 $D' > a$，进入人眼的有效光束口径为 a，根据式(6-46)有

$$\frac{E'_仪}{E'_眼} = \tau_仪$$

如果忽略系统的光能损失，即 $\tau_仪 = 1$，则

$$E_仪 = E'$$

说明用 20×100 望远镜观察月亮和人眼直接观察月亮时的主观光亮度相等。

②$\Gamma = 50$ 时的情况。$D' = D/\Gamma = 100/50 = 2$ (mm)，已知 $a = 4$ mm，所以 $D' < a$，从望远

镜射出的光束全部进入人的眼睛。将 $D'=2\ \text{mm}, a=4\ \text{mm}, \tau_仪=1$ 代入式(6-44)得

$$\frac{E'_仪}{E'_眼}=\tau_仪\left(\frac{D'}{a}\right)^2=1\times\left(\frac{2}{4}\right)^2=\frac{1}{4}$$

或 $E'_仪=(1/4)E'$。说明用 50×100 望远镜观察月亮时的主观光亮度仅为人眼直接观察的 $1/4$。

例 6-29：有一架天文望远镜,物镜口径为 180 mm,透过率为 0.5,人眼瞳孔直径 $a=3\ \text{mm}$,已知肉眼可直接观察到六等星,求:

① 用该望远镜能看到的最高星等为多少? 此时该望远镜的视放大率至少有多大?

② 假定望远镜的视放大率为 10,能观察到几等星?

解：星体亮暗的程度用星等表示,星等是用人眼的主观光亮度来衡量的。如前所述,人眼观察发光点的主观光亮度用进入人眼的光通量表示。假如 E 为星光在地球上产生的光照度,人眼瞳孔直径为 a,根据式(6-16),其中 $\text{d}S$ 为人眼瞳孔面积,则该星体进入人眼的光通量为

$$\text{d}\varPhi=E\frac{\pi a^2}{4}$$

a 一定后,进入人眼的光通量 $\text{d}\varPhi$ 与光在地球上产生的光照度 E 成正比。因此星体的亮暗可用星光产生的光照度来衡量,以两星体产生的光照度相关 100 倍时星等相差五等为标准,相邻两等星的光照度比是 $\sqrt[5]{100}\approx2.5$,即相邻两等星的光照度相差 2.5 倍,一等星的光照度恰好等于六等星光照度的 100 倍,零等星的光照度规定为 2.65×10^{-6} lx,作为计算各星等光照度的基准。比零等星亮的星等为负值,而且星等不一定是整数,表 6-7 给出了几种常见星体的星等。

表 6-7　常见星体的星等

辐射体	星等	光照度/lx	辐射体	星等	光照度/lx
太阳	-26.73	1.3×10^5	天狼星	-1.42	9.8×10^{-6}
点光源(1 cd 位于 1 m 远)	-13.9	1	零等星	0	2.65×10^{-6}
满月	-12.5	2.67×10^{-1}	一等星	1	1.05×10^{-6}
金星(最亮时)	-4.3	1.39×10^{-4}	六等星	6	1.05×10^{-8}

人眼可直接观察到六等星,那么用了望远镜后能观察到几等星呢?

① 求用 $D=180\ \text{mm}$ 望远镜能观察到的最高星等,假定该望远镜倍率足够高,使从望远镜射出的光束都能进入人眼瞳孔。星体是发光点,式(6-41)表示通过望远镜观察发光点和人眼直接观察发光点时的主观光亮度关系,即

$$\frac{\text{d}\varPhi'_仪}{\text{d}\varPhi_眼}=\tau_仪\left(\frac{D}{a}\right)^2$$

将 $\tau_仪=0.5, D=180\ \text{mm}, a=3\ \text{mm}$ 代入式(6-41)得

$$\frac{\text{d}\varPhi'_仪}{\text{d}\varPhi_眼}=0.5\times\left(\frac{180}{3}\right)^2=1\ 800\ \text{或}\ \text{d}\varPhi'_仪=1\ 800\varPhi_眼$$

由此可见,用了口径为 180 mm 的望远镜观察发光点的主观光亮度和人眼直接观察时的主观光亮度之比可达 1 800 倍,也即在人眼瞳孔上产生的光照度相差 1 800 倍,人眼可直接观

察到六等星,其光照度为 1.05×10^{-8} lx,星等增加一等,对人眼的主观光亮度减少,因此用了望远镜后能观察到最高星等为

$$N = N_0 + \log_{2.5} 1\,800 = 6 + 8.2 = 14.2$$

用了该望远镜能看到 14.2 等弱星。

能看到 14.2 等弱星时,望远镜的视放大率至少为多少倍呢?

当出瞳孔直径 $D' \leqslant a$ (瞳孔直径)时,射入望远镜的光束都能进入人眼瞳孔。即要求 $D' \leqslant 3$ mm。已知视放大率 $\Gamma = D/D'$,式中,$D = 180$ mm,$D' \leqslant 3$ mm,所以 $\Gamma \geqslant 60$。用 60×180 的望远镜能观察到 14.2 等弱星。

② 求当望远镜视放大率为 10 时,能看到的星等。因为 $D' = D/\Gamma = 180/10 = 18$(mm),又已知 $a = 3$ mm,显然 $D' > a$,能进入人眼瞳孔的有效入瞳直径 $D_{\text{效}} = \Gamma a = 10 \times 3 = 30$ (mm)。将 $\tau_{\text{仪}} = 0.5$,$D_{\text{效}} = 30$ mm,$a = 3$ mm 代入式(6-41)得

$$\frac{\Phi'_{\text{仪}}}{\Phi_{\text{眼}}} = \tau_{\text{仪}} \left(\frac{D}{a}\right)^2 = 0.5 \times \left(\frac{30}{3}\right)^2 = 50$$

或 $\Phi_{\text{效}} = 50\Phi_{\text{眼}}$。用 10 倍望远镜观察星体,主观亮度增加了 50 倍,此时能看到几等星呢?

$$N = N_0 + \log_{2.5} 50 = 6 + 4.3 = 10.3$$

用 10×180 望远镜后能观察到 10.3 等星。

例 6-30:面积为 1 cm^2 的圆盘,单面均匀辐射单一频率的光,其辐亮度 $L_e = 1$ W/(cm$^2 \cdot$ sr)。求:

① 该圆盘辐射出的总辐射通量。

② 用一个通光直径为 10 cm、焦距为 100 cm 的凸透镜将圆盘成一个面积为 1/4 cm^2 的圆盘像,问通过像面的辐射通量是多少(忽略系统的光能损失)?

解:① 该圆盘为单面辐射体,与单面发光时光通量公式(6-68)相似,单面辐射的辐射通量公式为

$$\mathrm{d}\Phi_e = \pi L_e S$$

将 $L_e = 1$ W/(cm$^2 \cdot$ sr),$S = 1$ cm^2 代入上式得

$$\mathrm{d}\Phi_e = \pi \times 1 \times 1 = \pi (\text{W})$$

② 求通过像面的辐射通量 $\mathrm{d}\Phi'_e$,与光照度公式(6-16)类似。像面上辐照度为 $E'_e = \mathrm{d}\Phi'_e / \mathrm{d}S'$,辐射通量 $\mathrm{d}\Phi'_e$ 为

$$\mathrm{d}\Phi'_e = E'_e \mathrm{d}S' \tag{a}$$

如果能求出辐照度 E'_e,便能求得 $\mathrm{d}\Phi'_e$,下面求 E'_e,与轴上像点光照度公式(6-29)类似,轴上照度为

$$E'_e = \tau \pi L_e \sin^2 u' \tag{b}$$

根据垂轴放大率公式 $\beta = \dfrac{y'}{y} = -\sqrt{\dfrac{\mathrm{d}S'}{\mathrm{d}S}} = \sqrt{\dfrac{1/4}{1}} = -\dfrac{1}{2}$,所成的像是实像,因此 B 应为负值。

根据物像位置及大小的高斯公式

$$\beta = \frac{l'}{l} = -\frac{1}{2} \text{ 或 } l' = -\frac{1}{2}l \tag{c}$$

$$\frac{1}{l'} - \frac{1}{l} = \frac{1}{f'} = \frac{1}{100} \tag{d}$$

联立式(c)和式(d)解得

$$l=-300 \text{ cm}, l'=150 \text{ cm}$$

已知透镜通光直径 $D=10$ cm,即 $h=D/2=5$ cm,$l'=150$ cm,因此有

$$\tan u' = \frac{h}{l'} = \frac{5}{150} = \frac{1}{30} \approx \sin u'$$

将 L_e、τ、$\sin u'$ 值一并代入式(b)得

$$E'_e = 1 \times \pi \times 1 \times \left(\frac{1}{30}\right)^2 = 0.003 \, 49 \, (\text{W/cm}^2)$$

将 $E'_e = 0.003 \, 94$ W/cm^2,$\mathrm{d}S' = \frac{1}{4}$ cm^2 代入式(a)得

$$\mathrm{d}\Phi'_e = 0.003 \, 94 \times \frac{1}{4} = 8.73 \times 10^{-4} \, (\text{W})$$

通过像面辐射出的辐射通量为 8.73×10^{-4} W。

例6-31: 彩色光亮度计是用来测量物体彩色光亮度的仪器。彩色光亮度计广泛用于纺织、造纸、染料、涂料、电视、电影、印刷、交通信号、照明、玻璃、陶瓷等各个领域。彩色光亮度计由瞄准观察系统和探测系统两大部分组成。图6-17所示为探测系统的示意图,由物镜、光孔和探测器构成。假定物镜相对孔径为 D/f',探测器受光面直径为 D_1,光孔直径为 d,被测目标光亮度为 L,探测器受光面上的光照度为 E,求证:$E = \frac{\pi}{4}\left(\frac{D}{f'}\right)^2\left(\frac{d}{D_1}\right)^2 L$。

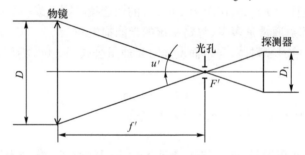

图6-17 例6-31示意图

证明: 我们所讨论的彩色光亮度计是对远距离物体用非接触式方法测试其彩色光亮度。为讨论方便起见,假定物体位于无限远,物体被测部分经物镜成像在像方焦平面 F' 处,在 F' 处安置一个光孔,光孔的直径 d 取决于物体被测部分对应的视场。探测器(如硅光电池)位于光孔后面,受光面直径为 D_1。

探测器接收的光通量等于从光孔 d 射出的光通量,也就是从物镜出射的光通量。假定被测物体的光亮度为 L,忽略系统光能损失,根据式(6-20),并考虑到 $\alpha=0$,则从光孔 d 射出的光通量 $\mathrm{d}\Phi$ 为

$$\mathrm{d}\Phi = L\mathrm{d}S\mathrm{d}\Omega$$

式中,$\mathrm{d}S$ 为光孔的面积,$\mathrm{d}S = \pi d^2/4$;$\mathrm{d}\Omega$ 为光孔对物镜所张立体角,因为像方孔径角 u' 很小,它所对应的立体角 $\mathrm{d}\Omega = \pi u'^2$,其中 $u' = D/(2f')$。故有

$$\mathrm{d}\Phi = L \frac{\pi d^2}{4} \frac{\pi}{4}\left(\frac{D}{f'}\right)^2 = L \frac{\pi^2}{16}\left(\frac{D}{f'}\right)^2 d^2$$

根据光照度定义 $E=\dfrac{\mathrm{d}\varPhi}{\mathrm{d}S}$，探测器受光面上的光照度为

$$E_{探}=\frac{\mathrm{d}\varPhi}{\mathrm{d}S_{探}}$$

将 $\mathrm{d}\varPhi=L\,\dfrac{\pi^2}{16}\left(\dfrac{D}{f'}\right)^2 d^2$，$\mathrm{d}S_{探}=\dfrac{1}{4}\pi D_1^2$ 代入上式，整理后得

$$E_{探}=\frac{\pi}{4}\left(\frac{D}{f'}\right)^2\left(\frac{d}{D_1}\right)^2 L$$

也可写成另一种形式

$$E_{探}=Kd^2 L$$

式中，$K=\dfrac{\pi}{4}\left(\dfrac{D}{f'}\right)^2\left(\dfrac{1}{D_1}\right)^2$，因物镜相对孔径 $\dfrac{D}{f}$、探测器受光面直径 D_1 均为已知量，所以 K 是一个常数。而光孔直径 d 的大小与被测部分对应的物方视场 ω 有关，即 $d=2f'\tan\omega$，当 ω 确定后，d 也随之而定，因此探测器受光面光照度与物体被测部分的光亮度 L 成正比，即 $E_{探}\propto L$。

探测器响应在线性范围内时，输出电流与光照度成正比，也就是与被测目标的光亮度成正比，如果在探测器前分别加上红、绿、蓝校正滤色片，测出三种颜色对应的输出电流值，就代表物体被测部分颜色的三刺激值，进行数值处理后，便得到被测目标的彩色光亮度值。

（二）习题

6—1　一般钨丝白炽灯各方向的平均发光强度（cd）大约和灯泡的辐射功率（W）相等，问灯泡的光视效能多大？

6—2　日常生活中人们说 40 W 的日光灯比 40 W 的白炽灯亮，是否说明日光灯的光亮度比白炽灯泡的大？这里所说的亮是指什么？

6—3　晚上看天空的星星，有的亮，有的暗，是否说明亮的星星光亮度大？白天看到白云比蓝天背景亮，这里所说的亮指什么？

6—4　人眼随外界景物亮暗不同，相应地调节瞳孔直径大小的作用是什么？

6—5　如图 6—18 所示，用一个 40 W 的灯泡做光源，设灯泡的光视效能为 15 lm/W，各方向均匀发光，求灯泡发出的总光通量和平均发光强度。若照明范围对应的有效孔径角为 20°，聚光镜上光束口径为 20 mm，焦距为 35 mm，透过率为 0.8，被照表面离聚光镜 5 m，求被照表面的直径和平均光照度，以及像方发光强度。

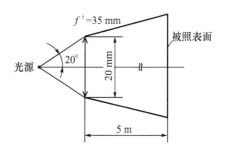

图 6—18　习题 6—5 示意图

6—6　有一直径为 20 cm 的球形磨砂灯泡，各方向均匀发光，其光视效能为 15 lm/W，若在灯泡正下方 2 m 处的光照度为 30 lx，问该灯泡的功率多大？灯泡的光亮度多大？

6—7　有一直径 25 mm 标准白板，在与板面法线成 45°方向上测得发光强度为 0.5 cd，求该标准白板法线方向上的发光强度、光亮度以及标准白板的光出射度。

6—8　100 W 标准白炽灯和被测白炽灯之间放一漫反射白板(两面漫反射系数相同),标准灯泡离白板 33 mm,当被测灯泡移动到离白板 66 mm 处时,白板两表面光照度相等,问被测灯泡的功率多大?

6—9　两个白炽灯泡相距 750 mm,其辐射功率分别为 200 W 和 50 W,两灯泡之间放一漫反射白板(两面漫反射系数相同),当白板移动时,两漫反射面上的光照度不断变化,问当白板位于何处时,两面上的光照度相等?

6—10　太阳直照在地面上的光照度为 $1.5×10^5$ lx,有一探照灯,在照明方向上的发光强度为 10^8 cd,直照一物体表面,求当物体表面离探照灯多远时,在该被照表面上的光照度与太阳直照在地面时光照度相等?

6—11　用一灯泡照明 1 m 远处的平面,被照平面和照明方向成 45°夹角,要求光照度等于 341 lx。假定该灯泡的光视效能为 10 lm/W,且各方向均匀发光。求:

(1)需用多大辐射功率的灯泡?

(2)假定灯丝是直径为 3 mm、长 3 mm 的螺旋管,求发光体的平均光亮度。

6—12　在同一高度上有两个相距 3 m 的灯泡,每个灯泡的发光强度均为 300 cd,求位于其中一个灯泡铅垂下方 4 m 处的水平微面上的光照度。

6—13　当阳光垂直照射地面时,地面上平均光照度为 $1.5×10^5$ lx,已知地球绕太阳的轨道半径为 $1.496×10^{11}$ km,太阳的半径为 $6.957×10^5$ km,太阳是朗伯辐射体,求太阳辐射出的总光通量、光出射度、光亮度。

6—14　发光体和屏之间相距 200 mm,位于发光体和屏之间的会聚透镜从左向右移动时,有两个位置可以在屏上得到发光体的像,透镜的这两个位置相距 40 mm,求这两个像的光照度之比。

6—15　一个继电器由光电管控制,管上有 $15×40$ mm^2 的长方形开口,设使继电器工作所需要的最小光通量是 0.12 lm,使用的点光源发光强度是 30 cd,问光源和开口之间距离最远不能超过多少?

6—16　设有一个 60 W 灯泡,其光视效能为 15 lm/W,假定在各方向均匀发光,求光源的发光强度多大? 在距离灯泡 2 m 处垂直照明方向的微面上光照度多大?

6—17　满月时月光在地球上的光照度为 0.12 lx,月亮到地球的距离是 $3.78×10^5$ km,求月亮的发光强度及月亮发出的总光通量。

6—18　探照灯由光源和球面反射镜构成。光源为 ϕ1 cm 的球形朗伯辐射体,光源的辐亮度为 $5×10^5$ W/(m^2 · sr),入射光束的光锥角 $2\alpha=120°$。求光源的辐射强度。假定不考虑球面反射镜的辐射损失,从探照灯辐射出的辐射通量等于多少?

6—19　一盏悬挂在桌面之上的灯,为使其在桌面上产生均匀的光照度,此灯应具有怎样的发光强度分布曲线?

6—20　有一 30 W 白炽灯,光视效能为 15 lm/W。悬挂在直径为 1 m 的圆桌中心上方 1 m 处,求圆桌中心和边缘的光照度。

6—21　有一广角物镜,视场角 $2\omega=80°$,测得边缘视场的光照度为 20 lx,求中心视场的光照度(假定系统无渐晕)。

6—22　用一盏灯泡照明 1 m 远处的平面,平面与照明光线方向成 45°。要求平面上的光照度为 34 lx,如果该灯泡光视效能为 10 lm/W,且各方向均匀发光,求:

（1）灯泡的辐射功率；

（2）假定灯丝为直径 $\phi 3$ mm、长 3 mm 的螺旋管,求发光体的平均光亮度。

6—23　假定 600 lm 的光通量均匀照射在 3×4 m² 白色墙壁上,白色墙壁可认为是漫反射面,漫反射系数为 0.65,求墙壁上的光照度、光出射度、光亮度。

6—24　人工照明下阅读时,纸面光亮度应大于 10 cd/m²,假定白纸的漫反射系数为0.75,用 60 W 充气钨丝灯照明,光视效能为 15 lm/W,求当灯泡离纸面距离不大于多少时,才能产生所要求的光亮度(假定纸面与照射光线方向垂直)?

6—25　太阳在地面上产生的光照度为 10⁵ lx,白雪的漫反射系数为 0.78,求雪地被阳光照射后的光亮度为多少?

6—26　拍摄时光圈数取 8,曝光时间用 1/50 s,为了拍摄运动目标,将曝光时间缩短为 1/500 s,问应取多大光圈数?

6—27　有一照相镜头,焦距为 75 mm,透过率为 0.7,F 制光圈数为 2.8,问相应的 T 制光圈数多大? 相对孔径取 1∶2.8 时,曝光时间取 1/200 s,如果相对孔径改用 1∶5.6,曝光时间应取多少秒?

6—28　有一 CCD 摄像机,CCD 受光面要求最低光照度为 0.12 lx,假设被摄目标光亮度为 2.5×10^2 cd/m²,摄像机光学系统透过率为 0.8,求摄像物镜的相对孔径应为多大?

6—29　用于跟踪天空飞行目标的电视摄像机,摄像管要求的最低光照度为 20 lx,假定天空的光亮度为 2.5×10^3 cd/m²,光学系统透过率为 0.7,问应使用多大相对孔径的摄影物镜?

6—30　设幻灯机离开投影屏幕距离为 45 m,投影屏幕尺寸为 54×4 m²,幻灯片尺寸为 20×16 mm²,光源的平均光亮度为 1.2×10^8 cd/m²,聚光系统使幻灯片均匀照明,并使光束充满物镜口径,如果物镜的透过率为 0.6,要求屏幕上光照度为 100 lx,求该幻灯机物镜的焦距和相对孔径。

6—31　如图 6—17 所示,彩色亮度计测试系统由物镜、光孔、探测器组成。假定被测目标视场角 $2\omega=1°$。物镜焦距为 75 mm,相对孔径为 1∶2.8,探测器受光面积为 10×10 mm²,测得探测器受光面上的平均光照度为 5 lx。求:光孔直径;为充分利用探测器受光面,探测器离物镜像方焦点距离应多远? 被测目标光亮度多大?

6—32　一张大小为 20×25 cm² 的白纸,是单面发光的朗伯光源,在其法线方向上的发光强度为 10 cd,求与法线成45°方向上的发光强度、白纸表面的光亮度及发出的总光通量。

6—33　平面螺旋状灯丝可认为是双面发光的朗伯光源,灯丝尺寸为 2×2.5mm²,辐射功率为 100 W,光视效能为 20 lm/W,求发光体的光亮度和最大发光强度。

6—34　用一个 100 W 的白炽灯泡 O 照明 A、B 两个微面,已知 OA 垂直于 AB,$AB=OA=1$ m,假定灯泡光视效能为 15 lm/W,且各方向均匀发光,发光体为直径等于 2 mm 的球形灯丝。求:

（1）光源发出的总光通量；

（2）发光体的平均光亮度；

（3）A、B 两微面的光照度。

6—35　有一只 30 W 日光灯,光视效能为 30 lm/W,日光灯管长 85 mm,端面直径为 40 mm,悬挂在圆桌中心上方 1 m 处,求圆桌中心光照度、日光灯发光面的光出射度。

6—36　假定发光体为一个两端面不发光的圆柱面,端面半径为 5 mm,圆柱体长 20 mm,

各方向光亮度相等,在柱面法线方向上测得发光强度为 2 cd。求:与柱面法线方向成 60°方向的发光强度、发光柱面的光亮度以及总光通量。

6—37　假定发光体是一个半径等于 5 mm 的半球面(顶面不发光),各方向光亮度均为 10^4 cd/m² ,求最大发光强度,与最大发光强度成 60°方向的发光强度,以及发光体发出的总光通量。

6—38　什么叫发光点? 什么叫发光面? 如何表示人眼对发光点和发光面的主观光亮度?

6—39　试说明人眼观看远处光亮度为 L 的发光球体(例如太阳或月亮)和观看光亮度 L 相同的发光圆盘效果一样。

6—40　为什么使用大口径天文望远镜观察,白天也能看见天空的星星?

6—41　假设有三种望远镜,三种望远镜物镜口径均为 75 mm,其三种视放大率分别为 20 倍、25 倍、50 倍。假定三种望远镜系统的透过率均为 0.8,人眼瞳孔直径为 3 mm,求通过这三种望远镜观察月亮时主观光亮度与人眼直接观察月亮时的主观光亮度之比分别等于多少?

6—42　用习题 6—41 中所述的三种望远镜观察星星时的主观光亮度和人眼直接观察星星时的主观光亮度之比分别为多少?

6—43　如图 6—19 所示的双目望远镜光学系统中,所有负透镜材料均为火石玻璃,正透镜、棱镜和分划镜材料均为冕牌玻璃。透镜和棱镜中心光路总长为 110 mm,求光学零件表面不镀减反膜和镀减反膜两种情况下的系统透过率。

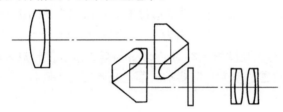

图 6—19　习题 6—43 示意图

6—44　一支氦氖激光器,辐射波长 6 328 Å,功率为 5 mW,光视效能为 164.4 lm/W,光束发散角 $\theta = \pm 1$ mrad,激光器输出端直径 $\phi 1$ mm,求输出端面的光亮度。人眼只适于看小于 10^4 cd/m²的光亮度,因此在看激光端面的光束时,应戴防护眼镜,问防护眼镜的透过率至少应小于多少?

第七章　光学系统成像质量评价

对光学系统成像的要求,可分为两方面。第一方面是光学特性,诸如焦距、放大率、物距、像距、光束位置的选择等,这些已在前面几章进行了讨论;第二方面是成像质量评价的问题,这就是本章要讨论的主要内容。

光学设计阶段和加工制造完成后的像质评价方法不同。

评价实际光学系统成像质量的方法有:

① 分辨率检验。在检验时将分辨率板作为物平面,通过被检验光学系统成像。假定在像平面上检查所能分辨的最小间隔为 δ,那么它的倒数即该系统的分辨率,用 μ 表示。

$$\mu = \frac{1}{\delta}(\text{lp/mm}) \tag{7-1}$$

式中,μ 的单位为 lp/mm,表示每毫米能分辨的线对数。

② 星点检验。将一个发光点作为物点,通过被检验光学系统,将形成一个弥散斑,根据弥散斑大小和能量分布情况,评定被检系统的成像质量。

我们希望在光学系统加工、制造之前,也就是在设计光学系统时,通过计算就能评价光学系统的成像质量,以避免人力、物力的浪费。

光学设计阶段像质评价方法有:

① 几何光学方法。包括几何像差、波像差、点列图、几何学传递函数等。

② 物理光学方法。包括点扩散函数、相对中心强度、物理光学传递函数等。

本章只能对一部分评价方法做一般介绍,读者需要时可参阅有关专著。

一、本章要点和主要公式

(一)单项几何像差

1. 色差

① 轴向色差。由于同一透镜对各种颜色光线的折射率不同,因而像点位置不同,我们把不同颜色光线的像点沿光轴方向的位置之差,称为"轴向色差",通常用 C、F 两种色光的像点位置之差来代表光学系统的轴向色差,即

$$\Delta l'_{FC} = l'_F - l'_C \tag{7-2}$$

② 垂轴色差。不同颜色光线不仅成像位置不同,像的大小也不同,我们把不同颜色光线的像的大小差异称为"垂轴色差"。用 $\Delta y'_{FC}$ 表示,即

$$\Delta y'_{FC} = y'_{ZF} - y'_{ZC}$$

式中,y'_{ZF} 和 y'_{ZC} 表示 F、C 光线与同一像平面的交点高度。

2. 单色几何像差

① 轴上像点的单色像差——球差。在讨论单色像差时,将玻璃折射率看成一个常数,也就是认为光学系统对同一种颜色的光线——单色光成像。

对于实际光学系统,由轴上同一物点发出的不同口径的单色光,也不交于一点,我们把轴上点发出的边缘光线和光轴交点位置与理想像点之差称为"球差",用 $\delta L'$ 表示

$$\delta L' = L' - l' \tag{7-3}$$

② 轴外像点的单色像差。轴外点斜光束结构比较复杂,为了了解斜光束结构,一般在整个光束中通过主光线取出两个互相垂直的截面,其中一个称为子午面,另一个称为弧矢面。

由主光线和光轴决定的平面称为"子午面",是光束的对称面,整个光学系统对子午面对称。位于子午面内的光线称为"子午光线",由于子午面的对称性,子午光线经过系统各个折射面的折射后仍位于同一子午面内,因此计算子午光线的光路是一个平面三角、平面几何的问题。

通过主光线和子午面垂直的平面称为"弧矢面"。位于弧矢面内的光线称为"弧矢光线"。每个介质空间的主光线方向不同,因而弧矢面不同,因此弧矢光线是空间光线,计算弧矢光线的光路比较复杂。

① 子午光束像差——宽光束子午场曲 X'_T,宽光束子午慧差 K'_T,细光束子午场曲 x'_t。

图7-1所示为子午面内斜光束的光路。取对称于主光线 BZ 的一对光线 BM^+ 和 BM^-,称为"子午光线对",由于存在像差,BM^+、BM^- 光线对在像空间的交点 B'_T 既不位于主光线上,也不位于理想像面上。我们把 B'_T 离开理想像面的距离 X'_T 称为"子午场曲",把 B'_T 离开主光线的距离 K'_T 称为"子午慧差"。当光线对宽度改变时,对应 X'_T、K'_T 也随之变化。我们把光线宽度趋于零,也即非常靠近主光线的子午光线称为"细光束子午光

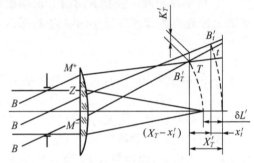

图7-1　子午光束像差

线",细光束子午光线对的交点交于 B'_t,B'_t 位于主光线上,但不位于理想像平面上。我们把细光束子午光线对交点 B'_t 离理想像面的距离 x'_t 称为"细光束子午场曲"。把宽光束子午光线对交点 B'_T 和细光束子午光线对交点 B'_t 之间的距离称为"宽光束子午球差",用 $\delta L'_T$ 表示,即

$$\delta L'_T = X'_T - x'_t \tag{7-4}$$

X'_T、K'_T、x'_t 三个参量描述了子午光束的成像质量。

② 弧矢光束像差——宽光束弧矢场曲 X'_S,宽光束弧矢慧差 K'_S,细光束弧矢场曲 x'_s。

图7-2所示为弧矢面上斜光束的光路。在主光线 BZ 两侧对称取弧矢光线对 BD^+、BD^-,在像空间交点 B'_s 位于子午面内,但既不位于主光线上,也不位于理想像面上。和子午光线的情形相对应的有:B'_S 离理想像面的距离 X'_S 称为"弧矢场曲";B'_S 到主光线距离的 K'_S 称为"弧矢慧差";主光线附近弧矢细光束的交点 B'_s 到理想像平面的距离 x'_s 称为"细光束弧矢场曲";$\delta L'_s = X'_S - x'_s$,称为"轴外弧矢球差"。

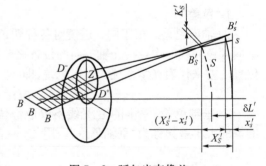

图7-2　弧矢光束像差

综上所述,用 X'_T、K'_T、x'_t、X'_S、K'_S、x'_s 6个参量描述轴外像点的光束结构。

$$x'_t - x'_s = x'_{ts} \tag{7-5}$$

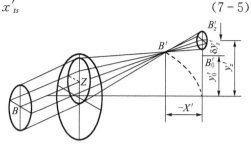

式中，x'_{ts} 称为"像散"，表示子午细光束交点 B'_t 和弧矢细光束交点 B'_s 之间的距离，代表了主光线周围细光束的成像质量。

如果 $(x'_t - x'_s)$、$(X'_T - x'_t)$、$(X'_S - x'_s)$、K'_T、K'_S 都等于零，则所有光线都聚交于一点 B'，如图 7-3 所示，获得一清晰像点，但该点不位于理想像平面上，B' 离理想像平面的距离 X' 称为"场曲"，使像面成为一个清晰的曲面。

图 7-3　场曲和畸变像差

如果"场曲"也为零，则所有光线都聚交在理想像面上 B'_z 点，但并不与理想像点 B'_0 重合，那么 B'_z 到理想像点 B'_0 之间的距离 $\delta y'_z$ 称为"畸变"，畸变不影响像的清晰度，只影响像的变形。

一般情况下，像散、球差和慧差不可能同时消除，这时我们将 B'_t 和 B'_s 的中点到理想像面的距离作为系统实际场曲大小的度量，称为"平均场曲"，用 x' 表示：

$$x' = \frac{x'_t + x'_s}{2} \tag{7-6}$$

用主光线和理想像面的交点 B'_z 到理想像点的距离 $\delta y'_z$ 来度量实际畸变的大小：

$$\delta y'_z = y'_z - y'_0$$

为了系统起见，把轴外点单色像差作如下分类：

① 球差：轴外子午球差 $\delta L'_T = X'_T - x'_t$；轴外弧矢球差 $\delta L'_S = X'_S - x'_s$。

② 慧差：子午慧差 K'_T、弧矢慧差 K'_S。

③ 像散：$x'_{ts} = x'_t - x'_s$。

④ 平均场曲：$x' = \dfrac{x'_t + x'_s}{2}$。

⑤ 畸变：$\delta y'_z = y'_z - y'_0$。

其中前三种确定光束结构，后两种确定像点位置。

（二）垂轴像差曲线

除了用上面的各种单项几何像差评价光学系统成像质量以外，用像面上成像光束的弥散范围来评价光学系统成像质量，有时更加方便、直观。子午垂轴像差曲线和弧矢垂轴像差曲线表示成像光束在像面上的弥散情况。

1. 子午垂轴像差曲线

为了表示子午光束的成像质量，在整个子午光束截面内取若干对子午光线，一般取 $\pm 1.0h$、$\pm 0.85h$、$\pm 0.7071h$、$\pm 0.50h$、$\pm 0.30h$ 10 条光线，经光路计算后，求出它们与像面的交点到主光线的距离 $\delta y'$，如图 7-4 所示。

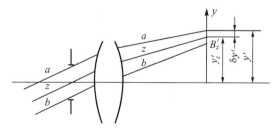

图 7-4　子午垂轴像差

$\delta y'$ 称为"子午垂轴像差"；$\delta y' - h$ 曲线称为"子午垂轴像差曲线"。子午垂轴像差曲线全面代表子午光束的成像质量，从曲线可了解子午光束在像面上的弥散情况，如图 7-5(a) 所示。

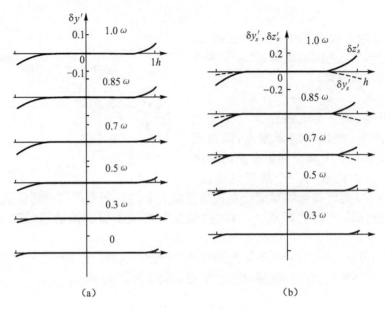

图7-5 子午垂轴像差曲线

2. 弧矢垂轴像差曲线

如图7-2所示,在弧矢截面内选取若干条光线,因弧矢光束对称于子午面,只计算一半光线即可,通常取 $0.1h$、$0.85h$、$0.707 1h$、$0.50h$、$0.30h$ 5 条光线,每条弧矢光线与像面的交点到主线的距离称为"弧矢垂轴像差",由于弧矢光线是空间光线,所以弧矢垂轴像差用 y、z 轴两个方向的分量 $\delta y'_s$、$\delta z'_s$ 表示。同样可画出曲线——弧矢垂轴像差曲线,它表示弧矢光束在像面上弥散的情况,如图7-5(b)所示。

(三)波像差

① 波像差的含义。如图7-6所示,如果光学系统成像理想,由同一物点发出的光线都要交于理想像点 B'_o。对应的波面应该是以 B'_o 为中心的球面。实际光学成像不理想,存在像差,对应的波面是一个非球面。我们把实际波面和理想球面之间的光程差称为"波像差"。

② 评价像质经验标准——瑞利(Rayleigh)标准。长期实践经验表明,系统的最大波像差小于 1/4 波长时,系统的成像质量与理想像无显著的差别,因此把最大波像差是否小于 1/4 波长作为评价高质量光学系统成像质量的经验标准——瑞利标准。

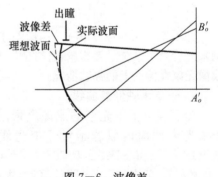

图7-6 波像差

(四)理想光学系统的分辨率

1. 理想光学系统分辨率定义

假定光学系统成像完全理想,没有像差时,光学系统能分辨的最小间隔,称为"理想光学系统的分辨率"。

2. 理想光学系统分辨率的作用

实际光学系统由于存在像差,并存在加工、装配等制造误差,成像不可能完全理想,分辨率必然下降,实际分辨率和理想分辨率之差,可作为衡量光学系统的像差设计、加工制造、装配校正质量的综合指标。

3. 理想光学系统衍射分辨率普遍公式

由于光的波动性,即使是理想光学系统,一个物点对应的像点也不再是一个几何像点,而是一个衍射光斑。我们把衍射光斑的中央亮斑作为物点通过光学系统的衍射像,中央亮斑直径为

$$2R = \frac{1.22\lambda}{n'\sin u'_{max}} \tag{7-7}$$

式中,λ 为波长,n' 为像方介质折射率,u'_{max} 为像方光束最大孔径角。

实践证明,两个像点间能够分辨的最短距离约等于中央亮斑的半径:

$$R = \frac{0.61\lambda}{n'\sin u'_{max}} \tag{7-8}$$

上式即计算理想光学系统的衍射分辨率的普遍公式。

4. 各类光学系统分辨率的表示方法

不同类型光学系统,由于用途不同,成像的物体位置不同,其分辨率表示方法也不同,现分述如下:

(1)望远镜分辨率公式

对望远镜来说,被分辨的物体位于无限远处,所以分辨率可用能分辨开的两物点对望远镜的张角 α 表示,α 表示式为

$$\alpha = \frac{1.22\lambda}{D} \times 206\ 265 \tag{7-9a}$$

当 $\lambda = 555$ nm 时

$$\alpha = \frac{140''}{D} \tag{7-9b}$$

式中,α 为望远镜的衍射分辨率,以 s 为单位;D 为望远镜轴向光束口径,以 mm 为单位;206 265 是弧度转换为秒的常数。

例 7—1:周视瞄准镜的出瞳直径为 4 mm,视放大率为 3.7,求周视瞄准镜的分辨率。

解:周视瞄准镜的光学系统为望远镜,根据式(7-9b),分辨率 α 为

$$\alpha = \frac{140''}{D}$$

$$D = \Gamma \times D' = 3.7 \times 4 = 14.8\ (\text{mm})$$

将 D 值代入求得 $\alpha \approx 9.5''$,周视瞄准镜刚刚能分辨夹角为 9.5″的二物点。

例 7—2:假定某天文望远镜物镜光束口径为 1 m,问分辨率多大?

解:将 $D = 1\ 000$ mm 代入式(7-9b)得

$$\alpha = \frac{140''}{1\ 000} = 0.14''$$

由上面两个例子看出,望远镜口径越大,能分辨的二物点夹角越小,分辨率越高,也即望远

镜分辨物体细节的能力越强。

望远镜的分辨率公式不仅适用于可见光,同样也适用于波长很短的 X 射线,以及波长很长的无线电波。雷达和射电天文望远镜的接收天线相当于光学望远镜的物镜,它们的分辨本领也取决于接收天线的尺寸,天线越大,分辨率越高,即分辨本领越大。但应注意的是,计算它们的分辨率时,不能直接用式(7-9b),因为此时的波长不等于 555 nm,而要用式(7-9a)。

例 7-3:某口径为 1 m 的天文望远镜,能分辨的最小角度为 0.14″。如果雷达使用的无线电波波长为 5 mm,要得到 0.14″的分辨率,雷达天线尺寸需要多大?

根据式(7-9a),得

$$D=\frac{1.22\times 5}{0.14}\times 206\ 265\approx 9\times 10^6(\text{mm})=9\ 000(\text{m})$$

由此可见,要想得到与口径为 1 m 的天文望远镜相同的分辨率,雷达天线尺寸为 9 000 m,反过来说,二者尺寸相同时,雷达分辨率比天文望远镜的分辨率低很多,但这并不是说雷达和射电望远镜可以由天文望远镜取而代之。前者具有天文望远镜不可比拟的其他优点。

(2)照相系统分辨率

照相物镜的作用是将外界景物成像在感光底片上。照相物镜分辨率用像平面上每毫米内能分辨开的线对数 N 表示。

$$N=\frac{1}{R}=\frac{1}{1.22\lambda F}\qquad\qquad(7-10a)$$

当 $\lambda=555$ nm 时

$$N=\frac{1\ 500}{F}\ \text{lp/mm}\qquad\qquad(7-10b)$$

式(7-10b)就是照相物镜的目视分辨率,式中 F 为照相物镜的光圈数,也即相对孔径的倒数,$F=f'/D$。由式(7-10b)可知,照相物镜的相对孔径 D/f' 越大,F 越小,分辨率越高。

例 7-4:有一照相物镜,相对径孔为 1:2,问该照相物镜的目视分辨率多大?

解:已知 $D/f'=1/2$,则 $F=2$,将 F 值代入式(7-10b)得

$$N=\frac{1\ 500}{F}=\frac{1\ 500}{2}=750\ (\text{lp/mm})$$

该照相物镜的理想分辨率为每毫米 750 对线。由于存在像差及制造误差,实际分辨率将低于 750 lp/mm。

(3)显微镜物镜分辨率

显微镜用于观察近距离微小物体,一般以物平面上刚能分辨开的两物体间的最短距离 σ 表示显微镜物镜的分辨率:

$$\sigma=\frac{0.61\lambda}{NA}\qquad\qquad(7-11)$$

式中,λ 为波长;NA 称为"数值孔径",NA 越大,显微镜物镜分辨率越高,换言之,欲提高显微镜物镜分辨物体细节的能力,应该增大数值孔径。

例 7-5:有一架显微镜,视放大率为 45,出瞳直径为 2 mm,问显微镜物镜的理想分辨率多大(假定波长为 555 nm)?

解:根据显微镜物镜分辨率公式(7-11),要求出显微镜物镜的分辨率 σ,首先必须求出显微镜物镜的数值孔径 NA。数值孔径与显微镜视放大率 Γ 和出瞳直径 D' 的关系为

$$NA = D' \frac{\Gamma}{500}$$

将 $D' = 2$ mm, $\Gamma = 45$ 倍值代入上式得

$$NA = \frac{2 \times 45}{500} = 0.18$$

将 $\lambda = 555$ nm $= 0.555$ μm, $NA = 0.18$ 代入式(7-11)得

$$\sigma = \frac{0.61 \times 0.555}{0.18} = 1.8 \ (\mu m)$$

该显微镜能分辨的最小物体间隔为 1.8 μm。

例 7-6： 要求显微镜能分辨的最小间隔为 0.5 μm，如果用波长 555 nm 的光成像，问显微镜物镜的数值孔径应至少为多大？

解： 根据题意要求，最小分辨间隔 $\sigma = 0.5$ μm，波长 $\lambda = 0.555$ μm，将两个值代入式 (7-11)得

$$NA = \frac{0.61\lambda}{\sigma} = \frac{0.61 \times 0.555}{0.5} = 0.67$$

由此可见，当分辨率较高时，显微镜物镜的数值孔径将加大，而数值孔径大时，焦深很小，要求物平面位置的放置精度很高，给装调、使用带来很多麻烦。如果用波长较短的光进行成像，达到同样的分辨率要求时，数值孔径将减小，焦深将加大，例如用波长为 240 nm 的深紫外光成像，欲分辨 $\sigma = 0.5$ μm 的物体细节，所需数值孔径为

$$NA = \frac{0.61 \times 0.24}{0.5} = 0.29$$

随着科学技术的发展，出现了大规模及超大规模集成电路器件，这就需要高分辨率成像新技术，因此用波长 $\lambda = 20$ nm 的软 X 射线成像将是发展趋势。如果 $\sigma = 0.5$ μm，$\lambda = 20$ nm $= 0.02$ μm，所需数值孔径为 $NA = (0.61 \times 0.02)/0.5 = 0.024\ 4$。这样小的数值孔径对应的焦深将很大。综上所述，同样分辨率情况下，成像光波长越短，所需物镜数值孔越小，焦深越大。或者说，物镜数值孔径相同情况下，成像光波长越短，分辨率越高。

（五）光学传递函数

1. 光学传递函数的物理意义

假定光学系统符合线性和空间不变性，那么物平面上的光强度按余弦函数分布的余弦基元，通过光学系统以后，在像面上也是一个余弦分布。但是，两者的初位相和对比度有所不同。两者余弦函数的空间频率之比等于光学系统的垂轴放大率，这就是空间不变线性系统成像性质。

物平面输入的余弦基元为

$$I(y) = 1 + a\cos(2\pi\mu y)$$

像面上相应的输出余弦基元为

$$I(y') = 1 + a'\cos(2\pi\mu'y' + \theta)$$

式中各量的意义如图 7-7(a)、(b)所示：

物、像平面的平均强度规化为 1；

$\mu(\mu')$——物(像)面余弦基元的空间频率；

$p(p')$—— 物(像)余弦基元的周期；

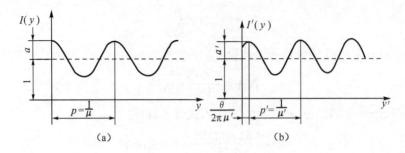

图 7-7　余弦基元的意义

$a(a')$——物(像)余弦基元的振幅;

θ——像余弦基元初位相,物余弦基元初位相为零。

物面对比 K 为

$$K = \frac{I_{\max} - I_{\min}}{I_{\max} + I_{\min}} = \frac{2a}{2} = a$$

同理像面对比

$$K' = \frac{I'_{\max} - I'_{\min}}{I'_{\max} + I'_{\min}} = \frac{2a'}{2} = a'$$

物平面和像平面对比之比 a'/a 称为光学系统对指定空间频率 μ 的对比传递因子,用 MTF_μ 表示,其值随 μ 而变化,称为"振幅传递函数",用 $MTF(\mu)$ 表示,即 $MTF(\mu) = (a'/a)_\mu$。像面和物面余弦基元的初位相之差 θ 称为"位相传递函数",同样也是 μ 的函数,用 $PTF(\mu)$ 表示,即 $PTF(\mu) = \theta_\mu$。$MTF(\mu)$ 和 $PTF(\mu)$ 二者统称为"光学传递函数",用 $OTF(\mu)$ 表示。

2. 用光学传递函数评价光学系统像质的方法

光学传递函数能全面反映光学系统的成像性质,而且能把光学系统的设计质量和实际使用性能统一起来,也就是使我们在设计阶段就能预知光学系统制造完成后的实际使用性能,因此用光学传递函数来评价系统成像质量是一种很好的方法。

除了轴上点以外,轴外像点的弥散图形一般是不对称的,因此不同方向上的光学传递函数也不相等。为了简化,和研究几何像差方法一样,我们采用子午和弧矢两个方向的光学传递函数曲线来代表该点的传递函数,因振幅传递函数对成像质量起决定性作用,因此一般只需计算振幅传递函数,而不考虑位相传递函数。

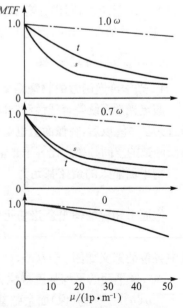

为了表示整个像面的成像质量,选取 1ω, $0.707\ 1\omega$, 0 三个视场,画出其传递函数曲线如图 7-8 所示,如果需要仔细了解整个像面成像质量,还可选 1ω, 0.85ω, $0.707\ 1\omega$, 0.5ω, 0.3ω, 0 六个视场。

另外一种更为简单、直观的像质评价方法是直接选用若干指定空间频率的传递函数值表示,这些选用的空间频率称为"特征频率",特征频率的选取,随仪器的用途

图 7-8　光学传递函数曲线

不同而不同,如表7-1所示。

表7-1　几种仪器的特征频率

光学镜头	特征频率
摄像管	20 lp/mm,10 lp/mm
照相物镜	25 lp/mm,10 lp/mm
望远镜	10 lp/(°)

二、习题

7-1　检验实际光学系统成像质量的常用方法有哪几种?

7-2　在光学系统设计阶段评价成像质量的方法有哪几种?

7-3　光学系统中色差有哪几种?画图说明。

7-4　共轴光学系统轴上点有哪几种像差?

7-5　光学系统成像范围比较小时,主要应校正哪几种像差?

7-6　轴外像点有哪几种像差和色差?画图说明。

7-7　什么叫共轴光学系统的子午面和弧矢面?对于整个共轴光学系统只有一个子午面和一个弧矢面的说法对吗?为什么?

7-8　分别说明球差、慧差、像散、场曲、畸变各自对光学系统像点形状的影响。

7-9　什么叫子午垂轴像差?为了表示子矢光束的成像质量,应计算哪些光线?

7-10　什么叫弧矢垂轴像差?为了表示弧矢光束的成像质量,应计算哪些光线?

7-11　什么叫波像差?评价一个高质量光学系统成像质量的标准是什么?

7-12　什么叫理想光学系统的分辨率?它具有什么实际意义?理想光学系统的分辨率是怎样确定的?

7-13　试说明望远镜、照相物镜、显微镜物镜的分辨率表示方法。

7-14　光学传递函数的物理意义是什么?和其他评价光学系统成像质量的方法相比,光学传递函数有什么优点?

7-15　什么叫空间频率、截止频率和特征频率?

7-16　某天文望远镜通光口径为 5 m,求能被它分辨的双星的最小夹角($\lambda = 555$ nm)。与人眼相比,分辨率提高了多少倍?

7-17　在 20 km 以外有两个弧光灯,辐射出波长为 600 nm 的光,假定用通光口径为 60 mm 的望远镜观察,如果望远镜倍率足够大,问两个弧光灯之间距离至少应多远?

7-18　一架油浸显微镜刚刚能分辨每毫米 4 000 线对的黑白相间的线组,假定照明光的波长为 4 358 Å。求物镜的数值孔径。如果所用的油液折射率为 1.50,求物方入射光束的最大孔径角。

7-19　用相对孔径为 1:3 的精密微缩照相物镜拍摄时,为了充分发挥照相物镜分辨物体细节的能力,应使用至少每毫米能分辨多少线对的感光乳剂?

7-20　有一架显微镜,视放大率为 1 000,目镜焦距为 25 mm,显微镜物镜的数值孔径为

1.3,求在物平面上能分辨的两物点最小间隔是多少？在像平面上能分辨的最小间隔又是多少？照明波长为 555 nm。

7—21　电子显微镜是以电子束代替可见光束,电子束通过特殊的光学系统,即电子光学系统成像,可获得极高的分辨率。假定电子显微镜的数值孔径为 0.02,电子束的波长为 0.1 nm,求该电子显微镜可分辨的两物点最小间隔。

7—22　有一微缩制版镜头,用汞灯发出的 h 光($\lambda = 404.7$ nm)照明物体,要求能分辨每毫米 1 500 线对,求该镜头最大相对孔径应取多大?

第八章 望远镜和显微镜

在第三章已介绍了望远镜和显微镜的工作原理以及望远镜的两种基本类型——开普勒望远镜和伽利略望远镜,不再赘述。本章第一个主要内容是讨论望远镜和显微镜的光学性能和技术条件,这些光学性能和技术条件之间相互联系又相互制约的关系,以及确定这些性能指标的一般原则。合理地选择上述各种指标对望远镜和显微镜的性能具有决定性的意义。我们期望在实际确定望远镜和显微镜的性能指标时,本章内容能起到应有的参考作用。本章另一个主要内容是望远镜的外形尺寸计算。一个光学仪器,特别是望远镜工作性能的好坏,外形尺寸计算即初步设计是关键,初步设计不合理,严重的可能使仪器无法完成工作。本章选择了结构较复杂的军用 59-1 式 3 m 对空测距机作为实例进行外形尺寸计算,通过该实例说明如何根据光学性能及技术指标来拟定光学原理图,以及外形尺寸计算的方法和步骤。

一、本章要点和主要公式

(一) 望远镜光学性能

1. 视放大率 Γ

视放大率是望远镜的重要光学特性之一,它表示望远镜放大作用的大小。它与望远镜的精度要求、仪器的体积和质量、视场角等有着密切的关系。在确定望远镜的视放大率大小时,必须兼顾各种因素。

(1) 视放大率与仪器精度要求的关系

观察仪器:对观察望远镜的精度要求,就是对它的物方视角分辨率的要求。人眼的视分辨率为 $60''$,这样望远镜的物方分辨角 α 与视放大率 Γ 之间的关系为

$$\alpha = \frac{60''}{\Gamma} \tag{8-1}$$

瞄准仪器:对瞄准仪器的精度要求是它的瞄准误差,瞄准误差与视放大率以及瞄准方式有关,其关系如下:

使用压线瞄准:

$$\Delta\alpha = \frac{60''}{\Gamma} \tag{8-2}$$

使用对线、双线或叉线瞄准:

$$\Delta\alpha = \frac{10''}{\Gamma} \tag{8-3}$$

例 8-1:游标经纬仪视放大率为 $18^\times$,采用对线方式瞄准,问瞄准误差等于多大?

解:根据式(8-3),求得 $\Delta\alpha = 10''/\Gamma = 10''/18 = 0.56''$,游标经纬仪的瞄准误差为 $0.56''$。

测距仪器:测距仪器的精度要求是测距误差 Δl,Δl 与视放大率的关系为式(3-12)

$$\Delta l = 5 \times 10^{-5} \times \frac{l^2}{B\Gamma}$$

式中,l 为被测目标距离;B 为体视测距机的基线长,通常以 m 为单位。

例 8—2:59-1 式体视测距机,基线 $B=3$ m,视放大率为 32,求角理论误差等于多少? 如果被测目标距离为 5 000 m 及 10 000 m,测距误差分别为多少?

解:体视测距机是利用人眼立体视觉来测量目标距离的双眼仪器。第五章曾讲过,人眼刚好能判断目标深度的最小体视视差角(即体视锐度)为 $10''$,用了视放大率 Γ 为 32 倍的体视测距机后,体视锐度为 $10''/\Gamma$,我们称 $10''/\Gamma$ 为体视测距机的"角理论误差"。所以 59-1 式体视测距机的角理论误差为 $\Delta\alpha_{min}=\dfrac{10''}{\Gamma}=\dfrac{10''}{32}=0.31''$。

下面再求不同距离上的测距误差。将 $B=3$ m,$\Gamma=32$ 倍,$l=5\ 000$ m 和 $l=10\ 000$ m 分别代入式(3-12)得测距误差 Δl 分别为

$$\Delta l_{5\ 000}=\frac{5\times10^{-5}\times(5\ 000)^2}{3\times32}=13\ (\text{m})$$

$$\Delta l_{10\ 000}=\frac{5\times10^{-5}\times(10\ 000)^2}{3\times32}=52\ (\text{m})$$

由此可见,体视测距机的角理论误差只与视放大率有关,与被测距离无关;而测距误差与被测距离成平方关系,距离越远,测距误差越大。本例中被测距离变化 2 倍,而测距误差变化 4 倍。

(2) 视放大率与仪器体积、质量的关系

根据视放大率公式 $\Gamma=-f'_{物}/f'_{目}$ 或 $f'_{物}=-\Gamma f'_{目}$,可知:当目镜焦距 $f'_{目}$ 一定时,Γ 越大,物镜焦距 $f'_{物}$ 越长,整个仪器的轴向尺寸越大,体积、质量越大。另外 $\Gamma=D/D'$,或 $D=\Gamma D'$。此式表示:当仪器出瞳直径 D' 一定时,Γ 增大,仪器的入瞳直径 D 加大,即物方入射光束口径加大,仪器的横向尺寸增大,体积、质量也随之增加。

例 8—3:有一架开普勒望远镜,目镜焦距为 100 mm,出瞳直径 $D'=4$ mm,求当望远镜视放大率分别为 10 和 20 时,物镜和目镜之间的距离各为多少? 假定入瞳位于物镜框上,物镜通光口径各为多大(忽略透镜厚度)?

解:望远镜物镜和目镜之间距离 $L=f'_{物}+f'_{目}$,由于望远镜的视放大率 $\Gamma=-f'_{物}/f'_{目}$,因此 $L=(1-\Gamma)f'_{目}$。将 $\Gamma=-10$,$f'_{目}=100$ mm 代入上式得物镜和目镜之间的距离 L 为

$$L=[1-(-10)]\times100=1\ 100\ (\text{mm})$$

物镜口径 $D=|\Gamma|D'=10\times4=40\ (\text{mm})$。

同理,当 $\Gamma=-20^\times$ 时,有

$$L=[1-(-20)]\times100=2\ 100\ (\text{mm})$$

$$D=20\times4=80\ (\text{mm})$$

由此可见,当视放大率由 10 变为 20 时,轴向长度 L 和物镜口径 D 都大大增加。

(3) 视放大率和视场 2ω 的关系

根据视放大率定义可知 $\Gamma=\tan\omega'/\tan\omega$ 或 $\tan\omega'=\Gamma\tan\omega$,式中,$\omega'$ 为望远镜像方半视场角,ω 为物方半视场角。当目镜结构型式确定后,$2\omega'$ 基本一定,欲提高视放大率 Γ,必然减小物方视场角 2ω。

(4) 望远镜的有效放大率 $\Gamma_{效}$

仪器的衍射分辨率 $\alpha_{衍}=140''/D$。D 为望远镜物镜的入瞳直径,以 mm 为单位。

仪器的视角分辨率 $\alpha_{视}=60''/\Gamma$。

满足仪器的衍射分辨率 $\alpha_{衍}$ 和视角分辨率 $\alpha_{视}$ 相等的视放大率称为仪器的"有效放大率"，用 $\Gamma_{效}$ 表示

$$\Gamma_{效}=\frac{60''}{140''}D=\frac{D}{2.3} \tag{8-4}$$

考虑到望远镜的视放大率和入瞳、出瞳直径关系 $\Gamma=D/D'$，因此当出瞳直径 $D'=2.3$ mm时，仪器的衍射分辨率恰好等于视角分辨率。

例 8-4：有一双星，两星之间距离为 1 亿 km（10^8 km），它们距地球是 10 l.y.（1 l.y. = 9.5×10^{12} km），试问欲看清双星，需多大口径的望远镜物镜，为充分发挥望远镜的衍射分辨率，应采用多大倍率的望远镜？

解：欲分辨双星，首先要使双星对仪器的张角 α 至少等于仪器的衍射分辨率 $\alpha_{衍}$。即

$$\alpha=\frac{10^8}{10\times9.5\times10^{12}}\times206\ 265=0.217('')$$

$$\alpha_{衍}=140''/D$$

令 $\alpha=\alpha_{衍}$，即 $140''/D=0.217''$，得 $D=645$ mm。

为了充分发挥望远镜的衍射分辨率，应采用倍率足够大的望远镜，望远镜的视放大率至少应等于有效放大率。根据式（8-4），有

$$\Gamma_{效}=\frac{D}{2.3}=\frac{645}{2.3}=280$$

该望远镜的视放大率至少应等于 280。

2. 视场角 2ω

视场角 2ω 代表望远镜能同时观察到的最大范围。因为 $\tan\omega'=\Gamma\times\tan\omega$，因此物方视场角 2ω 受到目镜视场角 $2\omega'$ 和望远镜视放大率 Γ 的限制，一般 $2\omega'$ 不大于 $70°\sim75°$。

3. 出瞳直径 D'

出瞳直径 D' 的大小直接与用仪器观察时人眼的主观光亮度有关，仪器的出瞳直径应不小于人眼瞳孔直径。由于人眼瞳孔大小随外界景物光亮度不同可在 $2\sim8$ mm 范围内改变，因而仪器的出瞳直径 D' 随仪器用途不同而不同。

一般军用望远镜：$D'=4\sim5$ mm（兼顾白天和傍晚使用）；

夜视仪器：$D'\geqslant8$ mm；

随载体（坦克、飞机等）振动的望远镜：$D'=6\sim10$ mm；

大地测量仪器（经纬仪、水准仪等）：$D'=1.5\sim2.0$ mm。

4. 出瞳距离 l'_z

当通过望远镜观测外界景物时，人眼瞳孔应与仪器的出瞳位置重合，出瞳离望远镜最后一面顶点的距离叫作"出瞳距离"，用 l'_z 表示。随仪器的用途不同，对 l'_z 大小要求不同。

戴防毒面具的军用仪器：$l'_z\geqslant20$ mm；

装在枪炮上的瞄准仪器：根据后坐力大小不同，$l'_z\geqslant30\sim100$ mm；

民用望远镜：$l'_z\geqslant6$ mm。

5. 视差角 ε

对装有分划镜的瞄准仪器，由于分划线和像平面不重合而产生"视差"，从而影响仪器瞄准精度。视差的表示形式有如下三种：

① 线视差:像平面和分划线之间的轴向距离 b,如图 8—1 所示。

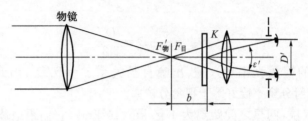

图 8—1 线视差示意图

② 角视差:由线视差 b 引起的最大瞄准角误差叫"物方角视差",用 ε 表示;相应的在像空间出射瞳孔边缘光束的最大发散角叫"像方角视差",用 ε' 表示。角视差 ε、ε' 与线视差 b 之间的关系为

$$\varepsilon = 3\ 438\ \frac{D'b}{f'_物\ f'_目} \tag{8-5}$$

$$\varepsilon' = 3\ 438\ \frac{D'b}{f'^2_目} \tag{8-6}$$

式中,D'、b、$f'_物$、$f'_目$ 均以 mm 为单位,ε、ε' 以(′)为单位。

③ 用视度 ΔSD 表示视差:视度 ΔSD 和视线差 b 之间的关系为

$$\Delta SD = \frac{-1\ 000b}{f'^2_目} \tag{8-7}$$

式中,b、f' 均以 mm 为单位。

作为望远镜的技术条件,一般标注物方角视差 ε。

例 8—5:有一架 7 倍望远镜,目镜焦距为 20 mm,出瞳直径 $\phi2$ mm,要求物方角视差小于 0.6″,问分划板刻线面与像平面距离应小于多少?对应的视度是多少?

解:根据角视差和线视差关系式(8-5)

$$\varepsilon = 3\ 438\ \frac{D'b}{f'_物\ f'_目}\ 或\ b = \frac{\varepsilon f'_物\ f'_目}{3\ 438D'}$$

式中,$f'_目 = 20$ mm,$f'_物 = 7 \times 20 = 140$ (mm),$D' = 2$ mm,$\varepsilon = 0.6″ = 0.01′$。

代入上式得

$$b = \frac{0.01 \times 20 \times 140}{3\ 438 \times 2} = 0.004\ (\text{mm})$$

分划板刻线与像平面之间的轴向距离应小于 0.004 mm。

根据式(8-7)对应的视度为

$$|\Delta SD| = \left|\frac{-1\ 000\ b}{f'^2_目}\right| = \frac{1\ 000 \times 0.004}{20^2} = 0.01(\text{视度})$$

例 8—6:在检定视场仪的视差时,前置镜伸缩筒移动量为 0.5 mm,前置镜物镜焦距 $f' = 515.5$ mm,求视场仪的视差等于多少(用视度表示)?

解:视场仪是一种广角平行光管,将刻有视场分划的分划板刻线面置于视场仪广角物镜的物方焦平面处,视场分划便形成无限远的模拟目标。当分划板刻线面与物镜物方焦平面不重合时,模拟目标像不位于无限远处,即产生了视差。视场仪的视差一般用视度表示,视场仪的视差允许规定为$\pm2.2\times10^{-3}$视度。如何检定视场仪的视差大小呢？检定仪器是带伸缩筒的前置镜(实质上是一个低倍望远镜),在进行检定前,先调校前置镜物镜的焦面位置,记下该伸缩筒的位置,作为"零位"指示值,然后将被检视场仪置于前置镜前面,调节伸缩筒,直至通过前置镜观察到视场仪分划线清晰像为止,读取伸缩筒的指示值,减去"零位"指示值,得到伸缩筒的移动量,即对前置镜物镜而言的线视差b,根据给出条件,$b=0.5$ mm,前置镜物镜焦距$f'$$=515.5$ mm,根据式(8-7)求得用视度表示的视差值为

$$\Delta SD = \frac{1\,000b}{f'^2} = \frac{1\,000\times0.5}{515.5^2} = 1.88\times10^{-2}(视度)$$

根据规定,该视场仪的视差在允许的视差范围之内。

视场仪物镜焦距为 250 mm,问视场仪的视差最大不超过 2.2×10^{-3} 视度时,视场仪的分划刻线和物镜物方焦平面之间距离不能超过多少?

根据式(8-7),可求出$b=\dfrac{\Delta SD f'^2}{1\,000}=\dfrac{\pm2.2\times10^{-3}\times250^2}{1\,000}=\pm0.138$(mm)。

视场仪的线视差小于 0.138 mm 时,才能满足 2.2×10^{-3} 视度允差要求。

6. 分辨率 α

由于光学系统设计时存在剩余像差,加工装配也有误差,因而实际分辨率低于理想的衍射分辨率。实际分辨率 α 为

$$\alpha = K\frac{140''}{D} \tag{8-8}$$

式中,系数 $K=10.5\sim2$,产品质量要求高时,K 取小些,反之 K 取大些。若 $D'<2.3$ mm,衍射分辨率低于视角分辨率,K 值尽量取小些;反之,$D'>2.3$ mm,衍射分辨率高于视角分辨率,K 可取大些。

(二)望远镜类型

1. 伽利略望远镜

伽利略望远镜由正光焦度物镜($f'_{物}>0$)和负光焦度目镜($f'_{目}<0$)构成。伽利略望远镜视放大率 $\Gamma>0$,成正像,无须加倒像系统,结构简单,但不能安置分划板,因此只能用于观察,不能用于瞄准测量。通常用于观剧望远镜、眼镜式远用低视力助视器等。

2. 开普勒望远镜

开普勒望远镜由正光焦度物镜($f'_{物}>0$)和正光焦度目镜($f'_{目}>0$)构成,$\Gamma<0$,成倒像,一般情况下需加倒像系统,根据需要可选用棱镜式倒像系统,也可选用透镜式倒像系统。由于中间有实像面,可安置分划板,用来进行瞄准测量。因此根据用途不同,又可分为瞄准用望远镜、测量用望远镜。

(1)瞄准用望远镜

瞄准用望远镜是用来确定目标在指定平面内方向或空间方向的。要使望远镜具有瞄准作用,必须在望远镜中形成一条基准线,这样就需在实像平面上安置一块刻有十字线的分划板。十字线中心 O 和物镜像节点 N' 的连线称为"瞄准线"(或"瞄准轴"),十字线的水平线、铅垂线

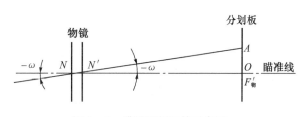

图 8-2　瞄准用望远镜示意图

与物镜像方节点 N' 决定的平面分别称为"水平瞄准面"和"铅垂瞄准面",如图 8-2 所示。

远距离轴外目标 A 与分划板上 A' 点共轭,A' 点与节点 N' 连线 $A'N'$ 与瞄准线 $N'O$ 的夹角 ω,即表示 A 点相对于该望远镜的方向,当瞄准线对准了目标后(即 $N'A$ 与 $N'O$ 重合),目标相对于望远镜的方向随之确定。

如果使瞄准用望远镜绕水平轴和铅垂轴转动,再配置测角用的水平度盘、垂直度盘,便可测量目标的高低角和方向角。大地测量仪器中的经纬仪即基于这种原理。瞄准用望远镜在水平面或铅垂面内转动,可以测出从一个目标转到另一个目标的角度,这就是回转镜管的测角仪;使瞄准用望远镜绕铅垂轴转动便构成测量目标高程差的水准仪、扫平仪等。

(2)测量用望远镜

测量用望远镜的用途是直接测量目标在指定平面或空间内角度大小。与瞄准用望远镜的区别仅在于分划板刻线形式不同。测量用的分划板上应有带角度分划的刻线,两条分划线分别与物镜像方节点连线在物空间构成一定的角度;反过来,根据物空间两目标在分划板上的两像点的相对位置,便可直接测得两目标之间的夹角。如图 8-3 所示,目标高度

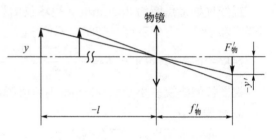

图 8-3　测量用望远镜示意图

y,物镜焦距 $f'_{物}$ 均为已知,目标距离 l 不同,目标像在分划板上的高度 y' 不同,因为 $l \gg f'_{物}$,所以像距 $l' \approx f'_{物}$,目标像高度 y' 与物距 l 的关系为 $y' = \dfrac{y}{l} f'_{物}$。

根据 y' 与 l 的关系进行刻制分划线,并在分划线上标注 y' 对应的 l 值。将高度为 y 的标杆立在被测距离处,通过测量望远镜观察到标杆在分划板上的像,从像高 y' 对应的刻线标注中可直接读取被测距离 l。

用来测量光学仪器像倾斜、双目仪器的光轴不平行性等光学性能的各类前置镜,都属于测量用望远镜。

例 8-7:炮队镜除了用于搜索目标、观察地形、观察我方弹着点外,还要测目标方向角、高低角以及测距。炮队镜属于测量用望远镜。已知炮队镜物镜焦距为 208 mm,视场 $2\omega = 7°$。按每一短刻线代表 $0 \sim 0.5$ 密位,每一长刻线代表 $0 \sim 10$ 密位进行分划值计算。又已知测量用标杆长 2 m,试按目标距离为 50 m、60 m、80 m、100 m、150 m、200 m、300 m、400 m 进行测距分划值计算。

解:炮队镜的角度分划刻线以 mil(密位)为单位,$1 \text{ mil} = 360°/6\,000 = 0.06°$,也就是说 $360°$ 圆周角被平均分成 $6\,000$ 等份,每份 1 mil。

根据理想像高计算式 $y' = -f' \tan \omega$ 进行角度分划值计算。例如计算 $0 \sim 10$ mil 对应的分划值,$10 \text{ mil} = 0.6°$,将 $f' = 208$ mm,$\omega = -0.6°$ 代入 y' 公式得 $y' = 208 \times \tan 0.6° = 2.178$ (mm)。用同样的方法可求出不同密位对应的角度分划值,现将计算结果列于表 8-1 中。

表 8-1　角度分划值

密位数	0~5	0~10	0~15	0~20	0~25	0~30
$\omega(0)/(°)$	0.3	0.6	0.9	1.2	1.5	1.8
y'/mm	1.089	2.178	3.268	4.357	5.447	6.537

密位数	0～35	0～40	0～45	0～50	0～55	0～60
$\omega(0)/(°)$	2.1	2.4	2.7	3.0	3.3	3.6
y'/mm	7.627	8.718	9.809	10.901	11.993	13.086

下面进行距离分划值计算。根据距离 l 与目标像高 y' 计算公式 $y'=\dfrac{y}{l}f'$ 进行距离分划值计算。式中，$y=2$ m(标杆长)，$f'=208$ mm，将不同距离值 l 代入 y' 式中进行计算，便得到距离分划值，现将计算结果列于表8－2中。

表 8－2　距离分划值

距离/mm	50	60	80	100	150	200	300	400
y'/mm	8.32	6.933	5.2	4.16	2.773	2.08	1.87	1.04

根据表8－1中 y' 值进行高低角、水平角的分划刻制，根据表8－2中 y' 值进行距离分划刻制。

3. 调焦望远镜

对于某些望远镜，例如经纬仪中望远镜，被观测目标距离变化范围很大，从几米到无限远。当目标处在不同距离时，像平面与分划板刻线面距离不同，也就是说像平面和分划板的刻线不是一对共轭面，这样就不能同时看清目标像和刻划线，不能进行瞄准和测量。为了解决这一问题，出现了调焦望远镜。我们把使物平面和分划板刻线面调整成共轭的过程叫作"调焦"，能够完成调焦的望远镜叫"调焦望远镜"。

调焦方法有外调焦法和内调焦法。

外调焦法：一种是同时移动分划板和目镜，使物平面成像在分划面上；另一种是只移动物镜，使物平面成像在分划面上。这两种方法均不改变物镜内部参数，故称之为"外调焦"。

内调焦法：改变物镜焦距大小，使物平面成像在分划面上，物镜通常采用由两组分离的正透镜组和负透镜组构成，根据组合焦距公式

$$\frac{1}{f'}=\frac{1}{f_1'}+\frac{1}{f_2'}-\frac{d}{f_1'f_2'}$$

当两透镜组之间间隔 d 改变时，组合焦距 f' 随之改变，内调焦法便基于此原理。当物体从无限远向有限远移动时，像面将从物镜像方焦面 $F_{物}'$ 向右移动，为了在物距变化时，像面位置始终保持不变，负透镜需沿光轴做相应的移动，以便将像面拉回原来的位置，从而实现调焦，此种方法是通过改变物镜组本身结构参数实现调焦的，因此称为"内调焦"。大地测量仪器中的经纬仪和水准仪都采用内调焦的方式，目前大多数调焦望远镜中正在逐渐用内调焦法代替外调焦法。

物距 l 和两透镜组之间间隔 d 满足什么关系才能保持像面与分划板刻线面重合呢？下面推导这种关系。

如图8－4所示，摄远物镜由间隔为 d_0，焦距分别为 f_1'、f_2' 的正负透镜构成。第一透镜 O_1 到摄远物镜像方焦点 F' 之间的距离叫作镜筒长度，用 L 表示。当物平面 A 位于第一透镜前 l_1 处时，第二透镜由 O_2 移动到 O_2^*，即两透镜间隔由 d_0 变为 d，像平面 A' 和 F' 重合，保持 L 不变，也就是说在调焦过程中，L 等于一个常数，即

$$L = d_0 + l'_{02} = d + l'_2 \tag{a}$$

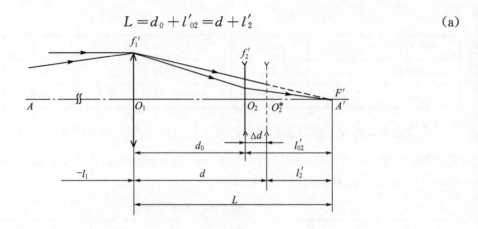

图 8—4 摄远物镜示意图

使用高斯物像位置关系式分别求 l'_{02} 和 l'_2:

$$l_{01} = \infty, l'_{01} = f'_1, l_{02} = l'_{01} - d_0 = f'_1 - d_0$$

$$\frac{1}{l'_{02}} = \frac{1}{l_{02}} + \frac{1}{f'_2} = \frac{1}{f'_1 - d_0} + \frac{1}{f'_2}$$

经化简整理后得 l'_{02} 为

$$l'_{02} = \frac{f'_1 f'_2}{f'_1 + f'_2 - d_0} - \frac{d_0 f'_2}{f'_1 + f'_2 - d_0} \tag{b}$$

考虑到当间隔为 d_0 时的组合焦距 f'_0 为

$$\frac{1}{f'_0} = \frac{1}{f'_1} + \frac{1}{f'_2} - \frac{d_0}{f'_1 f'_2}$$

$$f'_0 = \frac{f'_1 f'_2}{f'_1 + f'_2 - d_0} \tag{c}$$

将式(c)代入式(b)得

$$l'_{02} = f'_0 - \frac{f'_0 d_0}{f'_1} \tag{d}$$

将式(d)代入式(a)得

$$L = d_0 + f'_0 - \frac{f'_0 d_0}{f'_1} \tag{e}$$

下面用同样的方法求出当物距为 l_1 时对应的 l'_2,过程从略。求得 l'_2 为

$$l'_2 = \frac{(l'_1 - d) f'_2}{l'_1 - d + f'_2} \tag{f}$$

式中,d 为负透镜移动后两透镜间的间隔。由式(a)得 $l'_2 = L - d$,与式(f)相等,得

$$l'_2 = L - d = \frac{(l'_1 - d) f'_2}{l'_1 - d + f'_2}$$

将上式展开整理后,得

$$d^2 - (L + l'_1) d + (L l'_1 + f'_2 L - l'_1 f'_2) = 0$$

求解 d，得

$$d = \frac{(L + l_1') \pm \sqrt{(L - l_1')^2 - 4f_2'(L - l_1')}}{2}$$

式中，L、l_1' 均为正值，为减小间隔 d，并且得到实像面，根号前取"—"，得

$$d = \frac{1}{2}\left[(L + l_1') - \sqrt{(L + l_1')^2 - 4f_2'(L - l_1')}\right] \tag{g}$$

式中，$l_1' = l_1 f_1'/(l_1 + f_1')$ 为物距 l_1 的函数；L 为常数，其值由式(e)可求得。式(g)中 f_1'、f_2' 均为常数，所以式(g)表示 d 仅仅随物距 l_1 变化而变化。式(g)便是我们所要推导的物距 l_1 和透镜间隔 d 的关系式。

例 8—8：一个用于大地测量仪器中的高倍率望远镜，采用摄远型内调焦物镜，正负透镜组的焦距分别为 $f_1' = 128$ mm，$f_2' = -35.6$ mm，两透镜组之间间隔 $d_0 = 106.7$ mm，如果物距由无穷远移动到第一透镜前 1 m，求负透镜组应移动多大距离？方向如何？

解：根据调焦望远镜中推导的公式(g)

$$d = \frac{1}{2}\left[(L + l_1') - \sqrt{(L + l_1')^2 - 4f_2'(L - l_1')}\right]$$

先求 l_1'，将已知 $l_1 = -1\,000$ mm，$f_1' = 128$ mm 代入高斯公式得

$$l_1' = \frac{l_1 f_1'}{l_1 + f_1'} = \frac{-1\,000 \times 128}{-1\,000 + 128} = 146.79 \text{ (mm)}$$

再根据式(e)求 L

$$L = d_0 + f_0' - \frac{f_0' d_0}{f_1'}$$

将已知量 $f_1' = 128$ mm，$f_2' = -35.6$ mm，$d_0 = 106.7$ mm 代入前面式(c)，求得 f_0' 为

$$f_0' = \frac{f_1' f_2'}{f_1' + f_2' - d_0}$$

$$= \frac{128 \times (-35.6)}{128 + (-35.6) - 106.7} = 318.7 \text{ (mm)}$$

代入式(e)得镜筒长度 L 为

$$L = 106.7 + 318.7 - \frac{318.7 \times 106.7}{128} = 159.7 \text{ (mm)}$$

将 $l_1' = 146.79$，$L = 159.7$，$f_2' = -35.6$ 代入式(g)得间隔 d 为

$$d = \frac{1}{2}\left[(159.7 + 146.79) - \sqrt{(159.7 - 146.79)^2 - 4(-35.6) \times (159.7 - 146.79)}\right]$$

$$= 130.86 \text{ (mm)}$$

物镜移动距离 Δd 为

$$\Delta d = d - d_0 = 130.86 - 106.7 = 24.16 \text{ (mm)}$$

因为 $\Delta d > 0$，按符号规则物镜应向右移。

当物体由无穷远移动到物镜前 1 m 时，负透镜需向右移动 24.16 mm，这样像平面与分划而保持重合。

4. 可变放大率的望远镜

因为受目镜视场角 $2\omega'$ 的限制,欲增大物方视场角 2ω,就必须降低放大率 Γ;欲增大视放大率 Γ,就必须减小视场角 2ω。当使用望远镜搜索目标时,希望视场角尽可能大,而一旦捕捉到目标,希望视放大率尽可能大,以便仔细观察目标,为解决视场角和放大率的矛盾,出现了可变放大率望远镜。可变放大率望远镜分为间断变倍和连续变倍两类。

(1) 间断变倍望远镜

① 更换物镜和目镜实现变倍。根据望远镜视放大率与物镜焦距 $f'_物$、目镜焦距 $f'_目$ 的关系 $\Gamma = -f'_物/f'_目$,可采用更换物镜焦距 $f'_物$、目镜焦距 $f'_目$ 实现变倍。

② 改变倒像系统倍率实现变倍。如果望远镜中透镜式倒像系统的垂轴放大率为 β,望远镜系统本身视放大率为 Γ,则望远镜的总视放大率 $\Gamma_总$ 为

$$\Gamma_总 = \Gamma\beta \tag{8-9}$$

改变 β 就能改变望远镜的倍率,如果透镜式倒像系统由两透镜构成,焦距为 f'_1、f'_2,且两透镜之间为平行光,则

$$\Gamma_总 = \Gamma \frac{f'_2}{f'_1} \tag{8-10}$$

由此可见,改变倒像系统中任意一组透镜的焦距都能改变望远镜的视放大率。

③ 在望远镜前套伽利略望远镜实现变倍。在望远镜前套加伽利略望远镜,此时总放大率为

$$\Gamma_总 = \Gamma\Gamma_伽 \tag{8-11a}$$

如果使伽利略望远镜倒转 $180°$。此时伽利略望远镜的视放大率用 $\bar\Gamma_伽$ 表示。$\bar\Gamma_伽 = 1/\Gamma_伽$,则望远镜总视放大率 $\bar\Gamma_总$ 为

$$\bar\Gamma_总 = \frac{\Gamma}{\Gamma_伽} \tag{8-11b}$$

式(8-11a)和式(8-11b)之比为 $\Gamma_总/\bar\Gamma_总 = \Gamma_伽{}^2$。该式说明:附加伽利略望远镜倒转前组合望远镜视放大率 $\Gamma_总$ 是伽利略望远镜倒转后组合望远镜总视放大率 $\bar\Gamma_总$ 的 $\Gamma_伽{}^2$,即变倍比

$$m = \Gamma_伽{}^2$$

例 8-9:有一望远镜物镜焦距 $f'_物 = 200$ mm,目镜焦距 $f'_目 = 25$ mm,采用透镜式倒像系统,倒像系统由焦距为 $f'_1 = 100$ mm,$f'_2 = 200$ mm,且中间为平行光的两透镜构成,求该望远镜的视放大率。如果用把倒像系统翻转 $180°$ 的方法实现变倍,问该可变倍率望远镜的变倍比 m 等于多大?

解:根据式(8-10),$\Gamma_总 = -\Gamma\dfrac{f'_2}{f'_1}$,其中 Γ 为简单望远镜的视放大率,即 $\Gamma = -f'_物/f'_目$,因此

$$\Gamma_总 = -\frac{f'_物}{f'_目}\left(-\frac{f'_2}{f'_1}\right) = \frac{200}{25} \times \frac{200}{100} = 16$$

倒像透镜翻转 $180°$ 后,$\bar f' = f'_2$,$\bar f'_2 = f'_1$,$\bar\Gamma_总$ 为

$$\bar\Gamma_总 = -\Gamma\frac{\bar f'_2}{f'_1} = -\Gamma\frac{f'_1}{f'_2}$$

$$m = \frac{\bar\Gamma_总}{\Gamma_总} = \frac{-\Gamma(f'_1/f'_2)}{-\Gamma(f'_2/f'_1)} = \left(\frac{f'_1}{f'_2}\right)^2 = \frac{1}{4}$$

该可变望远镜的变倍比 $m=1/4$。

（2）连续变倍望远镜

间隔变倍望远镜在变倍过程中必须中断观察，很容易丢失目标，为了克服这一缺点，出现了连续变倍的望远镜。最常用的连续变倍方法是移动倒

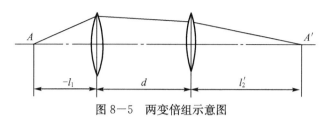

图 8—5　两变倍组示意图

像系统的两个变倍组，如图 8—5 所示。为了保证在变倍过程中始终看清目标，必须保持像平面位置不变，即要求两透镜组的移动应该符合以下规律：$-l_1+d+l_2'=L=$常数。

（三）光学补偿器

体视测距机中的光学补偿器是用来测量视差角 $\Delta\left(\Delta=\dfrac{\text{基线长}\,B}{\text{被测距离}\,l}\right)$ 的光学部件，光学补偿器型式很多，现代测距机中最常用的是旋转光楔和移动长焦距透镜两种，前者尺寸小，但检验加工困难，不易实现线性输出；后者尺寸大，但加工检验容易，并易于实现线性输出。

1. 长焦距透镜补偿器

长焦距透镜补偿器由两块长焦距负、正透镜构成，位于测距机物镜前平行光路中，如图 8—6所示。由于透镜焦距很长，两透镜之间的间隔 d 与透镜焦距相比非常小，d 可以忽略。第一透镜的像方焦点 F_1' 和第二透镜的物方焦点 F_2 重合，即 $-f_1'=f_2'=f'$，构成一个 1 倍伽利略望远镜。设负透镜不动，当正透镜沿垂直光轴方向移动距离 Z 时，出射光束相对入射光束偏转一个 α 角，如图 8—7 所示。α 和 Z 的关系为

$$\alpha=\frac{Z}{f'} \tag{8-12}$$

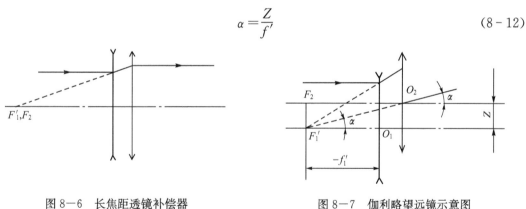

图 8—6　长焦距透镜补偿器　　　图 8—7　伽利略望远镜示意图

当偏角 α 不大时，正透镜移动量 Z 和光束偏角 α 成线性关系，测出 Z 值后，便可求得 α，也即测出视差角 Δ。

例 8—10： 59 - 1 式 3 m 体视测距机中采用移动长焦距透镜式光学补偿器，光学补偿器两透镜的焦距取 $-f_1'=f_2'=6$ m，测距范围为 $750\sim10^5$ m，求补偿器的实际工作范围（即偏角补偿范围）、正透镜最大移动范围。

解： ① 求补偿器实际工作范围。59　1 式体视测距机的基线长 $B=3$ m，根据视差角 Δ 与被测距离关系 $\Delta=B/l$，便可求得补偿器的工作范围。

实际最大视差角 $\Delta_{\max}=\alpha'_{\max}=\dfrac{3}{750}\times206\ 265=825.06('')$；

实际最小视差角 $\Delta_{\min}=\alpha''_{\min}=\dfrac{3}{105}\times206\ 265=6.19('')$；

补偿的工作范围 $\Delta\alpha=\alpha''_{\max}-\alpha'_{\min}=818.87''$。

② 求正透镜最大移动范围 $\Delta Z_{\max}$。根据光束偏角 α 与正透镜移动量 Z 的关系式(8-12)导出 $Z=\alpha f'$，对该式微分，将值代入式得 $\Delta Z=f'\Delta\alpha$，将 $f'=6$ m，$\Delta\alpha=818.87''$ 代入 ΔZ 式得

$$\Delta Z_{\max}=\frac{818.87}{206\ 265}\times6\ 000=23.82\ (\mathrm{mm})$$

故正透镜的最大移动范围为 23.82 mm。

2. 旋转双光楔补偿器

旋转双光楔补偿器由两块旋转光楔组成，不仅能在体视测距机中用来测量视差角，而且在红外系统中可作为扫描光学元件。

当光线经过光楔时将产生偏转，假定光楔角为 A，玻璃折射率为 n，光线偏角为 α，当楔角 A 很小时，则有

$$\alpha=(n-1)A \tag{8-13}$$

当光楔绕轴线以角速度 ω 旋转时，出射光线方向也随之改变，使物镜焦平面上的像点绕光轴旋转，在 y 轴和 z 轴方向上的两个分量 α_y、α_z 为

$$\begin{aligned}\alpha_y&=(n-1)A\cos\varphi=(n-1)A\cos(\omega t)\\ \alpha_z&=(n-1)A\sin\varphi=(n-1)A\sin(\omega t)\end{aligned} \tag{8-14a}$$

如果是旋转双光楔，两光楔的 A、n 相同，则

$$\begin{aligned}\alpha_y&=(n-1)A[\cos(\omega_1 t)+\cos(\omega_2 t)]\\ \alpha_z&=(n-1)A[\sin(\omega_1 t)+\sin(\omega_2 t)]\end{aligned} \tag{8-14b}$$

式中，ω_1、ω_2 分别为两个光楔的旋转角速度。

ω_1 和 ω_2 之间关系不同，像面上像点运动规律不同，从而得到不同的扫描形状。例如，当 $\omega_2=\omega_1$，即两个光楔转速相等、方向相同时，产生圆形扫描；当 $\omega_2=-\omega_1$，即两光楔转速相等、方向相反时，产生直线扫描；当 $\omega_2=3\omega_1$ 时，产生两个套合的心脏线形扫描；当 $\omega_2=-3\omega_1$ 时，产生玫瑰形扫描。

体视测距机中的光学补偿器采用 $\omega_2=-\omega_1$，这样 $\alpha_z=0$，$\alpha_y=2(n-1)A\cos\varphi$（其中 $\varphi=\omega t$），这就是说当双光楔以相反方向转动 φ 角时，出射光线相对入射光线偏转一个角度 α，α 与 φ 关系为 $\alpha=2(n-1)A\cos\varphi$，如果我们测出转角 φ，便可得出偏角 α，也就是要测的视差角。由 α 与 φ 关系式也可看出 α 与 φ 不成线性关系。

例 8-11： 如果例 8-10 中采用旋转双光楔补偿器，假定光楔楔角 $A=20'$，材料折射率 $n=1.516\ 3$，求测距范围为 $750\sim10^5$ m 时，双光楔最大旋转范围。

解： 由上例已知光学补偿器实际偏角补偿范围 $\Delta\alpha=825.06''-6.19''=818.87''$。当测量距离为 750 m 时

$$\cos\varphi_1=\frac{\alpha_1}{2(n-1)A}=\frac{6.19''}{2\times(1.516\ 3-1)\times20\times60''}=0.005$$

$$\varphi=89.71°$$

当测量距离为 10^5 m 时

$$\cos\varphi_2 = \frac{\alpha_2}{2(n-1)A} = \frac{825.06''}{2\times(1.516\,3-1)\times20\times60''} = 0.665\,8$$

$$\varphi_2 = 48.25°, \Delta\varphi = \varphi_1 - \varphi_2 = 41.46°$$

双光楔旋转范围为 41.46°。

（四）显微镜的视放大率

① 当显微镜的筒长 Δ（物镜 $F'_{物}$ 到目镜 $F_{目}$ 之间的距离）为有限长度时

$$\Gamma = \beta_{物}\,\Gamma_{目} = -\frac{250\Delta}{f'_{物}\,f'_{目}} \tag{8-15}$$

式中，$\beta_{物}$ 为物镜的垂轴放大率，$\Gamma_{目}$ 为目镜的视放大率。

$$\beta_{物} = -\frac{\Delta}{f'_{物}},\ \Gamma_{目} = \frac{250}{f'_{目}} \tag{8-16}$$

② 当显微镜的筒长 Δ 为无限长时

$$\Gamma = \beta_{物}\,\Gamma_{目} = \frac{f'_{筒镜}}{f'_{物}}\Gamma_{目} \tag{8-17}$$

式中，$f'_{筒镜}$ 为附加筒镜的焦距。

当把显微镜看作一个复杂化的放大镜时，显微镜的视放大率为

$$\Gamma = \frac{250}{f'_{显}} \tag{8-18}$$

式中，$f'_{显}$ 为显微镜物镜和目镜的组合焦距。

例 8-12：用两个焦距都是 50 mm 的正透镜组成一个 10 倍的显微镜，问物镜的倍率、目镜的倍率以及物镜和目镜之间的间隔各为多少？

解：根据显微镜的视放大率公式

$$\Gamma = -\frac{250\Delta}{f'_{物}\,f'_{目}} \tag{8-19}$$

将 $\Gamma = -10$，$f'_{物} = f'_{目} = 50$ mm 代入上式得

$$\Delta = 100\ \text{mm}$$

即物镜和目镜之间的距离为

$$\Delta + f'_{物} + f'_{目} = 200\ \text{mm}$$

物镜的垂轴放大率为

$$\beta_{物} = -\frac{\Delta}{f'_{物}} = -\frac{100}{50} = -2$$

目镜的视放大率为

$$\Gamma_{目} = \frac{250}{f'_{目}} = \frac{250}{50} = 5$$

（五）显微镜的孔径光阑和视场光阑

1. 孔径光阑和入瞳、出瞳

显微镜孔径光阑一般位于物镜上，只是随物镜的复杂程度不同而略有差别。

① 对于较简单(单组)的低倍物镜,物镜框即孔径光阑。

② 对于由多组透镜组成的复杂物镜,常以最后一组透镜的镜框作为孔径光阑。

③ 对于测量显微镜,孔径光阑位于物镜的像方焦平面上,构成物方远心光路。

孔径光阑的位置一经确定,系统的入瞳和出瞳也就随之确定。尽管在不同的情况下,孔径光阑的位置略有不同,但这种位置的差别与显微镜的光学筒长 Δ 相比仍是一个小量,因此显微镜的出瞳可以近似认为在目镜像方焦点之外的某一固定位置,不随物镜的不同而发生太大的变化。

出瞳直径 D' 与视放大率 Γ 和数值孔径 NA 的关系为

$$D' = \frac{500}{\Gamma} NA \tag{8-20}$$

2. 视场光阑和视场

显微镜的视场光阑位于物镜的像平面同时也是目镜的物方焦平面上。

显微镜的视场以线视场即成像物体的最大尺寸表示,它由视场光阑的大小决定。线视场 y 与视场光阑的大小 y' 的关系为

$$2y = \frac{2y'}{\beta_{物}} \tag{8-21}$$

例 8—13:一生物显微镜的物镜倍率为 100 倍,视场光阑的大小为 12.5 mm,求线视场的大小。

解:根据 $2y = \dfrac{2y'}{\beta_{物}}$,$2y' = 12.5$ mm ,$\beta_{物} = -100$,有

$$2y = -0.125 \text{ mm(负号表示成倒像)}$$

即该显微镜的线视场为 0.125 mm。

(六) 显微镜的分辨率和适用放大率

1. 分辨率

① 两个发光点的分辨率。显微物镜物平面上能分辨开的两个发光点之间的最短距离 σ 即显微镜的分辨率。

$$\sigma = \frac{0.61\lambda}{NA} \tag{8-22}$$

式中,NA 为物镜数值孔径;λ 为发光点发出的光波长。

② 不发光物体的分辨率。

垂直照明时

$$\sigma = \frac{\lambda}{NA} \tag{8-23}$$

倾斜照明时

$$\sigma = \frac{0.5\lambda}{NA} \tag{8-24}$$

式中,λ 为相干光照明光源的波长。

2. 适用放大率

为了充分利用物镜的分辨率,使已被物镜分辨的物体细节能同时被人眼看清,显微镜必须有恰当的分辨率,以便把物体细节放大到足够使人眼能分辨的程度。

一般情况下,应该使 σ 通过显微镜成像后对人眼的张角在 $2'\sim4'$ 的范围之内,这样就得到显微镜的视放大率 Γ 与数值孔径 NA 之间应满足的关系为

$$500NA < |\Gamma| < 1\,000NA \qquad (8-25)$$

式(8-25)给出了显微镜的适用放大率范围。如果所使用的放大率小于式(8-25)的下限,则眼睛不能看清已被物镜分辨开的细节或容易疲劳;反之,如果大于上限,则是无效放大,不但不能显示任何新的细节,反而会因为像差的增大而导致物体细节的失真。

例 8—14:一显微镜的筒长为 150 mm,如果物镜的焦距为 20 mm,目镜的视放大率为 12.5,求:

① 总的视放大率;

② 如果数值孔径为 0.1,问该视放大率是否在适用范围内?

解:① 根据已知 $\Gamma_目=12.5$,$\Delta=150$ mm,代入显微镜的视放大率公式

$$\Gamma = -\frac{250\Delta}{f'_物 \, f'_目} = \beta_物 \, \Gamma_目$$

中,先求出物镜垂轴放大率

$$\beta_物 = -\frac{\Delta}{f'_物} = -\frac{150}{20} = -7.5$$

最后求出总的视放大率

$$\Gamma = -7.5 \times 12.5 = -93.75$$

② 将 $NA=0.1$ 代入 $500NA < |\Gamma| < 1\,000NA$ 中,求得适用放大率范围为

$$50 < |\Gamma_{适用}| < 100$$

所以 $\Gamma = -93.75$,在适用放大率范围之内。

(七)显微镜物镜

显微镜物镜的主要光学特性参数有:

① 放大率 $\beta_物$。

有限筒长时:$\beta_物 = -\Delta/f'_物$,Δ 为光学筒长。

无限筒长时:$\beta_物 = -f'_{筒镜}/f'_物$,$f'_{筒镜}$ 为附加筒镜的焦距。

② 数值孔径 NA。NA 决定了物镜的分辨能力。

③ 工作距离。指从物镜第一个表面顶点到物点的距离。

例 8—15:一显微镜目镜焦距为 25 mm,物镜焦距为 16 mm,物镜与目镜之间的距离为 221 mm,求:

① 物体到物镜之间的距离;

② 物镜的垂轴放大率。

解:① 按照显微镜的工作原理,物镜把物体成像在目镜的物方焦平面上,再经目镜成像在无限远处,因此物镜的像距 $l'=221-25=196$(mm)。

根据高斯公式 $\dfrac{1}{l'} - \dfrac{1}{l} = \dfrac{1}{f'}$,将物镜焦距 $f'=16$ mm 及 $l'=196$ mm 代入得

$$l = -17.42 \text{ mm}$$

即物体在物镜前 17.42 mm,这也是该显微镜物镜的工作距离。

② 物镜的垂轴放大率:

$$\beta_{物}=\frac{l'}{l}=\frac{196}{-17.42}=-11.25$$

实际上按 $\beta_{物}=-\Delta/f'_{物}$ 计算也能得到同样的结果。光学筒长 Δ 是物镜像方焦点到目镜物方焦点的距离,在本题中 $\Delta=221-f'_{物}-f'_{目}=221-16-25=180$ (mm),可得垂轴放大率

$$\beta_{物}=-\frac{\Delta}{f'_{物}}=-\frac{180}{16}=-11.25$$

两种方法结果相同。

(八) 显微镜目镜

目镜的主要光学特性参数有:

① 目镜的视放大率 $\Gamma=\dfrac{250}{f'_{目}}$。 (8-26)

② 目镜的线视场(由视场光阑的大小决定)。

③ 出瞳大小和出瞳距离。

(九) 显微镜的照明系统

显微镜的照明系统可以分为两大类:明场照明和暗场照明。

1. 明场照明

明场照明是利用照明系统发出的光线直接照射到物体上,经透射或反射后,进入显微镜物镜成像。明场照明方式又可分为两类:临界照明和柯勒照明。

① 临界照明。临界照明是将光源通过聚光镜成像在物平面上的照明方法,如图8-8所示。

图8-8(a)所示的照明方式常用于观察透明物体,如生物标本等;图8-8(b)所示的照明方式常用于观察非透明物体,如金属试样等。临界照明的缺点是当光源的亮度不均匀或呈现明显的灯丝结构时,将会反映在物平面上而影响观察效果。

② 柯勒照明。柯勒照明是一种把光源像成在物镜入瞳面上的照明方法,如图8-9所示。

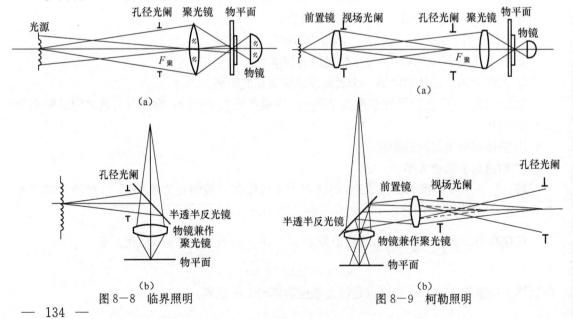

图8-8 临界照明　　　　　图8-9 柯勒照明

图 8－9(a)所示的照明方式用于观察透明物体,图 8－9(b)所示的照明方式用于观察非透明物体。柯勒照明的优点是照明比较均匀,同时,照明光源灯丝像的位置不与被观察物体重合,不影响观察效果。

2. 暗场照明

暗场照明是利用特殊的照明系统实现倾斜照射试样,使主要的照明光线不能进入物镜视场,而能够进入物镜成像的只是试样表面的微粒散射或衍射的光线。

最简单的暗场照明方式是在聚光镜前安置一个环形光阑,如图 8－10 所示。复杂的要用旋转抛物面形聚光镜或心脏形聚光镜。

暗场照明的特点是照明光束以极大的倾斜角照射到标本的表面上,优点是像场反差好,因而可以提高分辨率;缺点是物像的亮度低,因此要采用强光源。

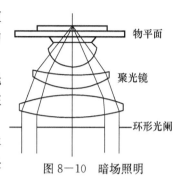

图 8－10　暗场照明

二、望远镜的外形尺寸计算

设计一个望远镜分两大阶段,第一阶段称作"初步设计",又称"外形尺寸计算";第二阶段称作"像差设计"。两个阶段既有区别又有联系,在初步设计时就要预计到像差设计是否可能实现。一个光学仪器工作性能的好坏,初步设计是关键,如果初步设计不合理,严重的可能使仪器根本无法完成工作,其次给像差设计带来困难,或导致系统结构过分复杂,或成像质量不佳。

初步设计和像差设计这两个阶段的工作,在不同类型的仪器中所占的地位和工作量也不同,大部分军用光学仪器中,初步设计比较重要而且工作量大,而像差设计相对比较容易。因此我们选用一种较复杂的军用光学仪器,来阐述外形尺寸计算方法。

在进行外形尺寸计算之前,首先要根据仪器的用途及使用条件,明确对仪器中光学系统的要求,这些要求概括起来有以下几方面:

① 系统的光学性能和技术条件。

② 系统的外形、体积和质量。

③ 系统稳定性、牢固性和便于装配调整。

④ 对系统成像质量的要求。

光学系统外形尺寸计算的主要内容包括:

① 根据上述光学特性和外形、体积等要求拟定光学原理图。

例如,系统中采用几个透镜组? 它们之间的成像关系如何? 用什么形式的倒像系统? 各个光学零件位置大体如何安排?

② 确定每个透镜组的光学特性,如焦距、相对孔径和视场角等;确定各透镜组间的相互间隔。

③ 选择系统的成像光束位置,并计算每个透镜组的通光口径。

④ 根据光学特性和对成像质量要求,选定每个透镜组的结构型式。

在进行外形尺寸计算时,将各透镜组看作薄透镜组,物方、像方主平面重合,不考虑像差,完全根据理想光学系统公式进行计算。

当像差设计完成后,即确定了实际透镜组的具体结构参数(r,n,d)后,把各透镜组组合起来时,要保持各个透镜组主平面之间距离($H_1'H_2$)不变,这样系统的光学特性和成像关系也不会变。系统的实际长度等于原来(薄透镜HH'重合时)的长度,加上各透镜组物方、像方主平面HH'之间的距离。

例8-16:计算59-1式对空3 m体视测距机外形尺寸。

1. 59-1式对空3 m体视测距机的战术技术性能要求

基线$B=3$ m;

视放大率$\Gamma=32$;

视场$2\omega=1°50'$;

出瞳直径$D'=1.6$ mm;

出瞳距离$l_z'\geqslant20.5$ mm;

分辨率$\alpha=3.5''$;

目镜视度调节范围$N=\pm5$视度;

目距调节范围56~74 mm;

测距范围750~10^5 m。

2. 拟定光学系统原理图

(1)用途

59-1式对空3 m测距机和指挥仪配合使用,是高射武器指挥系统的一个重要组成部分。它能确定空中活动目标的三个参数:目标现在的斜距离、目标的高低角和方位角。指挥仪通过解算得出目标的未来点的坐标,输送给火炮群,从而实际瞄准。

(2)拟定系统的原理图

① 系统用于对远距离目标进行观察和测距,必然是一个望远镜系统。因而要安置分划板,采用开普勒望远系统,要求使用正光焦度的物镜和目镜。

② 如图8-11所示,为了便于观测,系统应成正像,而开普勒望远系统成倒像,因此必须加入倒像系统。为了使光轴折转以构成基线,同时为了观测时舒适,需使目镜光轴上翘80°,因此应采用棱镜式倒像系统。

端部反光镜采用角镜,角镜由夹角为45°的两块平面反射镜构成;两者采用90°-2五角棱镜,它们有一个共同的特性,即只要保持反射面之间夹角α不变,当角镜或五角棱镜绕垂直主截面的轴转动时,出射光轴和入射光轴夹角β永远等于2α,换言之,只要入射光轴方向不变,出射光轴方向永远不变。考虑到棱镜口径较大,对材料要求又高,因此采用α为45°的角镜。中央棱镜的作用有三个:一是与端部角镜构成倒像系统;二是使光轴在测距平面内转90°;三是使光轴在垂直平面内上翘80°,使观察舒适,因此中央棱镜采用空间棱镜KⅡ-90°-80°。根据判断棱镜主截面内成像方向法则,

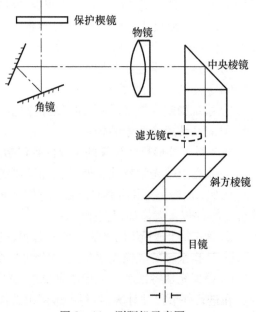

图8-11 测距机示意图

当光轴同向，光轴在主截面内反射次数为奇数时，成倒像。KⅡ－90°－80°是空间棱镜，相当于由主截面相互垂直的两个棱镜构成。与角镜主截面相同的主截面内光轴只有一次反射，因此整个系统中，光轴在上述主截面的反射次数为3次，即奇数，因此成倒像，而总反射次数为4次，即偶数，物像相似。

③ 用转动斜方棱镜来实现目距调节。

④ 为了改善观察条件，在中央棱镜和斜方棱镜之间加入滤光镜。

⑤ 在物镜前加保护楔镜，使反射光线偏转射向地面，以保护自己不被敌方发现，因此保护镜做成楔形镜，而不做成平板玻璃。

3. 外形尺寸计算

系统结构原理图拟定后，开始计算每个透镜组的焦距、各个光学零件的通光口径及相互间隔。

（1）确定目镜的型式和焦距

望远镜的像方视场就是目镜的视场 $2\omega'$，根据公式 $\tan\omega'=\Gamma\tan\omega$，将 $\Gamma=32$，$\omega=55'$ 代入后得

$$\tan\omega'=32\tan55'，\omega'=27.1°，2\omega'=54.2°$$

对视场 $2\omega'=50°\sim70°$ 的广角目镜，必须考虑目镜存在的负畸变，将使实际像高小于理想像高。一般广角目镜的负畸变为 $10\%\sim15\%$，假定取畸变 $\delta y'_z=12\%$，则满足物镜视场要求的目镜实际视场应为

$$\tan\omega'_{实际}=(1+12\%)\tan\omega'=0.5731$$
$$\omega'_{实际}=29.82°，取 2\omega'_{实际}=60°$$

系统要求的出瞳距离 $l'_z\geqslant20.5$ mm，应该选用相对出瞳距离大的目镜，如图8－12所示的目镜，相对出瞳距离 $l'_z/f'_{目}\approx0.76$，因此得

$$f'_{目}=\frac{l'_z}{0.76}=\frac{20.5}{0.76}=26.97（mm）$$

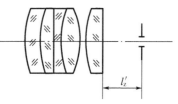

图8－12 目镜示意图

为实现目镜视度调节范围 ±5 视度的要求，目镜的移动距离 Δx 为

$$\Delta x=-\frac{Nf'^2}{100}=-\frac{\pm5\times26.97^2}{1000}=\pm3.64（mm）$$

（2）求物镜的焦距和选择物镜结构型式

根据公式 $f'_{物}=-\Gamma f'_{目}$，将 $\Gamma=-32$，$f'_{目}=26.97$ mm 代入得

$$f'_{物}=-(-32)\times26.97=863.04（mm）$$

根据入瞳直径 D 与出瞳直径 D' 的关系得

$$D=\Gamma D'=32\times1.6=51.2（mm），取 D=51 mm$$

物镜的相对孔径 $\dfrac{D}{f'_{物}}=\dfrac{51}{863.04}\approx\dfrac{1}{17}$，物镜视场角 $2\omega=1°50'$。

双胶合型式的望远物镜，随物镜焦距不同，能得到满意像质时达到的相对孔径大小不同，当 $f'=1000$ mm 时，D/f' 可达到 $1:10$。视场仅为 $1°50'$，因此选用双胶合物镜能满足成像质量要求。

(3) 求视场光阑直径 $\Phi_\text{场}$。

$$\Phi_\text{场} = -2f'_\text{物}\tan\omega$$

将 $f'_\text{物} = 863.04$ mm,$\omega = 55'$ 代入得

$$\Phi_\text{场} = -2 \times 863.04 \times \tan(-55') = 27.6 \text{ (mm)}$$

因物镜视场很小,畸变可以忽略不计,因此可以用上式求视场光阑直径,如果畸变大,则应适当加大视场。

(4) 确定孔径光阑位置

轴向光束在物镜上的口径 $D = 51$ mm,已经较大,不希望再增大,在物镜框前方 1 058 mm 处放置保护楔镜,取保护楔镜口径与物镜口径相同,即 $\Phi_\text{楔} = \Phi_\text{场} = 51$ mm,如图 8—13 所示。

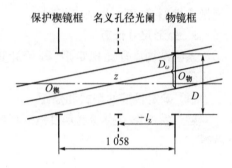

图 8—13 孔径光阑

物镜框限制轴外斜光束上光,保护楔镜框限制斜光束下光,当系统中有两个镜框轴向光束口径相同时,除了轴上点外,其他轴外像点都存在渐晕,且随视场的增加渐晕现象逐渐严重,这时应该根据轴外斜光束中心光线即主光线的位置来确定孔径光阑、入瞳、出瞳位置。当视场改变时,斜光束口径变化,但中心光线与光轴交点位置 z 不变,永远在物镜框和保护楔镜框正中间,即 $-l_z = 529$ mm,所以该系统的名义孔径光阑位于中心处,入射主光线、出射主光线和光轴的交点位置分别为入瞳、出瞳位置,眼睛瞳孔应该与出瞳位置重合。

(5) 计算轴外渐晕系数

子午面内轴外光束口径 D_ω 与轴向光束口径 D 之比,称为轴外线渐晕系数,下面求边缘视场的 D_ω。

根据图 8—13,$D_\omega = D - 1058\tan\omega$,将 $D = 51$ mm,$\omega = 55'$ 代入后得

$$D_\omega = 51 - 1058 \times \tan 55' = 34.07 \text{ (mm)}$$

$$K = \frac{D_\omega}{D} = \frac{34.07}{51} = 66.8\%$$

(6) 计算斜方棱镜口径

如图 8—14 所示,斜方棱镜出射面位于物镜像方焦面 $F'_\text{物}$ 前 8 mm 处,下面用理想系统光路计算公式计算斜光束上光在斜方棱镜出射面上的投射高。

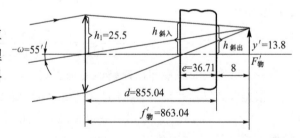

图 8—14 棱镜示意图

已知 $\omega = 55'$,$h_1 = D/2 = 25.5$ mm

$$d = f'_\text{物} - 8 = 855.04 \text{ mm}$$

$$\varphi = \frac{1}{f'_\text{物}} = \frac{1}{863.04}$$

$$\tan\omega' = \tan\omega + h_1\varphi = \tan(-55') + \frac{25.5}{863.04} = 0.013\ 355$$

$$h_\text{斜出} = h_1 - d\tan\omega' = 25.5 - 855.04 \times \tan\omega' = 13.917 \text{ (mm)}$$

$$D_\text{斜出} = 2h_\text{斜出} = 27.83 \text{ mm}$$

因为斜方棱镜入射面口径 $D_{斜入}$ 大于出射面口径 $D_{斜出}$，因此要用逐次逼近的方法求出 $D_{斜入}$。

假设，$D_{斜}=D_{斜出}=27.83$ mm，将斜方棱镜展开，展开厚度 $d_{斜}=2D_{斜}=55.67$ mm，其相当空气层厚度为 $e_{斜}=d_{斜}/n$，已知 K9 玻璃 $n=1.516\,3$，所以

$$e_{斜}=\frac{55.67}{1.516\,3}=36.71\ (\text{mm})$$

求斜方棱镜入射面的通光口径 $D_{斜入}$

$$h_{斜入}=h_1-(863.04-8-36.71)\tan\omega'$$
$$=25.5-818.33\times0.013\,55=14.41\ (\text{mm})$$
$$D_{斜入}=28.82\ \text{mm}$$

再令 $D_{斜}=28.82$ mm 并重复上述的步骤，求斜方棱镜的口径

$$e_{斜}=\frac{2D_{斜}}{n}=\frac{2\times28.82}{1.516\,3}=38.01\ (\text{mm})$$

$$h_{斜入}=25.5-(863.04-8-38.01)\times0.013\,55=14.43\ (\text{mm})$$

$$D_{斜入}=28.86\ \text{mm}=D_{斜}$$

我们假设 $D_{斜}=28.82$ mm，求得斜方棱镜通光口径 $D_{斜}=28.86$ mm，两者基本一致，考虑到倒边的需要和装配误差，实际棱镜口径取大些，我们取 $D_{斜}=30$ mm。

下面求实际斜方棱镜的相当空气层厚度：

$$e_{斜实}=\frac{2\times30}{1.516\,3}=39.6\ (\text{mm})$$

（7）计算中央棱镜

如图 8-15 所示，中央棱镜的出射面和斜方棱镜的入射面之间间隔为 70 mm，前面已讲过，中央棱镜采用空间棱镜 KⅡ-90°-80°，其尺寸关系见《光学设计手册》（李士贤、李林编，北京理工大学出版社出版，1996）第三章，中央棱镜通光口径的计算方法和斜方棱镜的计算方法相似，其计算过程如下：

首先计算中央棱镜出射面通光口径 $D_{中出}$。如图 8-15 所示中央棱镜的出射面和斜方棱镜的入射面之间距离为 70 mm。中央棱镜出射面到物镜的距离 $d_{中出}$ 为

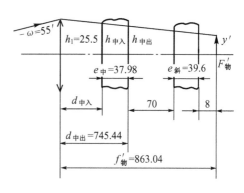

图 8-15　中央棱镜示意图

$$d_{中出}=f'_{物}-(8+e_{斜}+70)=863.04-(8+39.6+70)=745.44\ (\text{mm})$$
$$h_{中出}=h_1-d_{中出}\tan\omega'=25.5-745.44\times0.013\,546\,5=15.4\ (\text{mm})$$

令 $D_{中}=D_{中出}=2h_{中出}=2\times15.4=30.8$（mm），用 KⅡ-90°-80°展开平板玻璃厚度，得 $L_{中}=1.87D_{中}=1.87\times30.8=57.6$（mm），相当空气层厚度

$$e_{中}=\frac{L_{中}}{1.516\,3}-\frac{57.6}{1.516\,3}=37.98\ (\text{mm})$$

求中央棱镜入射面通光口径 $D_{中入}$：

$$h_{中入}=h_1-d_{中入}\tan\omega'$$

$$d_{中入} = f'_物 - (8 + e_斜 + 70 + e_中) = 863.04 - (8 + 39.6 + 70 + 37.98) = 707.46 \text{ (mm)}$$

将 $h_1 = 25.5 \text{ mm}$，$d_{中入} = 707.46 \text{ mm}$，$\tan \omega' = 0.013\,55$ 代入 $h_{中入}$ 表达式中得

$$h_{中入} = 25.5 - 707.46 \times 0.013\,55 = 15.91 \text{ (mm)}$$

$$D_{中入} = 2h_{中入} = 31.82 \text{ mm}$$

再令 $D_中 = D_{中入} = 31.82 \text{ mm}$，棱镜展开厚度 $L_中 = 1.87 \times 31.84 = 59.50 \text{ (mm)}$，相当空气层厚度

$$e_中 = \frac{59.50}{1.516\,3} = 39.24 \text{ (mm)}$$

由于中央棱镜入射面上的光束口径大于出射面上的光束口径，因此和计算斜方棱镜通光口径一样，用逐次逼近方法，反复计算，最后求得中央棱镜有效通光口径 $D_{中效} = 31.87 \text{ mm}$。考虑到装配误差、倒边等，取实际口径 $D_中 = 36.2 \text{ mm}$。实际棱镜展开厚度 $L_中 = 1.87 \times 36.2 = 67.92 \text{ (mm)}$，相当空气层厚度 $e_中 = \dfrac{67.69}{1.516\,3} = 44.6 \text{ (mm)}$。

(8) 目镜滤光镜的计算

如图 8—16 所示，滤光镜前表面离中央棱镜出射面 39.5mm。首先求滤光镜的口径 $D_滤$：

$$h_滤 = h_1 - d_滤 \tan \omega'$$

$$d_滤 = f'_物 - (8 + e_斜) - 70 + 39.5$$

$$= 863.04 - 8 - 39.6 - 70 + 39.5 = 784.94 \text{ (mm)}$$

将 $h_1 = 25.5 \text{ mm}$，$\tan \omega' = 0.013\,55$ 及 $d_滤 = 784.94 \text{ mm}$ 一并代入 $h_滤$ 表达式得

$$h_滤 = 25.5 - 784.94 \times 0.013\,546\,5 = 14.865 \text{ (mm)}$$

$$D_滤 = 2h_滤 = 29.73 \text{ mm}$$

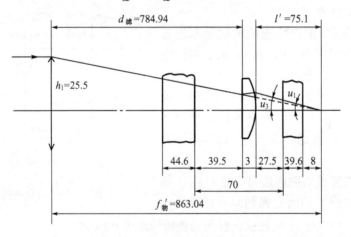

图 8—16　目镜滤光镜示意图

考虑到滤光镜的固定，取滤光镜实际外径为 34 mm，厚度为 3 mm。如果滤光镜做在厚度为 3 mm 的平板玻璃上，则将产生像面位移，其位移量 $\Delta l = [(n-1)/n]d$。为了使加入棱镜前后的像面位置保持不变，将滤光镜做成平凸透镜，那么滤光镜的第二面曲率半径取多大，才能保持像面位置不变呢？

前面已求出滤光镜第一面的通光口径为 29.73 mm，厚度为 3 mm，采用 ABZ 有色玻璃材料，其折射率 $n_滤 = 1.523$。

由图 8—16 可得滤光镜第一面到物镜距离 $d_滤 = 784.94 \text{ mm}$，则

$$\tan u_1' = \frac{h_1}{f'_物} = \frac{25.5}{863.04} = 0.029\ 55 = \tan u_2$$

$$h_{滤1} = h_1 - d_滤\tan u_1' = 25.5 - 784.94\tan u_1' = 2.31(\text{mm})$$

$$n_滤\tan u_2' = \tan u_2 \text{ 或 } \tan u_2' = \frac{\tan u_2}{n_滤} = \frac{0.029\ 55}{1.523} = 0.019\ 4 = \tan u_3$$

$$h_{滤2} = h_{滤1} - d\tan u_2' = 2.31 - 3\tan u_2' = 2.25\ (\text{mm})$$

$$\tan u_3' = n_滤\tan u_3 + \frac{h_{滤2}}{f'_滤}$$

由图 8—16 可得

$$\tan u_3' = \frac{h_{滤2}}{l'} = \frac{2.25}{75.1} = 0.029\ 96$$

由 $\tan u_3'$ 值可得滤光镜焦距 $f'_滤$ 为

$$f'_滤 = \frac{h_{滤2}}{\tan u_3' - n_滤\tan u_3} = \frac{2.25}{0.029\ 96 - 1.523 \times 0.019\ 4} = 5\ 478.5\ (\text{mm})$$

根据单个薄透镜焦距公式 $\frac{1}{f'} = (n-1)\left(\frac{1}{r_1} - \frac{1}{r_2}\right)$，考虑到 $r_1 = \infty$ 有

$$-r_2 = (n_滤 - 1)f'_滤$$

将 $n_滤 = 1.532$，$f'_滤 = 5\ 478.5$ mm 代入可得滤光镜第二面半径 r_2 为

$$r_2 = -(1.523 - 1) \times 5\ 478.5 = -2\ 865.3\ (\text{mm})$$

（9）端部反光角镜

如图 8—17 所示，端部反光角镜由夹角为 45° 的两平面反射镜构成，两反射面均与光轴成 67°30′，如果通光口径为 D_0，则反射镜上的通光面积为椭圆形，其长轴为 a。

$$a = \frac{D_0}{\sin 67°30'} = \frac{51}{\sin 67°30'} = 55.2\ (\text{mm})$$

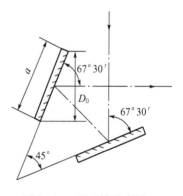

图 8—17 反光镜示意图

反光镜做成长方形，有效面积为 55.2 mm×51 mm。考虑到零件倒边及装调误差，反光镜实际尺寸应加大余量，取为 60 mm×56 mm。对反光镜的变形要求很严格，厚度需加大，取 $d = \frac{a}{4} = \frac{60}{4} = 15\ (\text{mm})$。

（10）光学系统分辨率 α

$\alpha = K\frac{140''}{D_入}$，$K$ 一般取 1.05～2.2，视系统精度要求而定，3 m 测距机精度高，取 $K = 1.1$，$\alpha = 1.1 \times 140''/51 = 3'' < 3.5''$，符合技术条件要求。

三、典型题解与习题

（一）典型题解

例 8—17： 如图 8—18 所示，某红外光学系统将无限远目标成像在变像管前表面 A 上，经变像管后再次成像于荧光屏 B 上，人眼通过目镜观察，该系统总视放大率为 3。若在指定使用

条件下,人眼的视角分辨率为$6'$,变像管面上分辨率等于30 lp/mm,问物镜焦距至少等于多大才能充分发挥人眼的分辨能力?

解:根据系统总视放大率的定义$\Gamma=\tan\omega'/\tan\omega$,当$\omega'$、$\omega$较小时,$\Gamma=\omega'/\omega$,已知$\Gamma=3$,$\omega'=6'$,有$\omega=6'/3=2'$。变像管$A$面上的分辨率为30 lp/mm,即刚刚能被变像管$A$面所分辨的最小距离$\delta=1/30$ mm,A面和物镜的像方焦平面重合,假定物镜焦距为$f'_物$,δ对应的物方视场角为ω,当$\omega\geqslant2'$时,被系统放大后$\omega'\geqslant6'$,才能被人眼所分辨。根据$\omega=(\delta/f'_物)\times3\ 438'$就可求出$f'_物=(\delta/\omega)\times3\ 438'=(1/30)/2'\times3\ 438'=57.3$ (mm)。这就是说物镜焦距至少等于57.3 mm时才能充分发挥人眼作用。

例8—18:某变倍望远镜的转像系统如图8—19所示。为了改变望远镜的倍率,将透镜1向透镜2方向移动50 mm,然后相应地移动透镜2,使系统的像面位置保持不变,求透镜2的移动方向和移动距离。此时转像系统的倍率和移动前倍率之比等于多少?

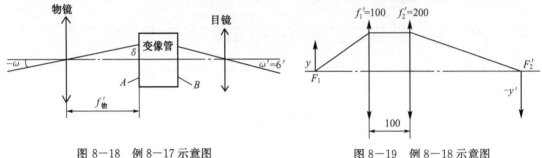

图8—18　例8—17示意图　　　　　图8—19　例8—18示意图

解:① 求变倍前转像系统的倍率(垂轴放大率)β,由于物体面分别位于第一透镜物方焦平面F_1和第二透镜像方焦平面F'_2,因此垂轴放大率β为

$$\beta=-\frac{f'_2}{f_1}=-\frac{200}{100}=-2$$

② 求变倍后透镜2的位置。根据已知条件,透镜1向透镜2移动50 mm,对第一透镜来说,由于物距l_1变化,必然导致最后像面l'_2的变化,为了保持像平面位置不变,必须移动透镜2,为了确定透镜2移动的方向和移动量Δd,必须对Δd规定符号规则。

如图8—20所示,Δd符号规则为:以透镜2原位置O_2为起点,计算到移动后的位置O_2^*,从左到右为正,从右到左为负。

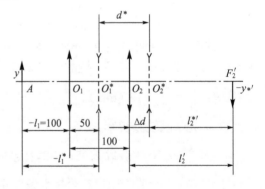

图8—20　Δd移动符号规则

下面对透镜1、透镜2连续使用高斯物像位置关系式,求Δd。

$$-l_1^*=-l_1+50=100+50=150\ (\text{mm}),l_1^*=-150\ \text{mm}$$

$$\frac{1}{l_1^{'*}}-\frac{1}{l_1^*}=\frac{1}{f'_1}$$

将$l_1^*=-150$ mm,$f'_1=100$ mm代入上式后得

$$l_1^{*\prime}=300\ \mathrm{mm}$$

$$l_2^*=l_1^{*\prime}-d^*=300-(50+\Delta d)=250-\Delta d \tag{a}$$

$$l_2^{*\prime}=l_2^\prime-\Delta d=200-\Delta d \tag{b}$$

将式(a)、式(b),以及 $f_2^\prime=200\ \mathrm{mm}$ 一并代入高斯公式得

$$\frac{1}{200-\Delta d}-\frac{1}{250-\Delta d}=\frac{1}{200} \tag{c}$$

经简化整理后式(c)变为

$$\Delta d^2-450\Delta d+40\,000=0$$

求出解为

$$\Delta d=(450\pm206.16)/2,\text{即 }\Delta d_1=121.92\ \mathrm{mm},\Delta d_2=328.08\ \mathrm{mm}$$

两解中取 121.92 mm,这样可以得到实像。根据 Δd 的符号规则,透镜2应向右移121.92 mm。

③ 求变倍后转像系统的垂轴放大率 β^*。

$$\beta^*=\beta_1^*\beta_2^* \tag{d}$$

$$\beta_1^*=\frac{l_1^{*\prime}}{l_1^*}=\frac{300}{-150}=-2$$

$$\beta_2^*=\frac{l_2^{*\prime}}{l_2^*}$$

根据式(a)

$$l_2^*=l_1^{*\prime}-d^*=250-\Delta d=250-121.92=128.08\ (\mathrm{mm})$$

根据式(b)

$$l_2^{*\prime}=l_2^\prime-\Delta d=200-121.92=78.08\ (\mathrm{mm})$$

因此

$$\beta_2^*=\frac{70.08}{128.06}=0.61$$

将 β_1^* 和 β_2^* 代入式(d),得

$$\beta^*=-2\times0.61=-1.22$$

倒像系统的变倍比 $m=\dfrac{-1.22}{-2}=0.61$。

例 8-19:有一架开普勒望远镜,视放大率为 6,物方视场角 $2\omega=8°$,出瞳直径 $D'=5\ \mathrm{mm}$,物镜和目镜之间距离 $L=140\ \mathrm{mm}$,假定孔径光阑与物镜框重合,系统无渐晕,求:

① 物镜焦距 $f_\text{物}'$ 和目镜焦距 $f_\text{目}'$;

② 物镜口径和目镜口径;

③ 分划板直径;

④ 出瞳距离;

⑤ 画出光路图。

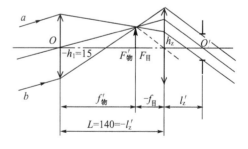

图 8-21 例 8-19 示意图

解:① 求物镜、目镜焦距,由图 8-21 可得

$$L=f_\text{物}'+f_\text{目}'=140 \tag{a}$$

$$\Gamma=-\frac{f_\text{物}'}{f_\text{目}'}=-6 \tag{b}$$

联立式(a)、式(b)求解得

$$f'_物 = 120 \text{ mm}$$
$$f'_目 = 20 \text{ mm}$$

② 求物镜通光口径也即入瞳直径,根据公式 $\Gamma = D'/D$,可求得 $D = \Gamma D' = 6 \times 5 = 30$ (mm)。

③ 根据无限远物体理想像高的计算公式,求分划板直径 $D_分$。

$$D_分 = 2y' = 2(-f'_物 \tan \omega) = 2 \times (-120) \times \tan(-4°) = 16.78 \text{ (mm)}$$

④ 边缘视场下光束 b 在目镜上的投射高最大,根据 b 光束的投射高求目镜的口径。
已知: $h_1 = -15 \text{ mm}$,$u_1 = -4° = \omega$,$f'_物 = 120 \text{ mm}$,$d = 140 \text{ mm} = L$

$$\tan u'_1 = \tan u_1 + h_1 \varphi_1 = \tan(-4°) + \frac{-15}{120} = 0.194\ 926\ 8$$

$$h_2 = h_1 - d \tan u'_1 = -15 - 140 \times \tan u'_1 = 12.29 \text{ (mm)}$$

$$D_目 = 2h_2 = 24.58 \text{ mm}$$

⑤ 求出瞳距离 l'_z。孔径光阑选在物镜框上,轴外光束的主光线通过物镜中心 O,假定主光线在目镜组上的投射高为 h_z,即有

$$h_z = d \tan(-\omega) = 140 \times \tan 4° = 9.79 \text{ (mm)}$$

目镜的像方视场角 ω' 为

$$\tan \omega' = \frac{y'}{f'_目} = \frac{D_分}{2f'_目} = \frac{16.78}{2 \times 20} = 0.419\ 5, \omega' = 22.76°$$

$$l'_z = \frac{h_z}{\tan \omega'} = 23.3 \text{ mm}$$

或根据物像位置高斯公式,求入瞳中心 O 经目镜后像点 O' 的位置。根据 $\dfrac{1}{l'_z} - \dfrac{1}{l_z} = \dfrac{1}{f'_目}$,将 $l_z = L = -140 \text{ mm}$,$f'_目 = 20 \text{ mm}$ 代入后得 $l'_z = 23.3 \text{ mm}$,与上式的结果相同。

例 8-20:试推导望远系统实际无限远起点的计算公式。

人眼通过望远镜不仅能看到无限远目标,还能同时看到一定距离范围内物体,这是为什么呢?第一人眼有一定的调节能力,能使不位于物镜像方焦平面(也即目镜物方焦平面)上的物体像与视网膜共轭;第二受人眼视角分辨率的限制,如图 8-22 所示。

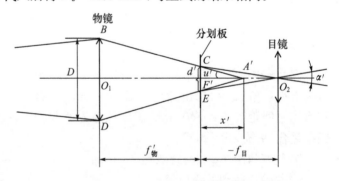

图 8-22 物体位于有限距离

当物体位于有限距离时,其共轭像点 A' 位于分划板之后距离 x' 处,在分划板上形成一个直径为 d' 的弥散圆,如果该弥散圆对人眼的张角小于人眼的视角分辨率 α',则人眼视弥散圆 d' 为一个点而不是弥散斑。我们把在望远镜物镜像方焦平面上形成的弥散圆直径对人眼张角恰好等于人眼视角分辨率时对应的物距,称为"望远镜的实际无限远起点",即远于该起点的物体均被人眼视为无限远物体。根据上述概念,下面我们来推导望远镜实际无限远起点的计算公式。

$$\alpha' = \frac{d}{f'_{目}} \tag{a}$$

由 $\triangle A'BD \backsim \triangle A'CE$ 关系,可求得

$$\frac{D}{d'} = \frac{f'_{物} + x'}{x'}$$

因为 x' 相对于 $f'_{物}$ 很小,可忽略,则有

$$d' = \frac{D}{f'_{物}} x' \tag{b}$$

假定物体位于望远镜前 l 处,因为 $|l| \gg f'_{物}$,所以 $x \approx l$,根据牛顿公式 $xx' = -f'^2_{物}$ 得

$$x' = -\frac{f'^2_{物}}{l} \tag{c}$$

将式(c)代入式(b)得

$$d' = -\frac{Df'_{物}}{l} \tag{d}$$

将式(d)代入式(a)得

$$\alpha' = -\frac{Df'_{物}}{lf'_{目}} = \Gamma \frac{D}{l}$$

Γ 为望远镜视放大率。如果 α' 以 $(')$ 为单位,则

$$\alpha' = \frac{\Gamma D}{l} \times 3\ 438' \quad \text{或} \quad l = \frac{\Gamma D}{\alpha'} \times 3\ 438' \tag{8-27}$$

式中,Γ 为望远镜视放大率;D 为望远镜物镜口径;α' 为人眼视角分辨率,以 $(')$ 为单位;l 为望远镜实际无限远起点距离。

例 8-21: 火炮周视瞄准镜视放大率为 3.7,出瞳直径 $D' = 4$ mm,假定人眼对自然目标的视角分辨率 $\alpha = 2'$,求火炮瞄准镜的实际无限远起点距离。

解: 物镜口径 $D = \Gamma D' = 3.7 \times 4 = 14.8$ (mm),将 $D = 14.8$ mm,$\Gamma = 3.7$,$\alpha = 2'$ 代入式 (8-27)得

$$l = \frac{3.7 \times 14.8}{2'} \times 3\ 438' = 94\ 132\ \text{(mm)} \approx 94\ \text{(m)}$$

故火炮周视瞄准镜的实际无限起点距离约为 94 m。

为了进一步说明问题,我们计算经纬仪的实际无限远起点距离。假定经纬仪望远镜 $\Gamma = 30$,$D = 40$ mm,人眼对轮廓清晰对比度良好的标尺视角分辨率为 $50''$。将 $\Gamma = 30$,$D = 40$ mm,$\alpha = (5/6)'$ 代入式(8-27)得

$$l = 4\ 954\ \text{m}$$

从两个实例比较可以看出,经纬仪的实际无限远起点远比周视瞄准镜的远,这是因为实际无限远起点距离与视放大率、物镜口径成正比,而和人眼对目标的视角分辨率成反比。

例 8-22: 一个浸油的显微镜每毫米能分辨 4 400 对线,用波长为 450 nm 的蓝光倾斜照明,求该显微镜物镜的数值孔径。

解: 对于不发光物体,显微镜的分辨率为

$$\sigma = \frac{0.5\lambda}{NA}$$

式中，$\sigma=\dfrac{1}{4\,400}$ mm；$\lambda=450$ nm$=450\times10^{-6}$ mm，所以

$$NA=0.5\lambda/\sigma=0.5\times450\times10^{-6}\times4\,400=0.99$$

该显微镜物镜的数值孔径为 0.99。

例 8—23：有一显微镜，物镜的放大率 $\beta=-40$，目镜的倍率为 $\Gamma_目=15$（均为薄透镜），物镜的共轭距为 195 mm。求物镜和目镜的焦距；物体的位置；光学筒长；物镜和目镜的间距；系统的等效焦距和总倍率。

解：① 根据物镜的共轭距 195 mm 和放大率 β 以及高斯公式可以列出以下方程：

$$
\begin{cases}
\dfrac{1}{l'}-\dfrac{1}{l}=\dfrac{1}{f'_物} & \text{(a)}\\[2mm]
\beta_物=\dfrac{l'}{l}=-40 & \text{(b)}\\[2mm]
l'-l=195 & \text{(c)}
\end{cases}
$$

联立求解可得

$$l=-4.76 \text{ mm},\ l'=190.24 \text{ mm},\ f'_目=4.64 \text{ mm}$$

根据目镜放大率 $\Gamma_目=250/f'_目$ 可得

$$f'_目=\frac{250}{\Gamma_目}=\frac{250}{15}=16.67 \text{ (mm)}$$

② 根据物体位置 $l=-4.76$ mm，即物体应位于物镜前 4.76 mm。

③ 光学筒长 Δ 为物镜像方焦点 $F'_物$ 到目镜物方焦点 $F_目$ 之间的距离，实际上应等于物镜和目镜之间的距离 d 减去物镜焦距 $f'_物$ 和目镜焦距 $f'_目$，而 d 为

$$d=195+f'_目+l$$

所以光学筒长

$$\Delta=d-f'_物-f'_目=195-f'_物+l=195-4.64-4.76=185.6 \text{ (mm)}$$

④ 物镜和目镜之间的距离 $d=\Delta+f'_物+f'_目=185.6+4.64+16.67=206.91$ (mm)。

⑤ 系统的等效焦距，可根据下式求出：

$$\frac{1}{f'_显}=\frac{1}{f'_物}+\frac{1}{f'_目}-\frac{d}{f'_物 f'_目} \quad \text{或} \quad f'_显=-\frac{f'_物 f'_目}{\Delta}$$

$$f'_显=-0.416\,7 \text{ mm}$$

系统的总倍率

$$\Gamma=\frac{250}{f'_显}=\beta\,\Gamma_目=-600$$

（二）习题

8—1　在一架望远镜筒上标有"10×40"字样，表示什么意思？

8—2　望远镜视放大率的意义是什么？它与望远镜的哪些性能指标有着密切关系？

8—3　什么叫望远镜的有效放大率？如何根据望远镜出瞳直径大小来判定望远镜实际视放大率大于、小于还是等于有效放大率？

8—4　望远镜的视差是怎样引起的？视差有哪三种表示方法？

8—5　目镜的相对出瞳距离用 $l'_z/f'_目$ 表示,此处 l'_z 的指的是什么? 对同一目镜来说,用低倍望远镜和高倍望远镜时的 $l'_z/f'_目$ 数值相同吗?

8—6　假定用望远镜观察敌方汽车时,可以在 2 km 距离上看清敌方汽车上的编号,现要求 8 km 时也能看清该编号,则需加大望远镜倍率。如果采用倒转附加伽利略望远镜实现变倍,问该伽利略望远镜的倍率应取多大?

8—7　一简易望远镜由焦距分别为 100 mm 和 20 mm 的两透镜组构成,求:

(1)望远镜的视放大率;

(2)位于 1 km 之外高 60 m 的建筑物在物镜像方焦平面上的像高。

8—8　一天文望远镜物镜焦距为 400 mm,相对孔径 1∶5(即 $f/5$),测得出瞳直径为 2 mm,求望远镜的视放大率和目镜焦距。

8—9　用一架望远镜观察天空中的星星时,物镜和目镜之间的距离为 820 mm,目镜焦距为 20 mm,当观察一棵树时,目镜向外移动 10 mm,求树到物镜的距离。

8—10　有一架 10 倍望远镜,物镜焦距为 480 mm,欲将望远镜由零视度调节为−0.75 视度,目镜应移动多少? 在开普勒望远镜和伽利略望远镜两种情况下,目镜移动方向是否相同? 向何方移动?

8—11　有一架 10 倍望远镜,物镜焦距为 200 mm,通光直径为 50 mm,要求目镜调节±5 视度,求:

(1) 目镜调节范围;

(2) 假如无限远景物所成的像和分划线之间的像方角视差等于 2′,求分划线和物镜像方焦平面之间的线视差。

8—12　望远系统由物镜、倒像透镜和目镜构成,物镜焦距为 200 mm,倒像透镜焦距和目镜焦距均为 100 mm,若物镜像方焦平面和目镜物方焦平面之间的距离为 450 mm,求:

(1) 简单望远系统(不包括倒像透镜)的视放大率;

(2) 倒像透镜有两个位置能使无穷远物体成像在目镜物方焦平面处,问这两个位置对应的望远系统视放大率之比为多少?

8—13　开普勒望远镜由焦距分别为 200 mm 和 50 mm 的两透镜组成。假定在物镜像方焦平面 10 mm 处放置一个焦距为 200 mm 的正透镜,求当恢复成望远镜性能后视放大率是多少? 目镜向何方移动? 移动量多大?

8—14　通过位于望远镜前面的反射镜观察标尺,物镜和标尺位置重合,离反射镜的距离为 1 m,如果物镜焦距为 550 mm,求:

(1) 标尺经过望远镜成像后的垂轴放大率;

(2) 如果要使通过望远镜看到的标尺像与肉眼在 250 mm 处直接看到的标尺大小一样,求目镜的视放大率。

8—15　望远镜物镜的通光口径为 20 mm,焦距为 100 mm,全视场角为 6°,在物镜像方焦平面前放一直角棱镜(玻璃的折射率 $n=1.5163$),棱镜出射面离开物镜像方焦平面距离为 10 mm,求棱镜入射面到物镜的距离以及棱镜的通光口径。

8—16　有一架 5 倍望远镜,物镜焦距为 125 mm,视场角 $2\omega=8°$,在物镜后 85 mm 处放一块斜方棱镜,其口径为 20 mm,玻璃折射率为 $n=1.5163$,在物镜像方焦平面上放一分划板,分划板厚度为 2 mm,玻璃折射率 $n=1.5688$,分划线朝向目镜一方,求:

(1) 棱镜的出射面到分划板入射面的距离；

(2) 分划板的有效口径；

(3) 欲调节±5 视度，目镜工作距离至少不小于多少？

8—17　如图 8—23 所示，某自准直望远镜目镜为冉斯登目镜，它由两个单薄透镜组成，接眼镜焦距为 30 mm，场镜焦距为 32 mm，二者之间的距离为 22 mm，若望远镜出瞳距离为 10 mm，孔径光阑位于物镜框上，求该望远镜物镜焦距和望远镜的视放大率。

8—18　图 8—24 所示为开普勒望远系统和斜方棱镜组合而成的 10 倍望远镜系统，斜方棱镜入射面到物镜距离为 115 mm，棱镜出射面到目镜的距离为 31 mm，斜方棱镜口径由轴向光束在棱镜上的投射高决定，其口径大小为 22.5 mm，求：

(1)物镜焦距和目镜焦距；

(2)若孔径光阑选在物镜框上，求物镜的相对孔径；

(3)出瞳直径和出瞳离目镜的距离(均按薄透镜计算，棱镜材料折射率 $n=1.5$)。

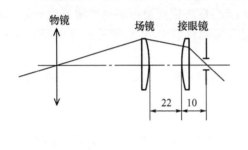

图 8—23　习题 8—17 示意图　　　　图 8—24　习题 8—18 示意图

8—19　有一望远镜，物镜最大通光口径为 46 mm，求该望远镜的有效视放大率等于多大？假定该望远镜的实际视放大率为 10，问用多大口径的光阑孔遮盖物镜时，恰好使仪器的衍射分辨率与视角分辨率相等？

8—20　59-1 式对空 3 m 测距机中，望远系统的出瞳直径为 1.6 mm，视放大率为 32，求它的衍射分辨率和视角分辨率各为多少？欲分辨 0.1 m 的目标，问该目标到望远镜的距离不能大于多少米？是否能用提高视放大率的办法分辨更小的细节？为什么？

8—21　火箭筒夜间瞄准镜由物镜、红外变像管、目镜三部分构成，假定火箭筒夜间瞄准镜的视放大率为 2.9，视场 $2\omega=8°$。相对孔径 1∶1.6，变像管的分辨率 $m=30$ lp/mm，垂轴放大率 $\beta=0.62$，出瞳直径 $D'=7$ mm，出瞳距离 $l'_z=25$ mm，求物镜、目镜的焦距和口径各为多少？(在夜间观察条件下人眼的最小分辨角为 6′。假定允许边缘视场渐晕为 50%)

8—22　如图 8—25 所示，在 59-1 式对空 3 m 测距机中，立标准直物镜满足如下要求：

为了便于安置立标分划镜和照明棱镜，要求准直物镜的像方主平面 H' 位于物镜后 88.8 mm 处，立标准直物镜焦距为 2 400 mm，左右两支准直物镜焦距配对很严格，应采用内调焦物镜，由负透镜组和正透镜组构成，两透镜之间间隔为 52.6 mm，求两个透镜组的焦距。

8—23　有一体视测距机，基线为 1.2 m，要求在 1 000 m 距离上的测距误差小于 4.5 m，问该体视测距机的视放大率应至少不小于多少倍(取整数倍)？它的理论角误差等于多少？

8—24　如图 8—26 所示，中等精度经纬仪内调焦物镜由正透镜组 O_1 和负透镜组(也称调焦组)O_2 构成 。当物体位于无限远处时，对应的物镜组合焦距为 f'_0。正透镜组焦距为 f'_1，正、负透镜组光心 O_1、O_2 和分划板十字中心 A 的连线称为"理想视准轴"。由于加工装配误差，O_1、O_2、A 可能不位于一条直线上，我们把十字中心 A 通过调焦镜的像点 A' 与正透镜组光心 O_1 的连线 O_1A' 称为"实际视准轴"。假定调焦镜的光轴在铅垂方向上偏移距离为 δ，从而引起视准轴变化 α 角，试证 $\alpha=\dfrac{f'_0-f'_1}{f'_0f'_1}\delta$。假定物镜的组合焦距 f'_0 为 250 mm，正透镜组焦距 f'_1 为 100 mm，透镜在垂直方向上偏移量 δ 为 0.004 mm，求引起视准轴变化多少？

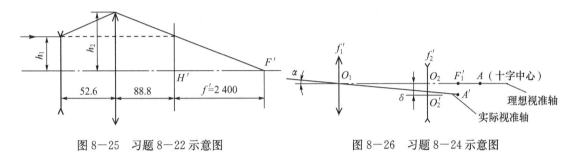

图 8—25　习题 8—22 示意图　　　　　　　图 8—26　习题 8—24 示意图

8—25　假定体视测距机基线长 2 m，测距范围 1 000~15 000 m，采用旋转双光楔式光学补偿器，光楔楔角为 $8'$，玻璃材料的折射率 $n=1.555$，求最大偏角补偿范围和光楔最大转动范围。

8—26　上题中的光学补偿器若采用移动长焦距透镜式的，正透镜的移动量最大不超过 10 mm，求补偿器正透镜焦距。

8—27　一个显微镜系统，物镜的焦距 $f'_物=15$ mm，目镜的焦距 $f'_目=25$ mm（均为薄透镜），二者相距 190 mm，求显微镜的放大率和物体位置。如将此系统看成一个放大镜，其等效焦距和倍率是多少？

8—28　两个薄透镜相距 200 mm 组成一个 40 倍的显微镜系统，目镜的焦距 $f'_目=25$ mm，求物镜的焦距和光学筒长。

8—29　已知显微镜目镜 $\Gamma_目=15$，问其焦距为多少？物镜 $\beta=-2.5$，共轭距 $L=180$ mm，求其焦距及物、像距离，并求显微镜的总放大率及总焦距。

8—30　如欲分辨 0.000 5 mm 的微小物体，采用倾斜照明方式，照明光波长为 550 nm，求显微镜的放大率最少应为多少？数值孔径取多少较为合适？

8—31　有一生物显微镜，物镜数值孔径 $NA=0.5$，物体大小 $2Y=0.4$ mm，照明灯灯丝半径为 0.6 mm，灯丝到物面距离为 100 mm，采用临界照明，求聚光镜的焦距和通光口径。

8—32　一架显微镜用于观察不发光物体，采用倾斜照明，$NA=0.25$，分别采用远紫外（$\lambda=0.2\ \mu m$）和 D 光（$\lambda=0.589\ 3\ \mu m$）照明物体，试分别求其分辨率。

8—33　要求设计一个专用显微镜，视放大率 $\Gamma=100$，如果采用一个焦距为 25 mm 的目镜，物镜的工作距为 15 mm，求物镜的焦距和共轭距离。

8—34　用一个读数显微镜观察直径为 200 mm 的圆形刻度盘，两刻划线之间对应的圆心角为 $6''$，要求通过显微镜以后两刻划线之间对应的视角为 $1'$，应使用多大倍率的显微镜？如果目镜的倍率为 10，则物镜的倍率为多大？要求显微镜的出瞳直径为 2 mm，则物镜的数值孔径为多少？

8—35　已知显微镜的视放大率为 300，目镜的焦距为 20 mm，求显微镜物镜的倍率。假定人眼的视角分辨率为 $60''$，问使用该显微镜观察时，能分辨的两物点的最小距离等于多少？该显微镜物镜的数值孔径应不小于多少？

第九章 照相机和投影仪

照相机和投影仪被广泛应用于科研、生产、国防、教育和文化生活等各领域中。本章首先介绍照相物镜光学特性。目前变焦距照相物镜的应用日益广泛,变焦照相物镜设计成败的关键是外形尺寸计算也即高斯光学计算,因而本章以变焦距电视摄像镜头为例,较详细说明变焦距物镜高斯光学计算方法和过程。投影仪由投影物镜和照相系统两部分构成,本章介绍投影物镜的光学特性和两类照明方式,由于在投影仪中光能计算占有相当重要的地位,我们运用"辐射度学和光度学基础"一章中的基本知识,通过实例进一步阐述投影仪中两类不同照明方式及光能的计算方法。

一、本章要点和主要公式

(一)照相物镜的光学特性

1. 焦距

对照相物镜而言,物距 $l \gg f'$,因此像距 $l' \approx f'$,照相物镜的垂轴放大率 $\beta \approx f'/l$,因此物镜的焦距决定了底片上的像和实际被摄物体之间的比例尺。在相同物距 l 下,欲得到大比例尺的照片,必须采用长焦距镜头,因此用于远程摄影的镜头都是长焦距镜头。

2. 相对孔径 D/f'

根据像平面光照度公式 $E' = (1/4)\tau\pi L(D/f')^2$,照相物镜底片上的光照度和相对孔径的平方成正比,所以照相物镜的相对孔径决定了照片上光照度的大小。

3. 视场角 2ω

根据视场角 2ω 和像高 y' 的关系式 $y' = -f'\tan\omega$ 或 $\tan\omega = -y'/f'$,当焦距一定时,像幅尺寸 y' 决定了视场角 2ω,也即决定了被摄景物的拍摄范围。当像幅尺寸一定时,焦距 f' 越短,视场 ω 越大,因而广角镜头都是短焦距镜头。

4. 分辨率 N

照相物镜本身的分辨率用 $N_物$ 表示,$N_物$ 通常用像平面上每毫米能分辨开的宽度相同、黑白相间的线对数(lp/mm)来表示。$N_物 = 1\,500/F$ lp/mm,式中,F 为相对孔径的倒数,称为"光圈数"。F 越小,即相对孔径越大,分辨率越高。照相物镜的照相分辨率 $N_总$ 除了与照相物镜本身分辨率 $N_物$ 有关外,还与底片的分辨率 $N_底$ 有关,其关系式为

$$\frac{1}{N_总} = \frac{1}{N_物} + \frac{1}{N_底} \tag{9-1}$$

例 9-1:有一航空摄影相机,物镜焦距为 100 mm,像面画幅尺寸为 180 mm×180 mm,问物镜视场角等于多大? 如果飞机在上空 5000 m 处拍摄,求一次拍摄的地面范围多大?

解:像面尺寸为 180 mm×180 mm 的正方形,在计算照相物镜的视场角时,应将其正方

形的对角线长度作为像高。

对角线长 $2y' = \sqrt{180^2 + 180^2} = 254.56$（mm），$y' = 127.28$ mm，根据理想像高和视场角关系有

$$\tan \omega = -\frac{y'}{f'} = -\frac{127.28}{100} = -1.272\,8$$

$$\omega = 51.8°,\ 2\omega = 103.6°$$

即照相物镜的视场角 $2\omega = 103.6°$。

飞机在上空 5 000 m 处拍摄，一次拍摄的地面范围 S 有多大呢？照相物镜的垂轴放大率 $\beta = f'/l$，将 $f' = 100$ mm $= 0.1$ m，$l = -5\,000$ m 代入得 $\beta = \dfrac{0.1}{-5\,000} = -2 \times 10^{-5}$。根据垂轴放大率定义 $\beta = y'/y$ 或 $y = y'/\beta$，将 $y' = 180$ mm $= 0.18$ m，$\beta = -2 \times 10^{-5}$ 代入得 $y = 0.18/(-2 \times 10^{-5}) = -9\,000$（m），一次拍摄地面范围 $S = 9\,000$ m $\times 9\,000$ m。

例 9－2：用焦距为 50 mm 的摄影镜头对身高 1.8 m 的演员进行拍摄，底片为 1：1.66 遮幅宽银幕电影底片，曝光窗高为 13.28 mm，如果要求曝光窗刚好摄下该演员全身高，问演员应离镜头多远？

解：根据已知条件：物高 $y = 1.8$ m $= 1\,800$ mm，像高 $y' = 13.28$ mm，因此垂轴放大率 $\beta = \dfrac{y'}{y} = -\dfrac{13.28}{1\,800} = -\dfrac{1}{135.54}$，根据物像位置及大小关系式有

$$\beta = \frac{l'}{l} \tag{a}$$

$$\frac{1}{l'} - \frac{1}{l} = \frac{1}{f'} \tag{b}$$

将 $\beta = -1/135.54$ 代入式（a），将 $f'_{物} = 50$ mm 代入式（b）后，联立式（a）、式（b），可求得 $l = -6.83$ m。就是说演员位于摄影镜头前 6.83 m 处时，曝光窗刚好摄下他的全身高。

例 9－3：假定用相对孔径为 1：2 的照相物镜进行拍摄，并使用 21°底片，其底片的分辨率为 80 lp/mm，问该照相物镜的照相分辨率为多少？

解：根据照相物镜的照相分辨率公式（9-1）

$$\frac{1}{N_{总}} = \frac{1}{N_{物}} + \frac{1}{N_{底}}$$

照相物镜分辨率公式为 $N_{物} = \dfrac{1\,500}{F}$，将 $F = \dfrac{f'}{D} = 2$，代入得 $N_{物} = \dfrac{1\,500}{2} = 750$（lp/mm），将 $N_{物} = 750$ lp/mm，$N_{底} = 80$ lp/mm 一并代入式（9-1）得

$$\frac{1}{N_{总}} = \frac{1}{750} + \frac{1}{80} = 0.013\,8$$

$$N_{总} \approx 721\ \text{lp/mm}$$

如果底片改用精密制版用的超微粒干版，其分辨率为 1 500 lp/mm，其他条件不变，那么照相分辨率为多少呢？用上述同样方法，可求得 $N_{总} \approx 500$ lp/mm。

由此可见，随着感光材料的不同，底片的分辨率差别很大，用同一架相机拍摄时，所得实际照相分辨率差别很大。

（二）变焦距照相物镜

变焦物镜的应用越来越广泛，不仅用于新闻采访、电影摄制、电视摄影、转播等场合，而且

逐步扩大到135♯照相机和小型电影放映机上。变焦物镜外形尺寸计算即高斯光学计算是变焦物镜设计成败的关键。下面我们以变焦距电视摄像镜头为例说明变焦距照相物镜的高斯光学计算方法。

例9—4：变焦距电视摄像镜头高斯光学计算

1. 光学性能指标及技术条件

① 变焦范围 $f'=200\sim600$ mm。

② 相对孔径 1：6。

③ 幅面尺寸 $\phi16$ mm。

④ 镜筒长度(从光学系统第一面顶点到像面距离)为 $500\sim600$ mm,尽可能缩短。

⑤ 从短焦到长焦的变焦时间小于 1 s,导程(变焦组最大移动范围)尽可能短。

由上述要求看到,该系统外形尺寸的突出特点是镜筒长度短、导程短。

变焦类型有好几种,选择哪一种型式既满足各项技术指标要求,又易于实现呢? 这就需要对变焦类型有所了解,下面我们介绍几种常见的变焦类型。

2. 变焦类型

变焦类型一般是按系统中变焦透镜组的个数,以及正透镜组和负透镜组配置位置进行分类的。图9—1所示的四种变焦类型可供选择。

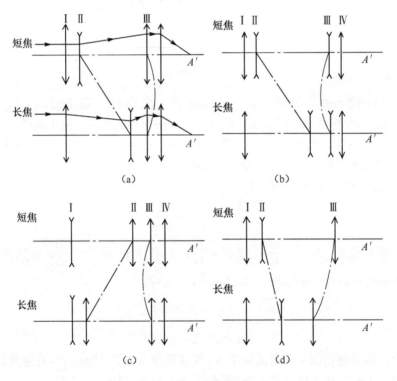

图9—1　变焦类型

这四种类型中,前三种都符合物像交换原则,第四种属于非物像交换原则。究竟选用哪一种,不是能一眼看出的,而是需要对各种情况进行高斯光学计算,反复地分析比较后才能确定最佳方案。下面介绍高斯光学计算方法和计算过程。

3. 高斯光学计算

（1）原理方案的确定

高斯光学计算的任务是根据变焦物镜的焦距变化范围、相对孔径、幅面大小和外形尺寸的要求，确定系统中每个透镜组的焦距、口径以及变焦透镜组的移动范围。在这一过程中，需要对各种可能的方案做大量的高斯计算，并进行分析对比，以便找出结构既简单又能满足技术要求的最佳方案。由于篇幅所限，不可能将整个过程详细写出，只能将通过大量计算及分析对比后得出的结论做简要介绍。

① 前固定组（Ⅰ）的焦距 f'_1 对导程起比例尺的作用，无论是哪种类型的变焦类型，f'_1 值一经确定，导程便一定，欲使导程短，前固定组的焦距 f'_1 不能太长。

② 在相同 f'_1 和相同 $|\beta_3|$（β_3 为补偿组Ⅲ的垂轴放大率）条件下，变焦类型不同，镜筒长度不同，负－正型的镜筒长度最短，正－负型的镜筒长度最长。

③ 在同一变焦类型中，f'_1 相同、$|\beta_3|$ 不同时，镜筒长度不同。负－正型中，$|\beta_3|$ 越小，镜筒长度越短；负－负型中，$|\beta_3|$ 越小，镜筒长度越长。

综上所述，为了减小系统的总长和导程，应采用负－正型结构型式。f'_1 值尽可能小，但不能过小，因 f'_1 太小，将使各透镜组的相对孔径加大。我们取 $f'_1=250$ mm 。f'_1 确定后，如何确定 β_3 的数值呢？换句话说，轴向光束从补偿组是以平行光轴出射呢？还是以非平行光轴出射呢？上面已介绍过，$|\beta_3|$ 越小，镜筒长度越短。当 $\beta_3=\infty$ 时，镜筒长度最长，似乎不应采取轴向光束平行光轴出射的方案，但事物总是复杂的，看问题必须全面周到。在进行高斯光学计算时，就要预计到像差校正是否能实现，还要预计到各透镜组的大致结构型式。高斯光学计算不合理，将给像差校正带来困难，致使成像质量不佳，或者结构过分复杂。因本系统的视场很小，所以相对孔径的大小将决定各透镜组结构的复杂程度。因此在确定原理方案时，除了考虑影响镜筒长度和导程长度的因素外，还要注意影响各透镜组相对孔径的因素。当取 $f'_1=250$ mm时，经计算 $\beta_3=-1/4$ 和 $\beta_3=\infty$ 两种情况得：

$\beta_3=-1/4$ 时，$D_3/f'_3=1/0.87$，$D_2/f'_2=1/1.6$，筒长约 341 mm；

$\beta_3=\infty$ 时，$D_3/f'_3=1/4.3$，$D_2/f'_2=1/1.6$ ，筒长约 524 mm。

由此可见，当 $\beta_3=\infty$ 时，相对孔径 D_3/f'_3 相对降低，容易实现，筒长虽加大，但还能接受。采取 $\beta_3=\infty$ 的另一优点是补偿透镜组和后固定组之间是平行光，便于装配调整，光阑放在平行光路中，在变焦过程中光阑口径大小不变，可保持变焦距物镜的相对孔径不变。基于上述优点，本系统采用负－正型（符合物像交换原则）变焦类型，取 $f'_1=250$ nm，$\beta_3=\infty$ 的方案。

（2）高斯光学计算

高斯光学计算也就是变焦距物镜外形尺寸计算。下面以 $f'_1=250$ mm ，$\beta_3=\infty$，负－正型变焦物镜为例，具体说明变焦系统高斯光学的计算方法和过程。

该变焦物镜的变焦范围为 $200\sim600$ mm，变焦比 $m=3$。如图 9－1(a) 所示的变焦物镜中，变焦主要由变倍组Ⅱ完成，由于采用了符合物像交换原则的变焦类型，因此长焦情况下，前固定组Ⅰ与变倍组Ⅱ的组合焦距 $f'_{12长}=f'_1\beta_2$，其中 β_2 为变倍组的垂轴放大率。短焦情况下，$f'_{12短}=f'_1\beta_2$，$m=f'_{12长}/f'_{12短}=\beta_2^2=3$，所以 $\beta_{2长}=-\sqrt{3}$，$\beta_{2短}=-1/\sqrt{3}$ ，这样便可实现变焦比 $m=3$。

① 求变倍组的物像位置及导程 q。为方便起见，归化 $\overline{f}'_2=-1$，最后再按实际的 f'_2 值对整个系统进行缩放。

对变倍组Ⅱ应用高斯物像关系式。由图9-2得

$$\frac{1}{l_2'} - \frac{1}{l_2} = \frac{1}{f_2'} \tag{a}$$

$$\beta_2 = \frac{l_2'}{l_2} \tag{b}$$

联立式(a)、式(b)得

$$l_2' = (1 - \beta_2)f_2' \tag{c}$$

$$l_2 = \left(\frac{1}{\beta_2} - 1\right)f_2' \tag{d}$$

将 $f_2' = -1$，$\beta_{2短} = -1/\sqrt{3}$ 代入式(d)，得归一化后的物距和像距为

$$l_{2短} = (-\sqrt{3} - 1) \times (-1) = 2.732$$

$$l_{2长} = [1 - 1/(-\sqrt{3})] \times (-1) = -1.577\ 35$$

因为变倍组符合物像交换原则，所以有

$$\bar{l}_{2短} = -\bar{l}_{2长}', \text{即} \bar{l}_{2长}' = -2.732$$

$$\bar{l}_{2短}' = -\bar{l}_{2长}, \text{即} \bar{l}_{2长} = 1.577\ 35$$

导程 $q = \bar{l}_{2短} - \bar{l}_{2长} = 2.732 - 1.577\ 3 = 1.154\ 65$。

② 求前固定组Ⅰ的归一化焦距 $\bar{f}_1'$。在短焦位置时，前固定组Ⅰ与变倍组Ⅱ之间的距离最短。为使Ⅰ、Ⅱ两组不相碰，且实际间隔大小合适，取Ⅰ、Ⅱ之间的归一化距离 $\bar{d}_{12短} = 0.3$。由图9-2(a)得

$$\bar{f}_1' = \bar{d}_{12短} + \bar{l}_{2短} = 0.3 + 2.732 = 3.032$$

③ 求补偿组Ⅲ的归一化焦距 $\bar{f}_3'$。由于光线从补偿组Ⅲ平行出射，所以变倍组Ⅱ的像点和补偿组Ⅲ的物方焦点 F_3 重合。由图9-2(b)得

$$\bar{f}_3' = \bar{d}_{23长} - \bar{l}_{2长}$$

当位于长焦位置时，变倍组Ⅱ和补偿组Ⅲ之间的距离最短，同样取 $\bar{d}_{23长} = 0.3$，将 $\bar{d}_{23长} = 0.3$，$\bar{l}_{2长} = -2.732$ 一并代入 $\bar{f}_3'$ 表达式中得

$$f_3' = 0.3 + 2.732 = 3.032$$

④ 求后固定组Ⅳ的归一化焦距 $\bar{f}_4'$。整个系统总焦距

$$f' = f_1'\beta_2\beta_3\beta_4 \tag{e}$$

由于Ⅲ、Ⅳ之间为平行光，因此有

$$\beta_3\beta_4 = \frac{-f_4'}{f_3'} \tag{f}$$

将式(f)代入式(e)得

$$f' = f_1'\beta_2\frac{-f_4'}{f_3'} \text{ 或 } f_4' = -\frac{f_3'}{f_1'\beta_2} \tag{g}$$

对短焦或长焦两种情况使用式(g)，均可求得 $\bar{f}_4'$ 值。用短焦情况求 $\bar{f}_4'$，将 $\beta_{2短} = -1/\sqrt{3}$，$\bar{f}_1' = 3.032$，$\bar{f}_3' = 3.032$ 一并代入式(g)得

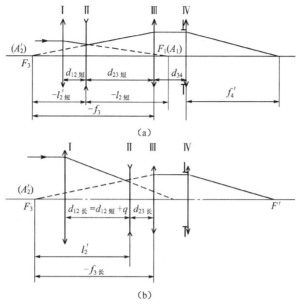

图 9—2 变焦距系统的高斯光学计算

$$\overline{f}'_4 = \frac{-\overline{f}'_{\text{短}}}{-\dfrac{1}{\sqrt{3}}} = \sqrt{3}\,\overline{f}'_{\text{短}}$$

取补偿组Ⅲ和后固定组Ⅳ的主面之间的距离 $\overline{d}_{34}=0.4$。

综上所述,当变倍组Ⅱ的归一化焦距 $\overline{f}'_2 = -1$ 时有

$$\overline{f}'_1 = 3.032$$

$$\overline{d}_{12\text{短}} = 0.3$$

$$\overline{f}'_2 = -1$$

$$\overline{d}_{23\text{短}} = \overline{d}_{23\text{长}} + \overline{q} = 0.3 + 1.154\ 65 = 1.454\ 65$$

$$\overline{f}'_3 = 3.032$$

$$\overline{d}_{34} = 0.4$$

$$\overline{f}'_4 = \sqrt{3}'\overline{f}'_{\text{短}}$$

前固定组Ⅰ的归一化焦距 $\overline{f}'_1 = 3.302$,而实际焦距取 $f'_1 = 250$ mm ,缩放比 $K = 250/3.032 = 82.454$,我们按 K 值对上述各量进行缩放后得实际值如下(单位为 mm):

$$f'_1 = 250$$

$$d_{12\text{短}} = 24.736,\ d_{12\text{长}} = 119.942$$

$$f'_2 = -82.454$$

$$d_{23\text{短}} = 119.942,\ d_{23\text{长}} = 24.736$$

$$f'_3 = 250$$

$$d_{34\text{短}} = 32.98,\ d_{34\text{长}} = 32.98$$

$$f'_4 = \sqrt{3} \times 200 = 346.41$$

$$q = 95.206$$

系统总长 $L = d_{12} + d_{23} + d_{34} + f'_4 = 524.07$ mm,满足总长 500～600 mm 的要求。

⑤ 计算各透镜组通光口径。本系统幅面尺寸为 $\phi 16$ mm,短焦时视场最大,根据视场和理想像高关系,有 $\tan \omega = -y'/f' = -8/200 = -0.04$, $\omega = -2.3°$, $2\omega = 4.6°$,长焦时视场更小,而且视场边缘允许有一定的渐晕,因此可按轴向边缘光线在各透镜组上的投射高来确定各透镜组的通光口径。

根据技术要求,变焦物镜的相对孔径 $D/f' = 1/6$,当长焦时轴向口径最大,$D = (D/f')f' = \frac{1}{6} \times 600 = 100$ (mm),前固定组口径 $D_1 = D = 100$ mm,前固定组 I 的相对孔径 $D_1/f'_1 = 100/250 = 1/2.5$。后固定组 IV 位置不动,系统在变焦过程中,相对孔径 D_4/f'_4 保持 1/6 不变,像方孔径角 u' 的正切值 $\tan u' = 1/12$。因为 $\tan u' = \frac{h_4}{f'_4} = 1/12$,所以 $h_4 = \frac{f'_4}{12} = \frac{346.41}{12} = 28.87$(mm),$D_4 = 2h_4 = 57.74$ mm,后固定组 IV 的通光口径为 57.74 mm。

补偿组 III 的轴向口径 D_3 和后固定组通光口径 D_4 相同,即 $D_3 = 57.74$ mm,它的相对孔径 $D_3/f'_3 = 57.74/250 = 1/4.3$。

变倍组 II 的通光口径 D_2 随着变焦情况而变,下面按短焦和长焦两种情况计算 D_2。因为轴向光束以平行光轴方向从补偿组 III 射出,所以有

$$\tan u_3 = -\frac{h_3}{f'_3} = \frac{28.87}{250} = -0.115\ 48 = \tan u'_2$$

短焦时 $h_{3短} = h_{2短} - d_{23短} \tan u'_2$ 或 $h_{2短} = h_{3短} + d_{23短} \tan u'_2$。

将已知 $h_{3短} = h_3 = 28.87$ mm,$d_{23短} = 119.942$ mm,$\tan u'_2 = -0.115\ 48$ mm 代入 $h_{2短}$ 表达式得

$$h_{2短} = 15.02\ \text{mm}, D_{2短} = 30.04\ \text{mm}, \left(\frac{D_2}{f'_2}\right)_短 = \frac{30.04}{-82.454} = \frac{1}{2.74}$$

用同样的方法求长焦时的变倍组 II 的通光口径 $D_{2长}$。

$$h_1 = 50, \tan u_1 = 0, \tan u'_1 = \frac{h_1}{f'_1} = \frac{50}{250} = 0.2$$

$$h_{2长} = h_1 - d_{12长} \tan u'_1 = 50 - 119.942 \times 0.2 \approx 26\ (\text{mm})$$

$$D_{2长} = 2h_{2长} = 52 > D_{2短}, 取 D_2 = 52\ \text{mm}$$

$$\left(\frac{D_2}{f'_2}\right)_长 = \frac{52}{82.454} = \frac{1}{1.6}$$

因为
$$\left(\frac{D_2}{f'_2}\right)_长 > \left(\frac{D_2}{f'_2}\right)_短$$

所以取
$$\left(\frac{D_2}{f'_2}\right) = \left(\frac{D_2}{f'_2}\right)_长 = \frac{1}{1.6}$$

将前面计算的各透镜组焦距及相对孔径整理如下:

前固定组
$$f'_1 = 250, \left(\frac{D_1}{f'_1}\right) = \frac{1}{2.5}$$

变倍组
$$f'_2 = -82.454, \left(\frac{D_2}{f'_2}\right) = \frac{1}{1.6}$$

补偿组 $\qquad f'_3=250,\left(\dfrac{D_3}{f'_3}\right)=\dfrac{1}{4.3}$

后固定组 $\qquad f'_4=346.41,\left(\dfrac{D_4}{f'_4}\right)=\dfrac{1}{6}$

根据各透镜组的焦距和相对孔径,选择各透镜组的结构类型。值得一提的是,后固定组相对孔径只有 $1/6$,本来可选用双胶合透镜组,但为了进一步缩短系统总长度,选用摄远型物镜。

(三)投影仪中投影物镜的光学特性和两类不同照明方式

投影仪的作用是将一定大小的物体经照明系统照明后,由投影物镜成像在屏幕上供观察或测量,要求成像清晰,物像相似,像足够亮且均匀。

1. 投影物镜的光学特性

(1)视场

投影物镜的视场用投影物体的最大尺寸——线视场表示。根据垂轴放大率公式 $y=\dfrac{y'}{\beta}$,式中,y 为物方线视场大小;y' 为屏幕大小,屏幕尺寸有一定规格,常见的圆形屏幕尺寸有 $\phi400\ \text{mm}$、$\phi600\ \text{mm}$、$\phi800\ \text{mm}$、$\phi1\,200\ \text{mm}$、$\phi1\,500\ \text{mm}$ 等,选定屏幕后,已知放大率 β 便可知物方线视场大小。

(2)相对孔径

投影物镜像距 $l'\gg$ 焦距 f',因此物距 $l\approx-f'$,物方孔径角为 u,$\sin u=D/(2f')$,而 $\beta=\sin u/\sin u'$,所以 $\sin u'=\sin u/\beta$。将 $\sin u'$ 关系式代入像平面照度公式 $E=\dfrac{1}{4}\tau\pi L\sin^2 u'$ 得

投影物镜像平面照度公式

$$E=\frac{1}{4}\tau\pi L(D/f')^2(1/\beta)^2 \qquad\qquad (9-2)$$

由式(9-2)可知,投影物镜的相对孔径 D/f' 决定了屏幕上的光照度,因此相对孔径是投影物镜的重要光学特性之一。

(3)放大率 β

投影物镜物距 $l'\approx f'\beta$,所以 $\beta\approx l'/f'$ 或者 $l'\approx\beta/f'$,当 f' 一定时,β 加大,像距 l' 加大,轴向结构尺寸加大。从式(9-2)看出,像平面(屏幕)光照度 E 与 β^2 成反比,当 β 加大时,为保证屏幕上有一定大小的光照度值,应加大投影物镜的相对孔径。

(4)工作距离

与屏幕共轭的物平面到投影物镜第一面的距离称为"工作距离",工作距离太短,投影仪使用范围将受到限制。

2. 投影仪中的两类照明方式

投影仪中照明系统的作用是将光源发出的光通量尽可能多地聚集到投影物镜中去,并均匀照明被投影物体。照明方式有以下两大类:

第一类为临界照明:照明系统将光源成像在被投影物体上,为了保证均匀照明,要求光源本身均匀,多用于投影面积比较小的情况,例如电影放映机等。

第二类为柯勒照明:照明系统将光源成像在投影物镜的入瞳上,投影物体位于聚光镜附近,这种照明方式多用于大面积投影仪中,例如幻灯机和放大机等。

计量投影仪中,为了避免调焦不准而引起测量误差,采用物方远心光路,即物镜的入瞳位于物方无穷远处,采用柯勒照明时光源应成像于无穷远,与物镜入瞳重合。

为了满足像面足够亮,即像面上的光照度足够大的要求,在投影系统中光能计算有着重要作用。下面举例说明投影系统中两类不同照明方式的光能计算方法。

例9-5:如图9-3所示,投影仪的光源采用40 W灯泡,灯泡光视能为20 lm/W,各方向均匀发光,照明范围对应的有效孔径角为20°,被照明物体表面为ϕ30 mm圆面积,采用柯勒照明方式。求:被照明物体表面光照度(假定照明系统透过率为0.8);像平面上平均光照度(投影物镜放大率为10,透过率为0.7)。

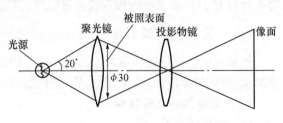

图9-3 例9-5示意图

解:① 求被照明物体表面的光照度。

由灯泡发出的总光通量 $\Phi = K\varphi_e = 20 \times 40 = 800$ (lm),因各方向均匀发光,发光强度 $I = \Phi/(4\pi) = 800/(4\pi) = 63.66$ (cd)。被照明物体表面靠近聚光镜,被照明表面面积 S 为

$$S = \pi r^2 = \pi \times (0.03/2)^2 = 7.07 \times 10^{-4} (\text{m}^2)$$

假定聚光镜接收的光通量为 Φ_1

$$\Phi_1 = I\Omega_1$$

而 $\Omega_1 = 4\pi\sin^2\dfrac{u}{2}$,已知 $u = 20°$,代入后得

$$\Omega_1 = 4\pi\sin^2\frac{20°}{2} = 0.379 \ (\text{sr})$$

将 $I = 63.66$ cd,$\Omega_1 = 0.379$ sr 代入式 Φ_1,得 $\Phi_1 = 24.127$ lm。

从聚光镜出射的光通量 Φ_1' 等于被照表面接收的光通量 Φ_2。

$$\Phi_2 = \Phi_1' = \tau_{\text{聚}}\Omega_1 = 0.8 \times 24.127 = 19.3 \ (\text{lm})$$

被照表面上平均光照度 E 为

$$E = \Phi_2/S = 19.3/(7.07 \times 10^{-4}) = 2.73 \times 10^{-4}(\text{lx})$$

② 求投影仪像面上的光照度。从聚光镜射出的光通量 Φ_1',也即射入投影物镜的光通量 Φ_2。从投影物镜射出的光通量 Φ_2',也就是投影仪像面上接收的光通量。考虑到投影物镜的透过率,$\Phi_2' = \tau_{\text{物}}\Phi_2$,将 $\tau_{\text{物}} = 0.7$,$\Phi_2 = 19.3$ lm 代入 Φ_2' 表达式得

$$\Phi_2' = 0.7 \times 19.3 = 13.51 \ (\text{lm})$$

被照像平面半径为 $R = \beta r = 10 \times 0.015 = 0.15$(m),被照圆面积 $S' = \pi r^2 = \pi \times 0.15^2 = 0.070\ 7(\text{m}^2)$。根据光照度定义,投影仪像面上的光照度 $E' = \dfrac{\Phi'}{S}$,将各量代入后得

$$E' = 13.51/0.070\ 7 = 191(\text{lm})$$

例9-6:59-1式3 m对空体视测距机中的立标夜间观测系统如图9-4所示。采用临界照明方式,即光源经聚光镜成像在立标分划上,再经准直物镜和观察物镜,成像在观察物镜像方焦面 $F'_{\text{观}}$ 上。已知立标分划范围为17.7 mm×1.9 mm,准直物镜焦距 $f'_{\text{准}} = 2\ 417$ mm,通光口径 $D_{\text{准}} = 42$ mm,观察物镜焦距 $f'_{\text{观}} = 859.6$ mm,通光口径 $D_{\text{观}} = 51$ mm,光源的光亮度为 2×10^6 cd/m²。整个系统的透过率 $\tau = 0.2$(为使照明均匀及消除色彩,光源后加入了毛玻

璃和绿色滤光片）。求立标像的光照度。

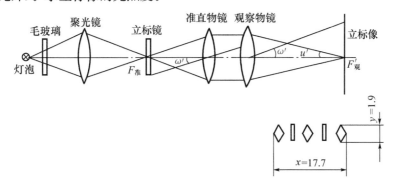

图9—4 例9—6示意图

解：根据像平面光照度公式(6-38)和式(6-39)有

$$E'_\omega = E_0 \cos^4 \omega' = \tau \pi L \sin^2 u' \cos^4 \omega'$$

式中，ω' 为立标分划半对角线对应的视场角；$\tan \omega' = y'_{max}/f'_准$，$y'_{max} = \frac{1}{2}\sqrt{17.7^2 + 1.9^2} = 8.9$ (mm)，$f'_准 = 2\,417$ mm，$\tan\omega' = 8.9/2\,417 = 0.003\,7$，$\omega' = 0.21°$，$\cos^4\omega' \approx 1$。式(6-38)中 u' 为立标轴上点边缘光线与光轴夹角，$\sin u' = D/(2f'_观)$。已知条件中，$D_准 = 42$ mm，$D_观 = 51$ mm，D 应该取多大？准直物镜和观察物镜之间为平行光，虽然 $D_观 = 51$ mm，但从准直物镜射出的平行光束口径仅是 42 mm，并未充满观察物镜，所以观察物镜的有效口径 $D_效 = D_准 = 42$ mm，$\sin u' = 42/2 \times 859.6 = 0.024\,43$，将 $\tau = 0.2$，$L = 2 \times 10^6$ cd/m²，$\cos^4\omega' = 1$ 代入式(6-38)得

$$E'_\omega = E'_0 = 750 \text{ lx}$$

对于夜间观测，立标像具有这么大的光照度是足够亮的。

二、典型题解与习题

（一）典型题解

例 9－7：35 mm 定焦距摄影物镜的焦距标准值有 16 mm、20 mm、28 mm、40 mm、80 mm、150 mm、300 mm、600 mm、1 000 mm、2 000 mm，底片画面尺寸为 22 mm×16 mm。试求对应的视场范围。如果使身高为 1.6 m 的人恰好在底片上得到全身像，求用 $f' = 16$ mm、150 mm、2 000 mm 三种不同焦距拍摄时，被拍照者到相机的距离（均按薄透镜计算）。

解：① 求不同焦距对应的视场角大小。底片画面尺寸为 22 mm×16 mm 的长方形，在求视场范围时，应按画面对角线长（$2y'$）计算。根据视场角和理想像高之间的关系式，有

$$\tan \omega = -\frac{y'}{f'}$$

将 $y' = \frac{1}{2}\sqrt{22^2 + 16^2} = 13.6$ (mm)代入 $\tan \omega$ 表达式中得到物镜视场角 ω 与物镜焦距 f' 的关系为

$$\tan \omega = -\frac{13.6}{f'}$$

上式表示视场角 ω 与焦距 f' 成反比,焦距越短,视场越大。将 $f'=16$ mm、150 mm、2 000 mm 分别代入上式计算后得到相应视场范围如下:

物镜焦距 f'/mm	视场范围 2ω
16	80°44′
150	10°22′
2 000	0°47′

由此可见,相同画面尺寸,焦距越短拍摄视场范围越大,因此短焦矩镜头必然是大视场镜头;相反,照相物镜的焦距越长,拍摄范围越小,长焦距镜头必然是小视场镜头,但成像比例尺大。

② 求被拍摄者离相机的距离。已知被拍摄者身高 1.6 m,底片幅面尺寸宽 22 mm,高 16 mm,身高与底片高共轭,即 $y=1.6$ m$=1$ 600 mm,通常被拍摄距离 $l \gg$ 焦距 f',所以 $l' \approx f'$,根据垂轴放大率公式有 $\beta = y'/y = f'/l$。将 $y=-1$ 600 mm,$y'=16$ mm 代入并整理后得 $l=-100f'$,此式说明当拍摄高度和底片高度一定的条件下,拍摄距离与镜头焦距成正比。下面根据拍摄距离和焦距关系式求拍摄距离。将 $f'=16$ mm、150 mm、2 000 mm 分别代入 l 关系式得到的拍摄距离 l 值如下:

f'/mm	l/m
16	1.6
150	15
2 000	200

由此可见,用不同焦距的相机对同一目标进行拍摄,欲在底片上得到高度相同的像,被拍摄目标离相机的距离是不同的,焦距越短,拍摄距离越近;焦距越长,拍摄距离越远。

如果用不同焦距的相机,拍摄相同距离上的同一目标,在底片上成像大小如何呢? 假定被拍摄者身高 1.6 m,位于离相机 200 m 处,分别用焦距 f' 为 16 mm、150 mm、2 000 mm 的相机拍摄,在底片上的像高是否相同? 根据照相物镜垂轴放大率公式

$$\beta = f'/l = y'/y,\ 或者\ y' = \frac{f'}{l}y$$

将 $y=1.6$ m,$l=-200$ m,以及焦距 f' 值分别代入 y' 表达式,得到相应的像高 y' 为

f'/mm	y'/mm
16	0.128
150	1.2
2 000	16

由此可见,在相同距离上用不同焦距的相机拍摄同一目标时,得到的像高不同,焦距越短像高越小,焦距越长像高越大,即比例尺越大。因此要得到大比例尺的像,必须用长焦距镜头。

例 9—8:海鸥 S—16B 型 16 mm 电影摄影镜头的像面定位距离(镜头轴向定位面到镜头像方焦平面的距离)$L_0 = 17.526$ mm,为供取景用,镜头后面需加分束棱镜,棱镜展开后的平板玻璃厚度为 8 mm,玻璃折射率 $n=1.574\ 3$,问此时的像面定位距离等于多少?

解:在摄影物镜后面光路中,加入镀有半反半透析光膜的分束棱镜,一部分光被反射进入

取景系统，另一部分光透过厚度 d 为 8 mm 的平板玻璃，使外界景物成像在底片上，光线通过平板玻璃时，像面将产生位移，其位移量 Δd 为

$$\Delta d = \frac{n-1}{n}d = \frac{1.574\ 3 - 1}{1.574\ 3} \times 8 = 2.918 \text{（mm）}$$

此时像面定位距离 $L_0^* = L_0 + \Delta d = 17.526 + 2.918 = 20.444$（mm）。

　　为了改善摄影效果，常常加上不同颜色的滤光镜，例如当对远距离目标摄影时，由于大气分子或尘埃对短波光线散射，底片上的对比度下降，影响成像清晰度，为了滤掉短波光线常加入橙红色滤光镜，相当于在光路中加入平板玻璃，如果滤光镜加在物镜后非平行光路中，将引起像平面位移，应予以注意。使用普通摄影镜头，一般将滤光镜加在物镜前的平行光路中，不会产生像平面位移问题。如果是微距摄影，由于物距很小，滤光镜加在物镜前也会引起物平面位移，最终使像平面位置发生变化，导致底片不与物平面共轭，在实际拍摄时，应注意在加入滤光镜后再对物平面进行调焦，而不能先对物平面调焦之后再加入滤光镜，否则不能保证物平面和底片共轭。

　　例 9—9：59-1 式对空 3 m 测距机夜间照明系统如图 9—5 所示。根据实际要求，该照明光路较长，光源到被照立标分划的距离为 1 480 mm，为了提高光源的利用率，需要两级传递，灯丝经聚光镜 I 第一次成像在聚光镜 II 上，然后通过分划物镜 III，第二次成像在准直物镜 IV 框上（即准直物镜入瞳上），灯丝像远离立标分划，以便使立标分划得到均匀照明。已知灯丝第一次成的像 y_1' 离分划物镜 740 mm，被照明立标分划范围为 $\phi 24$ mm，准直物镜焦距 $f_{准}' = 2\ 400$ mm，通光口径 $D = 42$ mm，采用白炽灯泡照明，灯丝为螺线管形状，直径为 1.2 mm，长 1.2 mm，求聚光镜 I、II 和分划物镜 IV 的焦距，以及它们的通光口径。

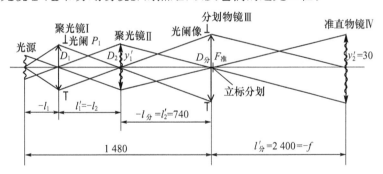

图 9—5　例 9—9 示意图

　　解：① 求分划物镜 III 的焦距。灯丝的第一次成像和第二次成像，对分划物镜符合物像共轭关系。根据物像位置高斯公式有

$$\frac{l}{l'_分} - \frac{1}{l_分} = \frac{1}{f'_分}$$

将已知量 $l'_分 = f'_准 = 2\ 400$ mm，$l_分 = -740$ mm 代入得分划物镜焦距 $f'_分$ 为

$$f'_分 = 565.6 \text{ mm}$$

根据垂轴放大率公式有

$$\beta_分 = \frac{l'_分}{l_分}$$

将 $l'_分 = 2\ 400$ mm，$l_分 = -740$ mm 代入得分划物镜的垂轴放大率 $\beta_分 = -3.24$。

由于光路很长,镜管的微小变形将会引起光轴偏移,很难保证灯丝像恰好和准直物镜的入瞳完全重合,为了使灯丝像能充满准直物镜的入瞳,设计时灯丝像应比准直物镜的入瞳直径大一些,大约为1.5倍,已知准直物镜通光口径 $D_准=42$ mm,如果取灯丝第二次成像高度 $2y_1'=60$ mm, $y_2'=30$ mm,那么灯丝第一次成像高度 y_1' 为

$$y_1' = y_2'/\beta_分 = 30/(-3.24) = 9.26 \text{ (mm)}$$

② 求聚光镜 I 的焦距 f_1'。已知灯丝尺寸 $\phi 1.2$ mm×1.2 mm,因此灯丝高度 $y_1 = 0.6$ mm,又 $y_1' = -9.26$ mm,因此聚光镜 I 的垂轴放大率 β_1 为

$$\beta_1 = -9.26/0.6 = -15.4$$

根据垂轴放大率公式以及图9—5所示 l_1 和 l_1' 的关系,可写出如下两个关系式:

$$\beta_1 = l_1'/l_1 = -15.4$$

或

$$l' = -15.4 l_1 \tag{a}$$
$$-l_1 + l_1' = 1\,480 - 740 = 740 \tag{b}$$

联立式(a)、式(b)求得聚光镜 I 的物距 l_1 和像距 l_1' 为

$$l_1 = 45.12 \text{ mm}, l_1' = 694.88 \text{ mm}$$

将 l_1、l_1' 值代入高斯公式 $\dfrac{1}{l'} - \dfrac{1}{l} = \dfrac{1}{f'}$ 求聚光镜 I 的焦距 f'_1,有

$$\frac{1}{694.88} - \frac{1}{-45.12} = \frac{1}{f'}$$

$$f_1' = 42.37 \text{ mm}$$

③ 求聚光镜 II 的焦距 f_2'。聚光镜 II 的作用是将聚光镜 I 的光阑 P_1(认为与聚光镜框重合)成像在分划物镜 III 的镜框上。对聚光镜 II 来说,物距 $-l_2 = l_1' = 694.88$ mm,像距 $l_2' = 740$ mm,代入高斯物像位置公式,求聚光镜 II 的焦距 f_2'。

$$\frac{1}{f_2'} = \frac{1}{740} - \frac{1}{694.88}, f_2' = 358.36 \text{ mm}$$

④ 求聚光镜 II 的通光口径 D_2。

$$D_2 = 2y_1' = 2 \times 9.26 = 18.5 \text{ (mm)}$$

⑤ 求分划物镜的通光口径 $D_分$。照明范围为 $\phi 24$ mm,取 $D_分 = 24$ mm。

⑥ 求聚光镜 I 的通光口径 D_1。由图9—5得

$$D_1/D_分 = l_1'/(-l_分)$$

将 $D_分 = 24$ mm, $l_1' = 694.88$ mm, $-l_分 = 740$ mm 代入上式得

$$D_1 = 22.5 \text{ mm}$$

例 9—10: 100倍投影物镜采用200 W 白炽灯照明,灯泡的光视效能为200 lm/W,发光体为直径为 $\phi 5$ mm 的球形灯丝,均匀发光,屏幕离投影物镜10 m,要求屏幕中心光照度为100 lx,系统透过率为0.7,求投影物镜的相对孔径和通光口径。

解: ① 光源发出的总光通量。

$$\Phi = K\Phi_e = 20 \times 200 = 4\,000 \text{ (lm)}$$

② 光源的发光强度 $I = \Phi/\Omega$,因整个空间的立体角 $\Omega = 4\pi$,代入后得

$$I = 4\,000/(4\pi) = 318.3 \text{(cd)}$$

③ 发光体的平均光亮度 $L=I/\mathrm{d}S_n$, $\mathrm{d}S_n=\pi r^2$, 将 $r=2.5\times10^{-3}\,\mathrm{m}$ 代入后得 $\mathrm{d}S_n=1.96\times10^{-5}\,\mathrm{m}^2$。将 I、$\mathrm{d}S_n$ 值一并代入 L 表达式得

$$L=1.62\times10^7\ \mathrm{cd/m^2}$$

④ 求物镜相对孔径。根据投影物镜像平面光照度公式 $E=\dfrac{1}{4}\tau\pi L\left(\dfrac{D}{f'}\right)^2\dfrac{1}{\beta^2}$ 可得

$$\frac{D}{f'}=\sqrt{\frac{4E\beta^2}{\tau\pi L}}=\sqrt{\frac{4\times100\times100^2}{0.7\times\pi\times1.62\times10^7}}=\frac{1}{3}$$

⑤ 求物镜通光口径 D。因为投影物镜倍率为 100，物距 l 近似等于物镜焦距 f'，可近似用 $D=\dfrac{D}{f'}f'$ 求物镜通光口径 D。

首先求焦距 f'，上面已说过 $f'\approx-l$，根据物镜垂轴放大率 $\beta=\dfrac{l'}{l}=\dfrac{l'}{-f'}$，$\beta=-100$，代入得 $f'=100\ \mathrm{mm}$，前面又求出了物镜相对孔径 $\dfrac{D}{f'}=1/3$，代入物镜通光口径 D 表达式得

$$D=\frac{1}{3}\times100=33.3\ (\mathrm{mm})$$

例 9－11：投影仪光源的功率为 100 W，光视效能为 20 lm/W，灯丝为球形，直径为 4 mm，各方向均匀发光。光源通过一个聚光镜照亮物平面，如图 9－6 所示。投影物镜的焦距为 100 mm，相对孔径为 1/4，投影倍率为 10。聚光镜把光源放大 4 倍，成像在投影物镜上，求投影像面的光照度（假定系统的透过率为 0.7）。

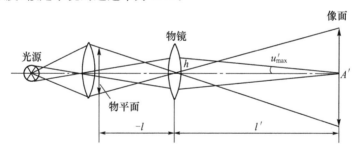

图 9－6　例 9－11 示意图

解：① 求光源辐射出的总光通量 Φ。根据公式 $\Phi=K\Phi_e$，将 $K=20\ \mathrm{lm/W}$，$\Phi_e=100\ \mathrm{W}$ 代入得光通量

$$\Phi=20\times100=2\,000\ (\mathrm{lm})$$

② 求光源的光亮度 L。根据定义，光亮度 $L=I/\mathrm{d}S_n$。发光强度为

$$I=\frac{\Phi}{\Omega}=2\,000/(4\pi)=159.15\ (\mathrm{cd})$$

式中，$\mathrm{d}S_n$ 为光源发光面在垂直照明方向上的投影面积。

已知光源为直径 $2r=4\ \mathrm{mm}$ 的球形发光体，因而 $\mathrm{d}S_n=\pi r^2=\pi\times(0.002\ \mathrm{m})^2=4\times\pi\times10^{-6}\ \mathrm{m}^2$，将 I、$\mathrm{d}S_n$ 的值代入得光源光亮度 L 为

$$L=\frac{159.15}{4\times\pi\times10^{-6}}=1.27\times10^{-7}\ (\mathrm{cd/m^2})$$

③ 求像平面上的光照度。在计算投影物镜像平面光照度时,可直接用投影物镜像平面光照度公式(9-2)即 $E' = \frac{1}{4}\tau\pi L\left(\frac{D}{f'}\right)^2 \frac{1}{\beta^2}$ 计算,也可用像平面光照度普遍公式(6-31)进行计算。我们用式(6-31)计算

$$E'_0 = \tau\pi L \sin^2 u'_{\max} \tag{a}$$

已知投影物镜透过率 $\tau = 0.7$,光亮度 L 已求出,$L = 1.27\times10^7 \text{ cd/m}^2$,欲求得光照度 E'_0,必须求出轴上点像方孔径角 $u'_{\max}$,下面求 $u'_{\max}$,由图9-6可得

$$\tan u'_{\max} = \sin u'_{\max} = h/l' \tag{b}$$

根据高斯物像位置关系式及垂轴放大率公式,并考虑到物镜焦距 $f' = 100 \text{ mm}$,垂轴放大率 $\beta = -10$,可列出如下两个方程式:

$$\frac{1}{l'} - \frac{1}{l} = \frac{1}{f'} \Rightarrow \frac{1}{l'} - \frac{1}{l} = \frac{1}{100} \tag{c}$$

$$\beta = \frac{l'}{l} = -10 \Rightarrow l' = -10l \tag{d}$$

将式(c)、式(d)联立求解,可得像距 $l' = 1\,100 \text{ mm}$,物距 $l = -110 \text{ mm}$。

轴上像点边缘光线在投影物镜上的投射高 h 等于多大呢?已知球形灯丝直径 $d = 4 \text{ mm}$,聚光镜将灯丝成像在投影物镜框(也即入瞳)上,并放大到4倍,即灯丝像高 $d' = 4\times4 = 16$ (mm),题中给出投影物镜 $\frac{D}{f'} = 1/4$,$f' = 100 \text{ mm}$,因此物镜的入瞳直径 $D = 25 \text{ mm}$。灯丝像 $d' <$ 物镜入瞳直径 D,也就是说灯丝并未充满物镜入瞳,因而投射高 h 应取 $d'/2$,而不能取 $h = D/2$。$h = 16/2 = 8$ (mm),将 $h = 8 \text{ mm}$,$l' = 1\,100 \text{ mm}$ 代入式(b),得

$$\sin u'_{\max} = 8/1\,100$$

将 $\tau = 0.7$,$L = 1.27\times10^7 \text{ cd/m}^2$,$\sin u'_{\max} = 8/1\,100$ 代入式(a),得投影物镜像平面光照度为 $E'_0 = 0.7\times\pi\times1.27\times10^7\times(8/1\,100)^2 = 1\,477$(lx),用式(9-2) $E' = \frac{1}{4}\tau\pi L\left(\frac{D}{f'}\right)^2 \frac{1}{\beta^2}$ 计算投影物镜像平面光照度,留给读者去解算,需要注意的是 $\frac{D}{f'}$ 取多大,是直接取物镜本身的 $\frac{D}{f'} = 1/4$,还是取 $\frac{D}{f'} = 16/100 = -1/6.25$?

解这类题目时,应注意以下几点:

第一,计算投影物镜像平面光照度公式容易和计算照相物镜光照度公式混淆。对照相物镜来说,物距 $l \gg$ 焦距 f',所以像距 $l' \approx f'$,这样像平面光照度普遍公式(6-31)中的 $\sin u'_{\max} \approx \frac{h}{f'} = \frac{1}{2}\left(\frac{D}{f'}\right)$,因此照相物镜的光照度公式为 $E'_0 = \frac{1}{4}\tau\pi L\left(\frac{D}{f'}\right)^2$;对投影物镜来说,$|\beta| \gg 1$,像距 $l' \gg f'$,$\sin u'_{\max} = h/l' \neq \frac{1}{2}\left(\frac{D}{f'}\right)$。

第二,$\sin u'_{\max} = h/l'$,怎样取 h,要注意灯丝像是否充满物镜入瞳,若灯丝像 $d' \geqslant$ 物镜入瞳直径 D,即灯丝像充满入瞳,则取 $h = D/2$;若灯丝像 $d' <$ 入瞳直径 D,有效口径为 d',则取 $h = d'/2$。

第三,计算光源光亮度公式 $L = I/dS_n$,式中,dS_n 为光源发光面在与照明方向相垂直方向

上的投影面积,而不是发光体的全部表面积。例如球形灯丝直径 $d=2r$,它的发光总面积 dS $=4\pi r^2$,而在与照明方向相垂直方向的投影面积为球体的最大截圆面积,即 $dS_n=\pi r^2$。

二、习题

9-1　照相物镜的作用是什么？表示照相物镜光学特性的参量有哪些？

9-2　照相机中的取景器的作用是什么？取景器的最基本要求是什么？

9-3　照相机中调焦系统的作用是什么？试举四种以上调焦方法。

9-4　说明变焦距物镜的工作原理,常见的变焦类型有哪几种？

9-5　投影物镜的作用是什么？表示投影物镜光学特性的参量有哪些？

9-6　投影仪中聚光照明系统的作用是什么？对聚光照明系统有哪些要求？

9-7　什么叫临界照明？什么叫柯勒照明？它们各自的特点是什么？

9-8　焦距为 3 m 的远程照相机,对 15 km 处的景物进行拍摄,像的比例尺多大？

9-9　有一低空侦察相机,相对孔径为 1：2.5,底片幅面为 70 mm×80 mm,其幅面对角线对应的视场角为 60°,求该相机镜头的焦距;如果孔径光阑与镜头框重合(照相镜头假定是薄透镜),镜头直径多大？

9-10　某测量仪器中的物镜焦距为 50 mm,已知物高 500 mm,在标尺分划刻线面上测得的像高为 2.512 mm,为了消除由于像平面和标尺分划刻线面不重合而造成的测量误差,采用像方无心光路。求：

(1) 被测物体距离;

(2) 系统物方视场角和像方视场角(提示:边缘物(像)点光束的主光线与主轴夹角的 2 倍,称作物(像)方视场角)。

9-11　普通 135♯ 相机的标准摄影镜头焦距为 50 mm,底片的幅面尺寸高 24 mm,宽 36 mm,假定被摄物平面在镜头前方 2 m 处,分别求水平方向、垂直方向对应的视场角以及该照相镜头的视场角。

9-12　医用 X 射线机电视系统由主物镜和 TV 摄像机构成,X 射线透过物体被检部位后,经像增强器成像在输出屏上,并发出人眼可见的荧光,输出屏位于主物镜的物方焦平面上,然后再经 TV 摄像物镜成像在摄像管接收面上。假定主物镜焦距为 82 mm,相对孔径不小于 1：1.5,像增强器输出屏尺寸为 $\phi25$ mm,TV 摄像机接收面尺寸为 $\phi10.2$ mm,TV 摄像物镜相对孔径不小于 1：1.2,求 TV 摄像物镜焦距,以及主物镜和 TV 物镜的轴向光束口径。

9-13　有一架照相机,所有底片的分辨率为 80 lp/mm,要求照相分辨率不小于 50 lp/mm,问照相镜头的光圈数取多大？

9-14　假定照相机镜头是薄透镜组,焦距为 100 mm,通光口径为 8 mm,在镜头前 5 mm 处装有一个直径为 7 mm 的光阑,求照相镜头的 F 数;如果将光阑装在镜头后 5 mm 处,镜头的 F 数多大？

9-15　一架放大机,底片到相纸之间的距离为 400 mm;镜头焦距为 100 mm,物方主平面在像方主平面右侧 5 mm 处,移动镜头有两个位置在相纸上获得清晰像,求两个位置时的垂轴放大率各为多大？

9-16　一照相物镜焦距为 50 mm,在拍摄　辆离照相机 2 km 远,并以 73 km/h 的速度行驶的汽车,假定汽车行驶方向与照相机光轴垂直,问要用多少曝光时间才能使汽车在底片上的像在拍摄时间内的移动不超过 0.005 mm?

9—17 有一焦距为 50 mm 的照相物镜,对镜头前 200 mm 处的物体进行调焦,问镜头伸缩量多大? 伸缩方向如何?

9—18 有一小型广角变焦距物镜,由焦距为 21.03 mm 的负透镜和焦距为 15.23 mm 的正透镜构成,要求物镜焦距由 9.5 mm 变到 16.5 mm,问两透镜组各移动多少? 移动方向如何?

9—19 假定幻灯机的幻灯片片框尺寸为 25 mm×25 mm,片框紧靠照明系统,幻灯机中的照明灯泡灯丝是 $\phi 6.4$ mm 的球形灯丝,聚光照明透镜焦距为 25 mm,灯丝经照明系统后成像在投影物镜框上(假定投影物镜为薄透镜组),并充满物镜框,物镜框大小为 $\phi 32$ mm,求:

(1) 投影物镜的焦距;

(2) 假定幻灯片离屏幕距离为 7 780 mm,求屏幕上的像高多大?

9—20 100 倍的投影物镜焦距为 12.229 mm,数值孔径为 0.2,如果倍率由 100× 变为 150×,屏幕距离将变化多少? 假定仍保持屏幕上光照度不变,投影物镜的数值孔径应改为多大?

9—21 假定制版照相机镜头焦距为 450 mm,相对孔径 1:32,原稿面积为 30 cm×40 cm,原稿上的光亮度为 2 000 cd/m²,在原尺寸(即放大倍率为 1)拍摄时,问:

① 物距和像距各为多少(按薄透镜计算)?

② 进入物镜的光通量为多少?

③ 如果镜头的光能损失可忽略不计,底片上的光照度多大?

9—22 有一对称型照相物镜,相对孔径为 1:5,每一半焦距为 200 mm,两透镜组相距 20 mm,在透镜组中央有一孔径光阑,在物镜前方 400 mm 处,有一个垂直光轴的物体,其光亮度为 $5×10^3$ cd/m²,如果不考虑光能损失,求像平面光照度。当物体移至无穷远时,像平面光照度又为多大?

9—23 幻灯机离开投影屏幕的距离为 45 m,投影屏幕尺寸为 5 m×4 m,幻灯片尺寸为 20 mm×16 mm,光源的光亮度为 $1.2×10^8$ cd/m²,聚光系统使幻灯片均匀照明,并使光束充满物镜口径,投影物镜的透过率为 0.6,要求屏幕上的光照度为 100 lx,求投影物镜的焦距和相对孔径。

9—24 用一个 250 W 的溴钨灯作为 16 mm 电影放映机的光源,光源的光视效能为 30 lm/W,灯丝面积为 5 mm×7 mm,可以近似看作一个两面发光的发光面,采用临界照明方式。灯泡后面加有球面反光镜,使灯丝的光亮度提高 50%,银幕宽度为 4 m,放映物镜的相对孔径为 1:1.8,系统的透过率 $\tau=0.6$,求银幕上的光照度(16 mm 放映机的片门尺寸为 10 mm×7 mm)。

9—25 设有一投影物镜,采用 100 W 的灯泡照明,灯泡的光视效能为 20 lm/W,发光体为直径 4 mm 各方向均匀发光的球形灯丝,要求银幕上的光照度为 60 lx,银幕离开投影仪的距离为 10 m,银幕宽 2 m,投影仪片门宽 20 mm,整个系统的透过率 $\tau=0.6$,求投影物镜焦距和相对孔径。

第十章 光纤光学仪器

一、本章要点和主要公式

光纤是由透明介质按特殊的光导特性要求构成的光学细丝,直径与长度之比小于1∶1 000。把许多根光纤固定在一起就构成光纤束。它们可以传光,也可以传像,统称光纤光学元件。它们可以完成很多传统光学元件无法完成的任务。因此,光纤元件的出现,使光学仪器和通信技术发生了重大变化,并产生了一系列实用化的光纤光学仪器。

本章主要是从几何光学的观点简要介绍光纤的光学性质和应用,使大家对光纤和光纤光学仪器有一个初步的了解。

(一)光纤的分类

光纤可以按它的构成材料分类,如分为石英光纤、多组分玻璃光纤、塑料光纤和晶体光纤;也可以按模式分为单模光纤和多模光纤。本书按照传输光线方式的不同分为全反射光纤和梯度折射率光纤。

全反射光纤——由两种折射率不同的均匀透明介质构成,能发生全反射的光纤。光线在光纤内部通过表面的全反射和直线传播进行传输。

梯度折射率光纤——由非均匀介质构成,其折射率分布规律是沿光纤横截面的半径方向由中心向边缘逐渐降低,光线在光纤内部沿曲线传播。

(二)全反射光纤的光学性质

单根均匀透明介质构成的圆柱形细丝,称为单质光纤。在单质光纤外面包上一层折射率比芯料低的另一种均匀透明介质,这就形成了外包光纤。由光纤一端进入的光线,在构成外包光纤的两种介质分界面上将发生多次全反射,并逐步传到光纤的另一端。

1. 光纤的数值孔径 NA

描述光纤传光能力的重要性能指标之一是数值孔径 NA。它和显微镜物镜的数值孔径类似,描述可以进入光纤并进行全反射传导的光束的粗细。

从图 10-1 不难导出

$$NA = n_0 \sin u_{0\max} = n \sin u_{\max} = \sqrt{n^2 - n'^2} \qquad (10-1)$$

欲加大 NA,必须加大芯材和外包材料的折射率差。目前玻璃光纤最大数值孔径可达 1.4(浸液)。

2. 光纤的光能损失

光能损失的多少也是光纤的重要性能指标。

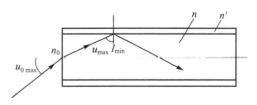

图 10-1 全反射光纤示意图

光纤光能损失主要包括输入和输出端面的反射和光纤内部介质的吸收。综合效果可表示为

$$I = I_0 e^{-\omega(u,\lambda)L} \tag{10-2}$$

式中,I_0 和 I 分别为入射和透射的光强;$\omega(u,\lambda)$ 为衰减系数,它是入射光锥角 u 和波长 λ 的函数,也与光纤类型有关;L 为光纤长度。

(三) 全反射光纤的应用

全反射光纤的应用主要有两个方面,一个方面是传输光能,称为"导光束"或"传光束";另一个方面是传输图像,称为"传像束"。

1. 导光束

导光束也称为非相干束,它的主要用途是照明目标。它可以由刚性或柔性的光纤束构成。由于用于导光,光纤束输入端和输出端面上光纤可以任意排列。例如,要用点光源通过光纤照明一个狭缝,导光束的输入端可排列成圆形,输出端可排列成线状,这样就充分利用了光源的光能。

2. 传像束

传像束的作用是把目标像由一个位置传输到另外一个位置。

为了传输出的图像不至于失真,光纤束在输入端和输出端的排列顺序完全相同,而且要求每一根光纤都要有很好的外包层,以减少光线在光纤内部传播时的光能损失和图像失真。

应用传像束的地方很多,本章中主要介绍三个方面的应用。

(1) 内窥镜

内窥镜是用来观察人眼无法直接看到的目标,例如用于观察人体内部组织或器官的医用内窥镜和观察涡轮发动机叶片等机器内部情况的工业内窥镜。内窥镜一般是在光纤束输入端前面用一个物镜把目标成像在光纤束输入端面上,通过光纤束把像传到输出端面上,再通过目镜为人眼所观察,或通过透镜把像成在感光胶片上,或利用 CCD 摄像机把像传输到监视器上。

由于观察对象往往是在人体内部或机械结构的内部,所以还必须用导光束进行照明。常常是把导光束和传像束放在同一个软管内。

传像束端面直径一般在 10～25 mm,长度最长可达 4～5 m。

传像束的景深为

$$\Delta l = \frac{B}{2\tan u_{max}} \tag{10-3}$$

式中,B 为允许的弥散斑直径;u_{max} 为光纤的最大孔径角。

用作传像束的单根光纤直径约为 0.01 mm,光纤束的分辨率可达 50 lp/mm 以上。

(2) 光纤面板

光纤面板也是一种传像光纤束,但它不是细而长,而是短而粗。它是把许多光纤通过加温加压熔在一起的光纤棒,由于形成不太厚的片状,故称为面板。光纤面板中光纤直径在 0.005～0.007 mm,其数值孔径可达 0.20～0.85,如果浸液,数值孔径可达 1.4。

光纤面板目前多用于电子束成像器件中做接触摄影。例如在阴极射线管记录装置中,将光纤面板输入端面的形状做成与电子束成像面相同的形状,其上涂有荧光层,当电子束打在荧光层上时,便产生一个可见的像,再由光纤面板的输入端将图像传出。

如图 10-2 所示,光纤面板将阴极射线管的输出直接耦联到摄影胶片上,这样光纤面板可

以收集全部有效的光能，比不用面板而用示波器摄影机将荧光屏成像到感光胶片上的光能利用率提高 20～40 倍。

　　光纤面板也常用于多级像增强器之间的耦合。将光纤面板用在前一级像增强器的输出端和后一级像增强器的输入端，通过光纤面板把若干个像增强器串联起来，可能使整个系统获得很大的增益。有资料介绍，一个三级像增强器系统具有的增益为 $3×10^4$，这意味着人眼通过这种系统，仅借助星光的照度即可看到夜间的景物。因此，这种系统具有用于夜间观察瞄准的重要军事用途。

　　（3）光学系统的像场校正器

　　在大视场大孔径的光学系统设计中，常常遇到系统场曲和其他像差矛盾的情况，如果不校正像面弯曲，其他像差有可能得到满意的校正，这时在弯曲的像面上就可能得到一个清晰的像，此时采用光纤面板可以做成与弯曲像面吻合的表面。采用光纤面板还可以代替正像光学系统，方法是将光纤面板的输出面相对输入面转过 180°，当然要在使光纤面板软化的温度下进行，这时光纤面板形成了中间较细的"缩腰形"。

　　柔性传像光纤束经常与电视或电影摄影机连用，例如拍摄宇宙飞船起飞时燃料箱中液态氧的状态，燃料箱的任何剧烈运动，都可能导致发动机液态氧供应的中断，而使发动机过早熄火，所以摄影装置不能放在燃料箱内部。采取的办法是将摄影机接在飞船的外部，与燃料箱脱开，而通过柔性传像光纤束将燃料箱内液态氧的状态传递到外面的摄影机。

　　传像光纤束可以用来进行表面扫描，它实际上相当于工业用的内窥镜。但它不是观察而是记录，并且是边扫描边记录。例如为了检验用于核动力的热交换器内表面（它是由内部尺寸为 50 mm×2 mm 的矩形管道组成的），采用了使用纤维光学方法的近程扫描仪，其光学系统如图 10—3 所示。

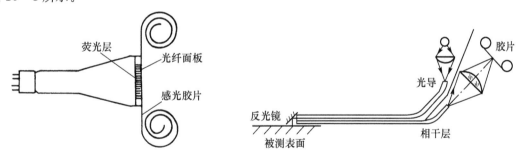

图 10—2　光纤面板应用示意图　　　　　　图 10—3　传像光纤应用示意图

　　使用时，从灯泡发出的光通过导光束和导光束前端的 45°角的反光镜反射到被测表面，由被测表面反射回来的光由单层传像光纤束收集传输并通过透镜聚焦在胶片上形成线像，同步移动光纤束末端和胶片，就可以得到被测表面一定面积的像。

　　除了上述例子，光纤束还有许多实际应用，限于篇幅，这里不再一一介绍。

　　（四）梯度折射率光纤

　　梯度折射率光纤是适应通信领域中加大信息量的要求产生出来的。对于全反射光纤，由同一点进入光纤但入射角不同的光线，由于在光纤内部全反射次数不同，走过的路径不同，因此到达输出面时光程不相等，产生位相差。如果是一个瞬时的光脉冲，同一脉冲以相同入射角入射的光线，到达输出面的时间不同，一个脉冲的带宽将被展宽，即同一脉冲的持续时间就会增加。脉冲的时间宽度越大,单位时间内传递的脉冲越少,即传递的信息量越少。而在梯度折射率光纤中,不是依靠全反射进行传输,而是靠光纤内部折射率的变化,使同一点发出的不同入射角的光线在光纤内部的各聚焦点处的光程相同,即传播时间相同,这就使输出脉冲展宽很小,从而大大提高了单位时间内可能传递的脉冲数,从而增加传递的信息总量。

梯度折射率光纤的折射率在光纤横截面内不均匀分布,从中心到边缘逐步下降,其分布规律近似符合以下关系:

$$n^2 = n_0^2(1 - \alpha^2 r^2) \tag{10-4}$$

式中,n_0 为光纤横截面中心的折射率;α 为常数;r 为光纤截面半径。

光线在梯度折射率光纤中的传播是一个在非均匀介质中光的传播问题。由本书的式(1-6)可得

$$\frac{d}{dS}\left(n\frac{dr}{dS}\right) = \nabla n \tag{10-5}$$

此方程在大多数情况下很难求解。和几何光学中讨论近轴光线一样,我们讨论光线与光纤对称轴之间夹角很小的情况,此时微小的光线弧长可用沿光纤轴 x 方向的微小位移 dx 来代替,式(10-5)可改写成

$$\frac{d}{dx}\left(n\frac{dr}{dx}\right) = \nabla n \tag{10-6}$$

由于折射率 n 的分布与 x 无关,上式又可简化成

$$n\frac{d^2 r}{dx^2} = \nabla n \tag{10-7}$$

设 $r = xi + yj + zk$,代入并简化可得到近轴光线的微分方程之一

$$\frac{d^2 y}{dx^2} = -\alpha^2 y \tag{10-8}$$

上式的通解为

$$y(x) = A\cos(\alpha x) + B\sin(\alpha x) \tag{10-9}$$

用同样的方法可求出另一个近轴光线的微分方程式

$$\frac{d^2 z}{dx^2} = -\alpha^2 z \tag{10-10}$$

相应的通解为

$$z(x) = C\cos(\alpha x) + D\sin(\alpha x) \tag{10-11}$$

式(10-9)和式(10-11)即梯度折射率光纤中近轴光线的轨迹方程。式中,A、B、C、D 系数由入射光线的位置坐标和方向余弦确定。如果已知入射光线的位置坐标和方向余弦,在任意给定的 x 位置上,利用式(10-9)和式(10-11)即可求出光线的坐标 y 和 z,光线在光纤中传输的轨迹便可确定。

为使大家有一个概念,举一简单的例子,若假定光线通过坐标原点 O 入射,光线位于 xy 平面内,将 $x = y = 0$ 代入式(10-9),可得 $A = 0$,这时近轴光线的轨迹方程变成

$$y(x) = B\sin(\alpha x)$$

显然这是一个正弦曲线,当 $x = \frac{\pi}{\alpha}, \frac{2\pi}{\alpha}, \frac{3\pi}{\alpha}\cdots$时 y 均为 0,即通过坐标原点 O 的光线,不论

振幅是否相同,其周期均相同,均在上述各点聚焦,如图 10—4 所示。

由上面的讨论可以看出,梯度折射率光纤的近轴光线会在内部一系列点上聚焦。而且,根据等光程条件,各条光线之间的光程也相等,用作传输信息,它避免了全反射光纤使瞬时脉冲变宽的缺点,可以增大信息量的传输。但事实上,由于光线不可能都是近轴光线,和 x 轴成一定角度的

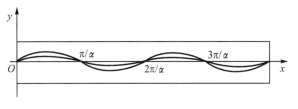

图 10—4 梯度光纤示意图

非近轴光线并不严格按上述规律传播,聚集得并不理想,所以脉冲还有一些展宽,但比反射光纤要小得多。这种光纤叫"自聚焦光纤",它是今后光纤应用的发展方向。

综上所述,光纤光学已成为一门新的学科领域,它在很多方面能够完成传统光学难以完成的工作,各类光纤光学仪器已逐步实用化,并深入到工业、农业、医疗、公共交通、艺术广告等许多领域。近年来新发展起来的梯度折射率光纤,正使通信系统发生革命性的变化。但光纤光学仪器仍在发展,应用领域还在扩大。我们要在了解它的基本性能的条件下,在实际工作中积极主动地发掘它的广泛用途。

二、习题

10—1 画图说明全反射光纤使光线从光纤一端传播到另一端的原理。

10—2 某光纤束芯材折射率为 1.62,外包层折射率为 1.52,试求此光纤束的数值孔径 NA。

10—3 某光纤束中光纤芯直径为 D,长度为 L,折射率为 n,根据全反射光纤的原理,求和光纤轴线成 θ_t 角入射的子午光线在光纤中走过的几何路程 l 和反射次数 N。

10—4 某光纤束的光纤芯直径 $D=50$ mm,折射率 $n=1.6$,子午光线入射角 $\theta_t=30°$,在光纤长度 $L=254$ mm 内,根据上题导出的公式,试求在此光纤内光线反射的次数为多少?

10—5 欲提高光纤的数值孔径可以采取哪些方法?

10—6 光纤束的光能损失主要是哪些原因造成的?

10—7 弱光下使用的仪表,通常需要加装照明灯泡,以提供必要的光照度。如果有许多仪表都装在一个仪表板上,如汽车和飞机仪表板的情形,更换灯泡很麻烦,需卸下整个仪表板。请你应用光纤光学知识给出解决这一问题的方法。

10—8 汽车司机在驾驶室中需要监视方向指示灯、刹车灯、侧灯等不能直接观察到的汽车外部的灯是否工作,你能应用光纤光学知识解决这一问题吗?

10—9 在飞行模拟器中,需要布置一个含有很多灯光的机场跑道附近景物的模型,但模型尺寸要比实际景物尺寸小得多,你能想出只使用一个灯泡就能演示出很多灯光的办法吗?

10—10 梯度折射率光纤和全反射光纤有什么不同?梯度折射率光纤横截面内折射率的分布是什么样的?

10—11 试导出梯度折射率光纤中近轴光线的轨迹方程。

10—12 梯度折射率光纤中近轴光线是怎样传播的?

10—13 用梯度折射率光纤传递光脉冲信息时,为什么光脉冲展宽得很小?

第十一章 激光束光学

一、本章要点和主要公式

(一) 激光束光学的研究内容和意义

激光束光学是研究激光束在各种介质中的传播形式、传播规律的一个新的光学分支。在激光仪器中,激光器发射的激光大都通过光学系统进行传输。由于激光束的传播与几何光线束的传输不同,因此激光仪器中光学系统的设计、计算与一般光学仪器如望远镜、显微镜也有相当的差别。研究激光束光学,了解激光束在各种介质中的传播规律和激光束通过光学系统时的变换规律,将帮助我们正确地解决激光光学系统设计与计算的问题。

(二) 激光束在均匀介质中的传播规律

1. 激光束的特点

单色性好;相干性强;光亮度高;光束截面内强度分布不均匀。

2. 高斯光束的概念

激光束波面上各点振幅不相等。振幅 A 与光束截面半径 r 之间的函数关系为

$$A = A_0 e^{-r^2/\omega^2} \tag{11-1}$$

式中,A_0 为光束中心的振幅;ω 为一个与光束截面半径有关的常数。

激光束横截面内振幅沿径向分布,如图 11-1 所示。中心振幅最大,离开中心振幅迅速下降,到光束边缘振幅下降又变得十分缓慢,向外延伸一直到无限远。这个振幅分布函数是一个高斯分布,所以称激光束为"高斯光束"。

3. 激光束的光束截面半径 ω

从激光束横截面内的振幅分布函数式(11-1)可以看出,随着半径 r 的加大,振幅 A 减小,但始终有值,这就表明激光束没有一个鲜明确定的边界。由式(11-1)又可知,当 $r=\omega$ 时,$A=A_0/e$,即光束截面半径等于 ω 时,对应的振幅 A 为中心振幅的 $1/e$,这是一个确定的值,一般称 ω 为名义光束截面半径,简称光束截面半径。但这里要注意,ω 内虽聚集了激光束的大部分能量,但 ω 之外仍有能量,切勿认为真实的光束就局限在光束截面半径 ω 内。

图 11-1 高斯光束示意图

4. 束腰、束腰半径 ω_0

如图 11-2 所示,高斯光束的传播与一般同心光束不同,光束截面半径 ω 随传播距离 x 的变化是一条曲线,它是

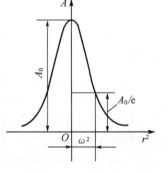

图 11-2 高斯光束的传播

以一个回转双曲面为界的。

束腰——高斯光束中截面最小的位置称为高斯光束的"束腰"。

束腰半径 ω_0——最小光束截面半径称为"束腰半径",用 ω_0 表示。

5. 高斯光束的传输规律

高斯光束的传输与球面波的传输有很大的差别。它的传播规律不能用几何光学方法推导。这里直接引用衍射光学导出的结论,以便于激光光学系统的设计计算。

表示高斯光束传输规律的公式一共有 4 个:

① 计算光束截面半径 ω。

$$\omega^2 = \omega_0^2 \left[1 + \left(\frac{\lambda x}{\pi \omega_0^2} \right)^2 \right] \tag{11-2}$$

式中,ω_0 为束腰半径;λ 为激光波长;x 为被计算光束截面距束腰的距离。

② 计算高斯光束传播方向上,波面顶点距束腰为 x 位置处波面中心部分的曲率半径 R。

$$R = x \left[1 + \left(\frac{\pi \omega_0^2}{\lambda x} \right)^2 \right] \tag{11-3}$$

根据以上两个公式,我们在已知束腰半径 ω_0 和束腰位置 x 的前提下,就可以求出 x 为任意指定位置上的光束截面半径 ω 和波面曲率半径 R。因此式(11-2)和式(11-3)描述了高斯光束传播的规律。

实际工作中,常常对束腰半径 ω_0 和束腰位置 x 提出要求,例如用户提出要在400 m 处成一个 ϕ10 mm 的光斑,这时把式(11-2)、式(11-3)改写一下用起来比较方便。

③ 计算高斯光束的束腰半径 ω_0。

$$\omega_0^2 = \omega^2 / \left[1 + \left(\frac{\pi \omega^2}{\lambda x} \right)^2 \right] \tag{11-4}$$

④ 计算高斯光束的束腰位置 x。

$$x = R / \left[1 + \left(\frac{\lambda R}{\pi \omega^2} \right)^2 \right] \tag{11-5}$$

这里要注意符号规则:

R——从波面顶点到曲率中心,向右为正向左为负。

x——从波面顶点到束腰,向右为正向左为负。

ω_0 和 ω 以平方形式出现,正负号均不影响计算结果。

高斯光束的光束截面随传播距离的变化是以一个回转双曲面界定的。在过光轴的截面内则是双曲线,双曲线的渐近线和光束对称轴的夹角 u 称为"高斯光束的孔径角"或"束散角",如图 11-3 所示。

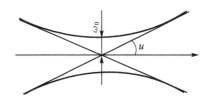

图 11-3 高斯光束的孔径角或束散角

激光束束散角与束腰半径 ω_0 的关系为 $\tan u = \dfrac{\lambda}{\pi \omega_0}$。 $\tag{11-6}$

在远离束腰的情况,可以利用上式由孔径角求束腰半径或者由束腰半径求孔径角。

(三)高斯光束通过透镜变换

1. 高斯光束透镜变换的概念和基本公式

实际应用中,经常需要利用透镜改变原高斯光束的束腰位置、束腰半径或改变指定位置的光束截面半径和孔径角,这就是高斯光束的透镜变换,如图11—4所示。

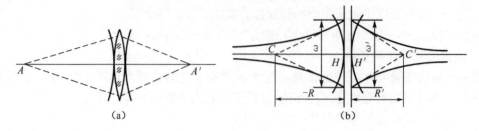

(a)　　　　　　　　　　　(b)

图11—4　高斯光束透镜变换示意图

通过透镜实现高斯光束变换的基本公式有两个,它们是

$$\frac{1}{R'} - \frac{1}{R} = \frac{1}{f'} \tag{11-7}$$

$$\omega' = \omega \tag{11-8}$$

式中,R 为波面顶点位于透镜物方主点的入射波面之半径;R' 为波面顶点位于透镜像方主点的出射波面之半径;ω 为在透镜物方主面上的光束截面半径;ω' 为在透镜像方主面上的光束截面半径。

有了式(11-6)和式(11-7),已知入射波面半径 R 和透镜焦距 f' 及入射光束截面半径 ω,就可以得到出射光束的波面半径 R' 和光束截面半径 ω',这样像空间高斯光束的全部性质就确定了。如果再向前传播,那就是在均匀介质中传播的问题,利用式(11-2)、式(11-3)或式(11-4)、式(11-5)就可以解决全部问题。

2. 求解实际问题的步骤

实际应用中,常常是已知激光束的束腰到透镜的距离 x 和束腰半径 ω_0 以及透镜焦距 f',求出射激光束的束腰位置和束腰半径。解决此类问题可分三步:

① 根据束腰位置 x 的束腰半径 ω_0,应用式(11-2)、式(11-3),求出激光束在透镜上的光束截面半径 ω 和波面半径 R。这是传输问题。

② 利用式(11-7)、式(11-8),由入射波面的 R、ω 求出出射波面的 R'、ω'。这是透镜变换问题。

③ 利用式(11-4)、式(11-5)可计算出射光束的束腰位置 x 和束腰半径 ω_0。这又是传输问题。

只要按上述步骤认真仔细地进行计算,或编制程序用计算机进行计算,解决高斯光束的传输和变换问题并不困难。但是选择透镜的实际口径时要注意,ω 和 ω' 只是名义光束截面半径,以 ω 为半径圆内的光能为全部光能的 86.4%,以 1.5ω 为半径圆内的光能为全部光能的 98.8%,所以实际口径应取 3ω 以上。

(四)激光谐振腔的计算

激光谐振腔是激光器的核心组成部分。在激光仪器设计中,常需要根据谐振腔的结构参数求出激光束的束腰位置和束腰半径,或根据要求的束腰位置和束腰半径确定谐振腔的结构参数。在应用光学中仍然是以几何光学的方法来讨论这一问题,这种方法较为简单、形象,其计算结果切实可用。

下面导出谐振腔结构参数与激光束束腰位置、束腰半径的关系。

在由两球面镜构成的谐振腔中，为使激光束能在谐振腔内形成往复振荡，两球面镜的半径 R_1、R_2 应与激光束在谐振腔两端 O_1、O_2 处的波面半径 $R(x_1)$、$R(x_2)$ 相等，如图 11—5 所示。

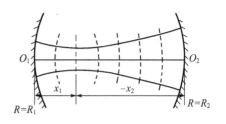

图 11—5　激光谐振腔示意图

这样就把谐振腔结构参数 R_1、R_2 和激光束的参数 $R(x_1)$、$R(x_2)$ 联系起来。由式(11-3)可写出

$$R_1 = R(x_1) = x_1\left[1 + \left(\frac{\pi\omega_0^2}{\lambda x_1}\right)^2\right]$$

$$R_2 = R(x_2) = x_2\left[1 + \left(\frac{\pi\omega_0^2}{\lambda x_2}\right)^2\right]$$

若谐振腔长 $O_1O_2 = d$，则有

$$x_1 - x_2 = d \tag{11-9}$$

由上述三式可解出 x_1、x_2 和 ω_0。为了简化，设

$$g_1 = 1 - \frac{d}{R_1},\quad g_2 = 1 + \frac{d}{R_2} \tag{11-10}$$

可得

$$x_1 = \frac{dg_2(1 - g_1)}{g_1 + g_2 - 2g_1g_2} \tag{11-11}$$

$$x_2 = \frac{-dg_1(1 - g_2)}{g_1 + g_2 - 2g_1g_2} \tag{11-12}$$

$$\omega_0^4 = \frac{\lambda^2}{\pi^2}\frac{d^2 g_1 g_2(1 - g_1g_2)}{g_1 + g_2 - 2g_1g_2} \tag{11-13}$$

将 x_1、ω_0 和 x_2、ω_0 分别代入式(11-2)，并化简，可得

$$\omega_1^2 = \frac{\lambda d}{\pi}\sqrt{\frac{g_2}{g_1(1 - g_1g_2)}} \tag{11-14}$$

$$\omega_2^2 = \frac{\lambda d}{\pi}\sqrt{\frac{g_1}{g_2(1 - g_1g_2)}} \tag{11-15}$$

如果已知谐振腔的结构参数 R_1、R_2 和 d，应用式(11-9)～式(11-15)就可以求得出射光束的全部特性参数：束腰位置 x_1、x_2，束腰半径 ω_0，两反射镜处的光束截面半径 ω_1 和 ω_2。这里要注意的是，只有使 $\omega_0^4 > 0$ 的解才有实际意义，分析式(11-13)可知，有解的条件是

$$0 < g_1g_2 < 1 \tag{11-16}$$

但不要把 g_1g_2 取在边界上，因为这时的谐振腔不稳定。

二、典型题解与习题

（一）典型题解

例 11　1： 某氦氖激光器，束腰位于平面镜输出端处，束腰半径 $\omega_0 = 0.5$ mm，试求激光器前 100 mm 和 10 000 mm 处的光束截面半径 ω、波面曲率半径 R 以及激光束的束散角 u。

解：根据题意,可以确定若干已知条件,氦氖激光 $\lambda = 0.000\ 632\ 8$ mm,又知 $\omega_0 = 0.5$ mm,要求的位置有两个,$x = -100$ mm 和 $x = -10\ 000$ mm,下面分别求出。

当 $x = -100$ mm 时,根据式(11-2),可得

$$\omega^2 = \omega_0{}^2 \left[1 + \left(\frac{\lambda x}{\pi \omega_0{}^2}\right)^2\right]$$
$$= 0.5^2 \times \left[1 + \left(\frac{-100 \times 0.000\ 632\ 8}{3.141\ 6 \times 0.5^2}\right)^2\right]$$
$$= 0.251\ 23$$
$$\omega = 0.501\ 6 \text{ mm}$$

根据式(11-3),又可得出

$$R = x\left[1 + \left(\frac{\pi \omega_0{}^2}{\lambda x}\right)^2\right]$$
$$= (-100) \times \left[1 + \left(\frac{0.5^2 \times 3.141\ 6}{-100 \times 0.000\ 632\ 8}\right)^2\right]$$
$$= -15\ 504.47 \text{ (mm)}$$

重复上述步骤,将 $x = -10\ 000$ mm 代入,即可得到距激光器 10 m 处的光束截面半径 ω 和波面曲率半径 R。

$$\omega^2 = \omega_0{}^2 \left[1 + \left(\frac{\lambda x}{\pi \omega_0{}^2}\right)^2\right]$$
$$= 0.5^2 \times \left[1 + \left(\frac{-10\ 000 \times 0.000\ 632\ 8}{3.141\ 6 \times 0.5^2}\right)^2\right] = 16.479\ 11$$
$$\omega = 4.059\ 4 \text{ mm}$$
$$R = x\left[1 + \left(\frac{\pi \omega_0{}^2}{\lambda x}\right)^2\right]$$
$$= (-10\ 000) \times \left[1 + \left(\frac{0.5^2 \times 3.141\ 6}{-10\ 000 \times 0.000\ 632\ 8}\right)^2\right]$$
$$= -10\ 154.04 \text{ (mm)}$$

比较两个位置的光束截面半径 ω 和波面曲率半径 R,可以看出,从激光器平面镜输出端输出的光束截面半径 $\omega = 0.5$ mm 的高斯光束,传输 100 mm 时,光束截面半径由 0.5 mm 变到 0.051 6 mm,变化不大,而传到 10 m 远处,光束截面半径 $\omega = 4.059\ 4$ mm,已为束腰半径的 8 倍,整个光束在发散,波面曲率半径由输出端的平面波逐渐变成接近平面的球面波,然后,曲率半径逐渐减小。从本例可以直观地看出高斯光束在均匀介质中的传播情况。

再求束散角。由式(11-6),有

$$\tan u = \frac{\lambda}{\pi \omega_0}$$

如果想粗略地估计某位置上的光束截面半径,若已知束散角 u 和位置 x,也可按 $\omega \approx x \tan u$ 进行估计。如本例 $x = -10\ 000$ mm,$\omega \approx 10\ 000 \times 0.000\ 402\ 9 = 4.029$ (mm),与实际的 $\omega = 4.059\ 4$ 略有差异。但位置过近时,误差就大了。

例 11-2：在例 11-1 的激光器前 100 mm 处设置一个负透镜,焦距为 -20 mm,试求变换后的束腰位置和束腰半径。

解：本例是讨论高斯光束的透镜变换。要应用透镜变换公式(11-7)和式(11-8)，即

$$\frac{1}{R'} - \frac{1}{R} = \frac{1}{f'}, \omega' = \omega$$

在距激光器100 mm处的光束截面半径ω和波面曲率半径R在例11-1中已求出。

$$\omega = 0.501\ 6\ \text{mm}, R = -15\ 504.47\ \text{mm}$$

分别代入式(11-7)和式(11-8)即可求出经透镜变换后在透镜像方主面上的光束截面半径ω'和波面曲率半径R'。即

$$\frac{1}{R'} - \frac{1}{-15\ 504.47} = \frac{1}{-20}, R' = 19.974\ 2\ \text{mm}$$

$$\omega' = 0.501\ 6\ \text{mm}$$

这里我们看到一个波面几乎为平面的大半径球面波，经负透镜变换后，半径减到很小，说明光束经负透镜后发散了。入射波面半径很大，相当于物点趋于无限远，经负透镜变换后的波面曲率半径为$-19.974\ 2$ mm，很接近焦距$f' = -20$ mm，相当于像点在焦点附近。入射波面的曲率中心和出射波面的曲率中心应该是一对共轭点，这和几何光学一致。但入射光束的束腰位置和出射光束的束腰位置并不满足这种物像关系，在后面的例11-4中将可以看到。

我们的目的是求出出射光束的束腰位置和束腰半径，现已知出射高斯光束的R'和ω'，根据式(11-4)和式(11-5)，将式中的R、ω用这里的R'、ω'代入即可。求出

$$\omega_0^2 = \frac{\omega^2}{1 + [\pi\omega^2/(\lambda R)]^2}$$

$$= \frac{0.050\ 16^2}{1 + [3.141\ 6 \times 0.5016^2/(-19.974\ 2 \times 0.000\ 632\ 8)]^2}$$

$$\omega_0 = 0.008\ 02\ \text{mm}$$

$$x = \frac{R}{1 + [\lambda R/(\pi\omega^2)]^2}$$

$$= \frac{-19.974\ 2}{1 + [-19.974\ 2 \times 0.000\ 632\ 8/(3.141\ 6 \times 0.501\ 6^2)]^2}$$

$$= -19.969\ 1\ (\text{mm})$$

这样我们就求出了出射高斯光束的束腰在负透镜后主面左侧19.969 1 mm处，束腰半径为0.008 02 mm。原束腰位于激光器输出端，经位于激光器前100 mm处，$f' = -20$ mm的透镜变换后，束腰位置变到负透镜后主面左侧19.969 1 mm处，束腰半径由原来的0.5 mm变为0.008 02 mm。

例11-3：在例11-1、例11-2的基础上，在距负透镜60 mm的位置上再加入一正透镜，其焦距$f' = 80$ mm，求再经过此透镜变换后出射光束的束腰位置和束腰半径。

解：可以看出，这两个透镜刚好组成一个4倍的伽利略望远镜，实际工作中这种倒置的伽利略望远镜经常用作扩束。下面先计算高斯参数，然后看一看扩束的效果。

本例的做法和例11-2大体相同。首先要根据从负透镜出射的高斯光束的束腰半径、束腰位置求出在正透镜物方主面上的波面曲率半径R和光束截面半径ω。

这里的x值要考虑到二透镜的间隔。

$$x = -19.969\ 1 - 60 = -79.969\ 1\ (\text{mm})$$

先求 ω：

$$\omega^2 = 0.008\,02^2 \times \left[1 + \left(\frac{-79.969\,1 \times 0.000\,632\,8}{3.141\,6 \times 0.008\,02^2}\right)^2\right]$$

$$\omega = 2.008\,5 \text{ mm}$$

再求 R：

$$R = (-79.969\,1) \times \left[1 + \left(\frac{3.141\,6 \times 0.008\,02^2}{-79.969\,1 \times 0.000\,632\,8}\right)^2\right]$$

$$= -79.970\,4 \text{ (mm)}$$

经正透镜变换,有

$$\frac{1}{R'} - \frac{1}{-79.970\,4} = \frac{1}{-80}, R' = -216\,136.21 \text{ mm}$$

$$\omega' = \omega = 2.008\,5 \text{ mm}$$

再求出正透镜出射的高斯光束的束腰半径 ω_0 和束腰位置 x：

$$\omega_0{}^2 = \frac{2.008\,5^2}{1 + [3.141\,6 \times 2.008\,5^2/(-216\,136.21 \times 0.000\,632\,8)]^2}$$

$$\omega_0 = 1.999\,932 \text{ mm}$$

$$x = \frac{-216\,136.21}{1 + [-216\,136.21 \times 0.000\,632\,8/(3.141\,6 \times 2.008\,5^2)]^2}$$

$$= -1\,839.98 \text{ (mm)}$$

新的束腰位于离正透镜像方主面 1 839.98 mm 的位置,束腰半径约为 2 mm。

这里可以看出 0.5 mm 束腰半径的高斯光束经 4 倍的望远镜扩束后,束腰半径为 2 mm,扩大到 4 倍,与望远镜的视放大率相同。由束散角公式 $\tan u = \lambda/(\pi\omega_0)$ 可知, ω_0 扩大到几倍,束散角减小为原来的几分之一,扩束后的光束,平直度提高了 4 倍,准直性得到改善。

例 11-4：将上例的望远镜物镜进行调节,使从目镜出射后高斯光束的束腰刚好位于物镜的物方焦点处,试求该光束出射后束腰位于什么地方? 束腰半径是多少?

从例 11-3 和本题给的条件可知,对物镜来说,入射的高斯光束

$$\omega_0 = 0.008\,02 \text{ mm}, x = -80 \text{ mm}$$

先求物镜物方主面上的光束截面半径 ω 和波面曲率半径 R：

$$\omega^2 = 0.008\,02^2 \times \left[1 + \left(\frac{-80 \times 0.000\,632\,8}{3.141\,6 \times 0.008\,02^2}\right)^2\right]$$

$$= 4.037\,117$$

$$\omega = 2.009\,358 \text{ mm}$$

$$R = -80 \times \left[1 + \left(\frac{3.141\,6 \times 0.008\,02^2}{-80 \times 0.000\,632\,8}\right)^2\right] = -80.001\,274\,6 \text{ (mm)}$$

求经过物镜变换在物镜像方主面上的光束截面半径 ω' 和波面曲率半径 R'：

$$\omega' = \omega = 2.009\,258 \text{ mm}$$

$$\frac{1}{R'} - \frac{1}{-80.001\,274\,6} = \frac{1}{80}, R' = 5\,021\,265.058 \text{ mm}$$

再求新的束腰位置 x 和束腰半径：

$$x = \frac{5\ 021\ 265.058}{1 + [5\ 021\ 265.058 \times 0.000\ 632\ 8/(3.141\ 6 \times 2.009\ 258^2)]^2}$$
$$= 80\ (\text{mm})$$

$$\omega_0{}^2 = \frac{2.009\ 258^2}{1 + [3.141\ 6 \times 2.009\ 258^2/(5\ 021\ 265.058 \times 0.000\ 632\ 8)]^2}$$
$$= 4.037\ 05$$

$$\omega_0 = 2.009\ 242\ \text{mm}$$

从计算结果可以看出,束腰位于物镜物方焦面的高斯光束,经透镜变换后新的束腰位于物镜像方焦面上,因此要注意不能简单地把束腰当作物点或像点用几何光学的方法进行高斯光束的计算。例 11-3 中给出的束腰不是刚好在 $f' = 80$ mm 物镜的物方焦面上,此时 $x = -79.970\ 4$ mm,和焦点位置差 0.03 mm 左右,经过物镜变换后新的束腰在物镜左侧 1 839.98 mm 的位置上,而不是位于物镜像方焦面附近,说明这个位置上光束变化是很灵敏的,微小离焦,束腰就可以跑出去很远,实际上扩束镜物镜、目镜之间的间隔都常做成可调的。

例 11-5:要设计一个氦氖激光器的谐振腔,输出端为平面反射镜,要求束腰直径为 0.5 mm,试确定谐振腔长度 d 和球面反射镜的曲率半径 R_1。

解:由于 $R_2 = \infty$,由式(11-10)可得
$$g_2 = 1$$
又由已知条件,$\omega_0 = 0.25$ mm,$\lambda = 0.000\ 632\ 8$ mm,代入式(11-13),有
$$\omega_0{}^4 = \frac{\lambda^2}{\pi^2} \times \frac{d^2 g_1 g_2 (1 - g_1 g_2)}{(g_1 + g_2 - 2 g_1 g_2)^2}$$
$$= \frac{0.000\ 628^2}{3.141\ 6^2} \times \frac{d^2 g_1 (1 - g_1)}{(g_1 + 1 - 2 g_1)^2}$$
$$= \frac{0.000\ 628^2}{3.141\ 6^2} \times \frac{d^2 g_1}{1 - g_1} = 0.25^4$$

可得
$$\frac{d^2 g_1}{1 - g_1} = 96\ 277.951$$

d 和 g_1 均为未知,不能求解,取 $d = 300$ mm,解出 g_1,即
$$g_1 = 0.516\ 85$$
将 g_1 和 d 代入式(11-10)可得
$$R_1 = 620.926\ 5\ \text{mm}$$
将 g_1、g_2 和 d 代入式(11-11)和式(11-12)有
$$x_1 = 300\ \text{mm}, x_2 = 0$$
即输出平面镜端为束腰位置。

由式(11-14)又可求出球面镜一侧的光束截面半径 ω_1:
$$\omega_1{}^2 = \frac{\lambda d}{\pi} \sqrt{\frac{g_2}{g_1 (1 - g_1 g_2)}}$$
$$\omega_1 = 0.347\ 742\ \text{mm}$$

此谐振腔第一球面镜半径为 $R_1 = 620.926\ 5$ mm,腔长 $d = 300$ mm,出射面为平面镜,亦为束腰位置,束腰半径为 0.25 mm。

（二）习题

11—1 已知一波长为 1.06 μm 的高斯光束束腰半径为 1.14 mm，试求与束腰相距 1 m、10 m、100 m 和 1 km 处的光束截面半径和波面曲率半径各为多少？

11—2 使用氦氖激光器发射激光束，要求在 1 km 处照射 1 m 直径的圆。问激光束的束腰半径应为多少？

11—3 已知某氦氖激光器谐振腔结构参数为 $R_1 = 1\ 000$ mm，R_2 为平面，腔长 $d = 250$ mm，求束腰位置和束腰大小。

11—4 拟设计一个 800 m 激光准直仪。现选用 2.45 W 氦氖激光器，输出端为束腰位置，束腰半径 $\omega_0 = 0.291$ mm，选用 $f'_目 = -5.1$ mm，$f'_物 = 310$ mm 的扩束望远镜。望远镜目镜像方主面与激光器输出端相距 10 mm，试求：

（1）目镜物方主面上的光束截面半径 ω_1 和光束波面半径 R_1；

（2）经目镜变换后目镜像方主面上的光束截面半径 ω'_1 和光束波面半径 R'_1；

（3）求经目镜后出射光束的束腰位置 x'_1 和束腰半径 ω_{02}；

（4）让望远镜处于离焦状态，物镜左移 0.151 mm，此时目镜像方主面和物镜物方主面的间隔为 $f'_目 + f'_物 + \Delta d = 310 - 5.1 + 0.151 = 305.051$（mm），求高斯光束在此位置的物镜物方主面上的光束截面半径 ω_2 和波面半径 R_2；

（5）求经物镜变换后出射高斯光束在物镜像方主面上的光束截面半径 ω 和像面半径 R；

（6）求经整个望远镜以后高斯光束的束腰位置 x、束腰半径 ω_{03} 和束散角；

（7）计算离望远镜 200 m、400 m、600 m、800 m 处光束截面半径。

第十二章　光谱仪器

一、本章要点和主要公式

（一）光谱仪的主要性能

把光源发出的各种波长的辐射，展开成一个按波长顺序排列的光谱，进行不同波长辐射强度测量的仪器称为"光谱仪"。光谱仪的主要性能有两种：一是色散率，二是分辨率。

1. 色散率

它表示光谱仪对不同波长辐射色散作用的大小，分为角色散率和线色散率。

① 角色散率。假定波长为 λ 和 $\lambda + \delta\lambda$ 两种光，由光谱仪色散系统出射后，它们之间的色散角为 $\delta\alpha$，则称 $\dfrac{\delta\alpha}{\delta\lambda}$ 为光谱仪对这两种指定波长的平均角色散。当 $\delta\lambda \to 0$ 时，有

$$\lim_{\delta\lambda \to 0} \frac{\delta\alpha}{\delta\lambda} = \frac{\mathrm{d}\alpha}{\mathrm{d}\lambda} \tag{12-1}$$

称为仪器的"角色散率"，单位通常用 rad/nm 表示。

② 线色散率。λ 和 $\lambda + \delta\lambda$ 两种波长的光，在接收物镜焦面上分开的距离称为"线色散"。假定接收物镜焦距为 f'，角色散为 $\mathrm{d}\alpha$，则线色散 $\mathrm{d}y$ 为

$$\mathrm{d}y = f' \times \mathrm{d}\alpha \tag{12-2}$$

线色散率

$$\frac{\mathrm{d}y}{\mathrm{d}\lambda} = f' \frac{\mathrm{d}\alpha}{\mathrm{d}\lambda} \tag{12-3}$$

例 12−1：某光谱的角色散率为 $4.1'/\text{nm}$，接收物镜焦距为 1 050 mm，求它的线色散率多大？

解：根据线色散率和角色散率之间的关系式，有

$$\frac{\mathrm{d}y}{\mathrm{d}\lambda} = f' \frac{\mathrm{d}\alpha}{\mathrm{d}\lambda}$$

将 $f' = 1\ 050\ \text{nm}$，$\dfrac{\mathrm{d}\alpha}{\mathrm{d}\lambda} = 4.1'/\text{nm} = 1.19 \times 10^{-3}\ \text{rad/nm}$ 一并代入得

$$\frac{\mathrm{d}y}{\mathrm{d}\lambda} = 1\ 050 \times 1.19 \times 10^{-3} = 1.25\ (\text{mm/nm})$$

两波长相差 0.1 nm 时，在接收物镜焦平面上分开 1.25 mm。

2. 分辨率

分辨率定义：假定光谱仪能够分辨的两条最靠近的谱线的波长为 λ 和 $\lambda + \delta\lambda$，则称

$$R = \frac{\lambda}{\delta\lambda} \tag{12-4}$$

为光谱仪的"分辨率",也称"分辨本领"。式中,λ 取两谱线的平均值。

例 12-2:钠双重谱线的波长分别为 589.6 nm 和 588.9 nm,分光仪的分辨率至少为多大时,才能将钠双重谱线分开?

解:根据光谱仪分辨率公式,有

$$R = \frac{\lambda}{\delta\lambda}$$

已知

$$\lambda = \lambda_1 + \lambda_2 = (589.6 + 588.9)/2 = 589.25 \text{ (mm)}$$

$$\delta\lambda = \lambda_1 - \lambda_2 = 589.6 - 588.9 = 0.7 \text{ (nm)}$$

将 λ、$\delta\lambda$ 值代入得

$$R = \frac{589.25}{0.7} \approx 842$$

如果分光仪的分辨率小于 842,钠双重谱线通过该仪器后被看成一条谱线;反之,如果分辨率大于 842 时,钠双重谱线通过分光仪后能分辨开。分辨率越大,两谱线被分辨得越清楚。

3. 光谱仪器理想分辨率公式

光谱仪的通光孔一般是方形的。假定子午方向上光束的宽度为 b,如图 12-1 所示,根据方孔衍射强度分布公式,衍射光斑第一暗纹对应的角宽度,也即光谱仪的理想衍射分辨角 $\delta\alpha$ 为

$$\delta\alpha = \frac{\lambda}{b} \tag{12-5}$$

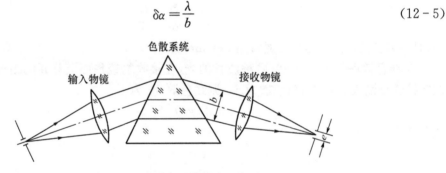

图 12-1　光谱仪器分辨率示意图

如前所述,光谱仪的角色散率为 $\dfrac{\mathrm{d}\alpha}{\mathrm{d}\lambda}$,刚能被分辨的两种波长的波长差为 $\delta\lambda$,对应的色散角 $\delta\alpha$ 为

$$\delta\alpha = \frac{\mathrm{d}\alpha}{\mathrm{d}\lambda}\delta\lambda \tag{12-6}$$

如果式(12-5)衍射分辨角和式(12-6)光谱仪色散角刚好相等,则有

$$\frac{\lambda}{b} = \frac{\mathrm{d}\alpha}{\mathrm{d}\lambda}\delta\lambda$$

根据光谱仪分辨率定义 $R_0 = \dfrac{\lambda}{\delta\lambda}$ 以及上式可得出光谱仪的理想分辨率 R_0 公式为

$$R_0 = \frac{\lambda}{\delta\lambda} = b\frac{\mathrm{d}\alpha}{\mathrm{d}\lambda} \tag{12-7}$$

例 12-3:某光谱仪的角色散率 $\dfrac{\mathrm{d}\alpha}{\mathrm{d}\lambda} = 4.1'/\text{nm}$,若要求理论分辨率 $R_0 = 72\,000$,问子午方

向上的光束宽度需要多大?

解：根据光谱仪理想分辨率公式有

$$R_0 = b \frac{d\alpha}{d\lambda}, b = R_0 / \frac{d\alpha}{d\lambda}$$

已知角色散率$\frac{d\alpha}{d\lambda} = 4.1'/nm = 1\,192.64\,rad/mm, R_0 = 72\,000$，代入得

$$b = 72\,000/1\,192.64 \approx 60\,(mm)$$

光谱仪的色散率和分辨率主要取决于色散系统。色散系统有色散棱镜和衍射光栅两大类，下面分别讨论色散棱镜和衍射光栅的色散率和分辨率。

(二) 光谱棱镜主截面内光线和折射

如图 12-2 所示，位于棱镜主截面内的光线，通过棱镜折射时，符合折射定律。对棱镜的两个折射面连续使用折射定律，便可求出从棱镜射出后的光线位置，出射光线的方向与入射光线的方向之间的夹角称为棱镜"偏向角"。当入射光线方向改变时，偏向角 α 大小也随之改变，总有一个入射方向使偏向角最小，称为"最小偏向角"，用 α_{min} 表示，此时

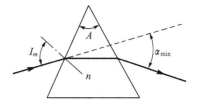

图 12-2 色散棱镜示意图

入射光线与第一折射面法线方向的夹角用 I_m 表示，棱镜两折射面间的夹角叫作"棱镜角"，用 A 表示，材料折射率用 n 表示，以上各有关量之间存在以下关系：

$$\sin I_m = n \sin \frac{A}{2} \tag{12-8}$$

$$\alpha_{min} = 2I_m - A \tag{12-9}$$

$$n = \frac{\sin[(A + \alpha_{min})/2]}{\sin(A/2)} \tag{12-10}$$

式(12-10)常用来测量棱镜的折射率。同一块棱镜对不同波长光的折射率不同，因此最小偏向角也不同。

例 12-4：有一块色散棱镜，棱镜角为 $A = 60°$，对某波长光的最小偏向角 α_{min} 为 $40°$。求棱镜对该波长光的折射率。假定将棱镜置于水中，求此时的最小偏向角，设水对该色光的折射率为 1.335。

解：根据式(12-10)，棱镜的折射率为

$$n = \frac{\sin[(A + \alpha_{min})/2]}{\sin(A/2)} = \frac{\sin[(60° + 40°)/2]}{\sin(60°/2)} = 1.532\,09$$

若棱镜置于水中，$n_1 = n_0, n_1' = n, I_1 = I_m, I_1' = A/2$，对第一面使用折射定律，且将已知量代入得

$$\sin I_m = \frac{n}{n_0} \sin \frac{A}{2} = \frac{1.53\,209}{1.335} \times \sin \frac{60°}{2} = 0.573\,8$$

$$I_m = 35°$$

根据式(12-9)求 α_{min}，即

$$\alpha_{min} = 2I_m - A = 2 \times 35° - 60° = 10°$$

棱镜置于水中时最小偏向角为 $10°$。

（三）色散棱镜的基本特性

色散棱镜的工作状态如图12-3所示,入射光束和出射光束相对于棱镜处于对称位置,也即处于最小偏向角位置,这种情况下谱线的线质最好。下面我们就对棱镜处于最小偏向角状态时讨论色散棱镜的基本特性。

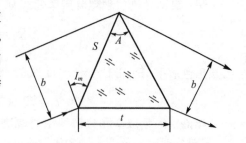

图12-3　色散棱镜工作状态示意图

1. 棱镜的角色散率 $\dfrac{d\alpha}{d\lambda}$

$$\frac{d\alpha}{d\lambda} = \frac{2\sin(A/2)}{\sqrt{1 - n^2\sin(A/2)}} \cdot \frac{dn}{d\lambda} \qquad (12-11)$$

式中,n 为棱镜材料的折射率;$\dfrac{dn}{d\lambda}$ 为棱镜材料的色散率。由式(12-11)可看出,棱镜的角色散率与两个因素有关,一是棱镜的形状即棱镜角 A,另一是棱镜材料即色散率。而角色散率随波长变化较大,因此研究棱镜的色散,重要的是找出不同波长时的值,如何求 $\dfrac{dn}{d\lambda}$ 呢? 科希给出了表达折射率 n 与波长 λ 之间关系的经验公式——科希公式

$$n = A + \frac{B}{\lambda^2} + \frac{C}{\lambda^4} + \cdots \qquad (12-12a)$$

式中,$A,B,C\cdots$ 都是常数。在大多数情况下,特别是波长间隔不太大时,取公式中前两项就够了,即

$$n = A + \frac{B}{\lambda^2} \qquad (12-12b)$$

对式(12-12b)进行微分,得棱镜材料色散率为

$$\frac{dn}{d\lambda} = -2\frac{B}{\lambda^3} \qquad (12-13)$$

从式(12-13)不难看出,无论是折射率还是材料色散率,都是随波长增加而减小,随波长减小而增加。

例12-5：K9 玻璃对 F 光和 C 光谱线的折射率为 $n_F = 1.521\,95$,$n_C = 1.513\,89$,计算科希公式中 A、B 两常数,并计算 K9 玻璃对 D 光(589.3 nm)的折射率 n_D 以及色散率。

解：根据公式有

$$1.521\,95 = A + \frac{B}{486.1^2} \qquad (a)$$

$$1.513\,89 = A + \frac{B}{656.3^2} \qquad (b)$$

将两式联立求解得

$$B = 4.219 \times 10^5,\ A = 1.504\,1$$

将 A、B 值以及 $\lambda = 589.3$ nm 代入式(12-12b)得

$$n_D = 1.504\,1 + \frac{4.219 \times 10^5}{589.3^2} = 1.516\,25$$

下面将 B 值以及 $\lambda = 589.3$ nm 代入式(12-13),求得 $\lambda = 589.3$ nm 时玻璃的色散率为

$$\frac{\mathrm{d}n_D}{\mathrm{d}\lambda} = -\frac{2 \times 4.219 \times 10^5}{589.3^3} = -4.123 \times 10^5 (\mathrm{nm}^{-1})$$

如果求 K9 玻璃对 F 光(486.1 nm)的色散率,则将 $\lambda = 486.1$ nm 代入式(12-13)得

$$\frac{\mathrm{d}n_F}{\mathrm{d}\lambda} = -7.346 \times 10^5 (\mathrm{nm}^{-1})$$

由计算结果可看出 $\mathrm{d}n_F/\mathrm{d}\lambda > \mathrm{d}n_D/\mathrm{d}\lambda$,也就是说波长越短色散率越大,反之,波长越长色散率越小。

例 12-6：有一棱镜,棱镜角为 50°,棱镜玻璃材料对波长 550 nm 的折射率为 $n = 1.555\,12$,色散率 $\frac{\mathrm{d}n}{\mathrm{d}\lambda} = 5.593 \times 10^5/\mathrm{nm}$,求该棱镜的角色散率。

解：棱镜工作在最小偏向角条件下的角色散率公式(12-11)为

$$\frac{\mathrm{d}\alpha}{\mathrm{d}\lambda} = \frac{2\sin(A/2)}{\sqrt{1 - n^2\sin^2(A/2)}} \cdot \frac{\mathrm{d}n}{\mathrm{d}\lambda}$$

将 A、n、$\frac{\mathrm{d}n}{\mathrm{d}\lambda}$ 值代入得

$$\frac{\mathrm{d}\alpha}{\mathrm{d}\lambda} = \frac{2\sin(25°)}{\sqrt{1 - 1.555\,12^2\sin^2(25°)}} \times 5.593 \times 10^{-5} = 12.9[('')/\mathrm{nm}]$$

2. 色散棱镜的理想分辨率

色散棱镜的理想分辨率公式为

$$R_0 = \frac{\lambda}{\delta\lambda} = t\frac{\mathrm{d}n}{\mathrm{d}\lambda} \tag{12-14}$$

该公式不仅可用于单个棱镜,也能推广应用于数个棱镜。式中,t 代表各个棱镜中整个光束上下两条边缘光线在棱镜内部光路长度之差的总和,如图 12-4 所示。当光束充满棱镜,棱镜处在最小偏向角位置时,即各棱镜底面宽度的总和。

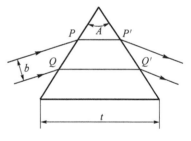

例 12-7：色散棱镜的底边宽度为 50 mm,玻璃材料的色散率 $\frac{\mathrm{d}n}{\mathrm{d}\lambda} = 0.6 \times 10^{-4}/\mathrm{nm}$,求色散棱镜的理想分辨率。

图 12-4　棱镜光线示意图

解：根据色散棱镜的理想分辨率公式,由 $t = 50$ mm,$\frac{\mathrm{d}n}{\mathrm{d}\lambda} = 0.6 \times 10^{-4}/\mathrm{nm} = 60/\mathrm{mm}$ 可得理想分辨率 R 为

$$R = t\frac{\mathrm{d}n}{\mathrm{d}\lambda} = 50 \times 60 = 3 \times 10^3$$

(四)衍射光栅的基本性质

光栅是光谱仪中使用的另一种色散系统,特别是对波长小于 $0.2\ \mu\mathrm{m}$ 和波长大于 $45\ \mu\mathrm{m}$ 的辐射,由于没有适用的棱镜材料,必须使用光栅,最常用的平面光栅如图 12-5 所示。

(1)衍射光栅方程

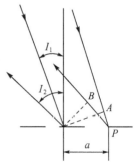

图 12-5　平面光栅示意图

$$a(\sin I_1 + \sin I_2) = m\lambda \qquad (12-15)$$

式中，a 为光栅常数；I_1 为入射光束与光栅面法线之间的夹角；I_2 为衍射光束与光栅面法线之间的夹角；m 为衍射光谱级数，取整数。

(2) 衍射光栅的角色散率

将式(12-15)对 I_2 和 λ 取微分，且考虑到 $dI_2/d\lambda = d\alpha/d\lambda$，得衍射光栅的角色散率公式为

$$\frac{d\alpha}{d\lambda} = \frac{m}{a\cos I_2} \qquad (12-16a)$$

一般使用一级光谱，$m = \pm 1$，由式(12-16a)即得

$$\frac{d\alpha}{d\lambda} = \pm\frac{1}{a\cos I_2} \qquad (12-16b)$$

式(12-16a)表示衍射光栅的角色散率与光栅常数 a 成反比，与衍射级数 m 成正比，而与光栅总刻线数无关，即光栅缝越密(a 越小)、级数越大，光栅的色散率越大。$\cos I_2$ 随波长变化比较小，当 a、m 一定后，不同波长的色散率近似等于常数，而不像色散棱镜那样，色散率随波长变化很大。

例 12-8：有一块平面光栅，刻线密度为 600 条/mm，波长为 5 000 nm 的光垂直入射到刻线光栅上，求光栅一级光谱的角色散率。

解：刻线密度 $= 1/a = 600$ 条/mm，那么光栅常数 $a = 1/600$，根据光栅衍射方程有

$$a(\sin I_1 + \sin I_2) = m\lambda$$

由于垂直入射 $I_1 = 0$，一级衍射 $m = 1$，波长 $= 5\,000$ nm，将已知条件一并代入式(12-15)得

$$\frac{1}{600}\sin I_2 = 5\times10^{-4}, \sin I_2 = 0.3, \cos I_2 = 0.953\,94$$

根据式(12-16b)求得衍射光栅角色散率为

$$\frac{d\alpha}{d\lambda} = \frac{1}{a\cos I_2} = \frac{1}{(10^5/6)\times0.953\,94}$$
$$= 6.29\times10^{-4}(\text{rad/nm}) = 6.58[(')/\text{nm}]$$

(3) 衍射光栅的理想分辨率

衍射光栅的理想分辨率公式为

$$R_0 = \frac{\lambda}{\delta\lambda} = mN \qquad (12-17)$$

式中，N 为光栅面上总刻线数。由式(12-17)可看出，光栅的理想分辨率与衍射级数、总刻线数成正比，而与光栅常数或者说刻线密度无关。

例 12-9：若使 60 条/mm 的衍射光栅，在第一级光谱中能分辨钠双线 588.9 nm 和 589.6 nm，光栅宽度应选多大？

解：根据光栅理想分辨率公式(12-17)，公式中的波长 λ 取两波长的平均值，即 $\lambda = (588.9 + 589.6)/2 = 589.3(\text{nm})$，$\delta\lambda = 589.6 - 588.9 = 0.7(\text{nm})$，$m = 1$，代入式(12-17)得

$$R_0 = \frac{\lambda}{\delta\lambda} = mN, \frac{589.3}{0.7} = N \text{ 即 } N = 842 \text{ 条}$$

光栅宽度 $d = aN = \frac{1}{60}\times842 = 14$ (mm)。故应选用宽度大于 14 mm 的光栅。

（4）闪耀光栅

图 12－6 所示的光栅称为闪耀光栅。ON 为光栅面法线，ON_1 为光栅刻槽的法线，ON_1 恰好是入射角 I_1 和衍射角 I_2 的角平分线，ON 和 ON_1 的夹角 φ 称为"闪耀角"。

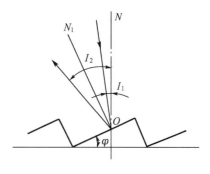

图 12－6　闪耀光栅示意图

若入射光线、衍射光线和刻槽法线重合时，$I_1=I_2=\varphi$，这时满足光栅方程式(12-15)的波长 λ_B 称为光栅的"闪耀波长"。根据式(12-15)且取 $m=1$，则一级闪耀波长 λ_B 为

$$\lambda_B = 2a\sin\varphi \tag{12-18a}$$

若入射光线和衍射光线不重合，其夹角为 2θ，此时的闪耀波长 λ_B 为

$$\lambda_B = a\left[\sin(\varphi-\theta)+\sin(\varphi+\theta)\right] \tag{12-18b}$$

例 12－10：有一闪耀光栅，其刻线密度为 600 条/mm，刻槽表面法线和光栅平面法线夹角为 9.5°，入射光线、衍射光线和刻槽表面法线重合，求闪耀角和闪耀波长。

解：根据闪耀角定义，当 $I_1=I_2=\varphi$ 时，刻槽表面法线和光栅平面法线的夹角即闪耀角，即 $\varphi=9.5°$，题中给出了入射光线和衍射光线重合，那么根据一级闪耀波长 λ_B 公式(12-18a)得

$$\lambda_B = 2a\sin\varphi = 2\times\frac{1}{600}\times\sin 9.5° = 0.000\,55\,(\text{mm}) = 550\,(\text{nm})$$

闪耀波长为人眼敏感的 550 nm。

二、习题

12－1　光谱仪的基本性能有哪些？它们的意义是什么？

12－2　光谱仪的理论分辨率是怎样确定的？

12－3　色散系统分哪两类？各有何特点？

12－4　色散棱镜通常工作在何种状态？为什么？

12－5　有一色散棱镜，玻璃材料的色散率 $\dfrac{dn}{d\lambda}=0.4\times10^{-4}/\text{nm}$，若要求在波长 600 nm 附近能分辨的最小波长间隔为 0.25 nm，问色散棱镜的底边宽度至少应多大？

12－6　一束白光垂直入射在 600 条/mm 光栅上，第一级可见光谱末端与第二级可见光谱始端之间的角间隔为多少？白光波长范围 $\lambda=400\sim760$ nm。

12－7　如图 12－4 所示的棱镜，底边宽度为 50 mm，处于能使光线产生最小偏向角的位置，光束下边缘光线在棱镜内的长度分别为 $PP'=10$ mm，$QQ'=35$ mm，材料的色散率为 0.5×10^{-5}，求棱镜的理论分辨率。该棱镜可能达到的最大理论分辨率是多少？

12－8　以白光垂直照射在光栅上，能在 30° 衍射方向上观察到 600 nm 二级光谱，并能在该处分辨波长差为 0.005 nm 的两条光谱线，求：

（1）光栅相邻两缝的间距；

（2）光栅的理论分辨率；

(3) 光栅平面的总宽度。

12—9 一束 400～700 nm 的可见光,垂直照射到光栅常数为 0.002 的平面光栅上,为了在接收物镜的像方焦平面上得到该波段的第一级光谱的分布范围为 50 mm,问接收物镜的焦距至少应等于多少毫米?

12—10 波长为 500 nm 的光垂直入射到光栅常数为 2.5×10^{-3},光栅平面总宽度为 30 mm 的光栅上,接收物镜焦距为 500 mm。求:

(1) 第一级光谱的线色散率;

(2) 第一级光谱中能分辨的最小波长间隔;

(3) 该光栅最多能看到几级光谱?

12—11 有一棱镜,棱镜角为 60°,对 λ_1 和 λ_2 两种色光的折射率分别为 $n_1 = 1.622\ 2$,$n_2 = 1.632\ 0$,假定沿 λ_1 光发生最小偏向角方向放置接收物镜,焦距为 600 mm,物镜光轴与 λ_1 色光的衍射方向重合,求二谱线在透镜焦平面上的距离。

12—12 底边宽度为 60 mm 的色散棱镜,在波长 600 mm 附近能分辨的最小波长间隔为多少? 假定棱镜材料的色散率 $\dfrac{dn}{d\lambda} = 0.4 \times 10^{-4}$/nm。

12—13 波长为 500 mm 的光束垂直入射在光栅常数为 2.5×10^{-3} 的平面光栅上,接收物镜焦距为 500 mm,求第一级光谱的线色散。

12—14 已知衍射光栅和色散棱镜的技术数据为

光栅宽度 $d = 50$ mm   棱镜底边宽度 $t = 50$ mm

刻线密度为 600 条/mm   棱镜角 $A = 60°$

材料折射率 $n = 1.5$ 材料色散率 $\dfrac{dn}{d\lambda} = 0.6 \times 10^{-4}$/nm

试比较光栅和棱镜的分光性能。

12—15 有一简易分光计,其衍射光栅的刻线密度为 500 条/mm,若分光计的望远镜用焦距为 400 mm 的照相镜头代替,求照相机底片上钠双线的第二级谱线的间隔。已知钠双线波长分别为 589 nm 和 589.6 nm。

12—16 国产 31WI 型 1 m 平面光栅摄谱仪技术数据为

物镜焦距 $f' = 1\ 050$ mm

光栅刻线面积 60 mm×40 mm

闪耀波长 365 nm

刻线密度 1 200 条/mm

求:(1) 摄谱仪能分辨的最小波长间隔;

(2) 光栅的闪耀角、闪耀方向与光栅平面法线方向的夹角;

(3) 摄谱仪的角色散率(以(′)/nm 为单位);

(4) 摄谱仪的线色散(以 mm/nm 为单位)。

第十三章　红外光学系统

一、本章要点和主要公式

1. 概述

我们知道,电磁波波长在 $0.4\sim0.76\ \mu m$ 范围内称为可见光,这是最常使用的,人眼可见的电磁波段。波长在 $0.76\sim1\,000\ \mu m$ 的波段称为红外波段。红外波段通常分为四个区域:近红外($0.76\sim3\ \mu m$)、中红外($3\sim6\ \mu m$)、中远红外($6\sim20\ \mu m$)和远红外($20\sim1\,000\ \mu m$)。

红外波段人眼不可见,但是它可以被对红外敏感的探测器接收到。例如,我们用手摸一下黑板,然后将手移开,用红外热像仪对准黑板,就可以从监视器上看到手的图像,虽然手已移开,但黑板上手的余温发出的红外辐射依然存在,热像仪接收了这个辐射并把它转换成视频信号,在监视器上就形成了手的图像。红外光自 1800 年被发现之后至今已有 200 多年,早期发展缓慢,直至 20 世纪第二次世界大战期间和战后,随着军事上和航天上的需要,红外技术才得到迅猛的发展。近年来,红外技术在军事、医学、工业等领域的应用越来越广泛。例如导弹的红外导引头、人造卫星上的红外扫描仪、医学上的乳腺癌诊断仪、工业上的红外测温计等仪器和装置都应用了红外技术。

红外光学系统通常由光学接收器、光电探测器、信号处理与显示器三大部分组成。整个系统涉及大气传输特性、光电探测器件和光电转换等多种知识和技术。

2. 红外光学系统的功能和特点

（1）红外光学系统的功能

红外光学系统的基本功能是接收和聚集目标所发出的红外辐射并传递到探测器而产生电信号。对于红外成像系统,由于红外探测器光敏面积很小,例如单元锑化铟仅为 $\phi\,0.1\ mm$,在红外物镜焦距一定的条件下,对应的物方视场角极小,因此,为了实现对大视场目标和景物成像,必须利用光机扫描的方法。红外成像系统中常含有扫描元件,从而实现大视场的搜索与成像。

对于红外探测系统,利用调制盘将目标的辐射能量编码成目标的方位信息,从而确定辐射目标的方位。

对于红外观察和瞄准系统,除了物镜系统外,在红外变像管后面装有目镜,可以用于人眼的观察测量与瞄准。

（2）红外光学系统的特点

红外光学系统通常是大相对孔径系统。红外光学系统的目标一般较远,辐射能量也较弱,所以红外物镜应有较大的孔径,以收集较多的红外辐射;为了在探测元件上得到尽可能大的照度,物镜焦距应较短,这就使红外光学系统相对孔径一般都较大。

红外光学系统元件必须选用能透红外波段光的锗、硅等材料,或者采用反射式系统。在近红外(NIR)波段可以使用普通光学材料,这个波段有很多应用,例如 0.85~1.6 μm 波段用于远程通信;1.06 μm 波长的 Nd:YAG 激光器用于需要较高能量的应用。远红外探测器要比中红外探测器昂贵,制作困难。光学系统中使用的普通光学玻璃透红外性能很差,最高也只能透过 3 μm 以下的辐射,对于中远红外区域,必须采用某些特殊玻璃如含有氧化锆(ZrO)和氧化镧(La_2O_3)的锗酸盐玻璃,晶体如蓝宝石(Al_2O_3)和石英(SiO_2)、热压多晶、红外透明陶瓷,以及光学塑料如 TPX 塑料等。必须根据使用波段的要求和材料的物理化学性能确定所用的材料。

随着红外技术的发展,目前已能制造出上百种能透过一定波段红外光的光学材料,但是真正满足一定使用要求,物理化学性能又好的材料也只有二三十种,所以很多红外光学系统仍然采用反射元件。反射系统没有色差,工作波段不受限制,对材料的要求不高。镜面反射率可以很高,系统通光口径可以做得较大,焦距可以很长,因此许多红外光学系统采用反射式的结构。但反射式系统视场小,有中心遮拦,在有些场合不太适用。

红外光学系统的接收器为红外探测器。与可见光光学系统不同,它的接收器不是人眼或感光胶片,而是能接收红外信号的光敏元件,如锑化铟、碲镉汞等,因此红外系统最终的像质不能简单地以光学系统的分辨率来判定,而要考虑探测器的灵敏度、信噪比等光电器件本身的特性。对于红外光学系统,目前多采用点像能量分布(点扩散函数)的方法或者红外光学传递函数的方法评价成像质量。

3. 红外物镜

红外物镜的作用是将目标的红外辐射接收和收集进来并传递给红外探测器。它的主要类型有透射式、反射式和折反式三种。透射系统的优点是:具有完全清晰的孔径,无中心遮拦,通常透镜的表面为球面,易于加工;缺点是可用于校正像差的材料数量较少且材料昂贵,材料制作困难,材料通常对热敏感,并且难以测试。反射系统的优点是:无色差,通常对热不敏感,基底材料通常成本低;缺点是一般都有中心遮拦,光能量有损失,并且导致调制传递函数下降,通常还要求表面为非球面,不易加工并且装调困难,机械支撑结构设计和装调困难,同时还有杂散光的影响。这些系统各有优缺点,需要具体情况具体分析。

(1) 透射式物镜

① 单透镜。

由于许多红外材料的折射率比较高,色散小,其校正像差的能力很强,且色差较小,因此,红外折射系统通常比可见光系统简单。单折射透镜是最简单的折射物镜,它可应用于像质要求不太高的红外辐射计中。这种物镜一般应满足最小球差条件,球差和正弦差均较小,孔径像差较小,但不适用于大视场。当红外系统工作波段宽时,色差也较严重,它适用于工作波段不宽的场合,且配上干涉滤光片使用。某红外辐射计中所用的锗物镜就是一个单个弯月形物镜,与之配合的探测器表面又加入了浸没透镜,热敏电阻探测器紧贴在浸没物镜上。用于红外波段的单透境如图 13-1 所示。

② 双胶合物镜和双分离物镜。

双胶合物镜中正透镜用低色散材料,负透镜用高色散材料,除了能校正球差、正弦差并保证光焦度外,还可以校正色差,但实际上可用的红外材料不多,通常把两个透镜分开,中间有一定的空气间隔,r_2 和 r_3 也可以不相等,这就可以在较大范围内选用材料。通常,在近红外区采用氟化钙和玻璃,中远红外区采用硅和锗作为透镜材料。图 13-2 所示为用热压氟化镁

（MgF_2）和热压硫化锌（ZnS）做成的双分离消色差物镜，在3.0～5.5 μm波段使用。这种物镜的缺点是装调较困难。

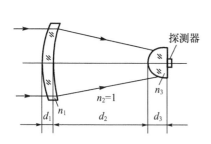
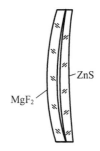

图13-1 用于红外波段的单透镜　　　　图13-2 用于红外波段的双单透镜

③ 多组元透镜组。

为了达到较大的视场和相对孔径，红外物镜必须复杂化，要增加透镜个数，并采用合理的结构形式，如图13-3(a)、(b)所示。

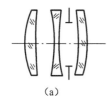
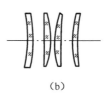

（a）　　　　　　　　　　　　　　　（b）

图13-3 多组元透镜组

（2）反射式物镜

前面说过，红外光学系统很多都采用反射式，主要原因是红外透射材料较少，选择余地不大，另外，红外系统工作波段通常较宽，用透射式物镜色差校正比较困难，而反射式物镜完全没有色差，且对反射式物镜本身的材料要求不高，所以反射式物镜在红外光学系统中应用广泛。但反射式物镜视场小、体积大，这是它的缺点。下面介绍各种类型的反射式物镜。

① 单球面反射镜。

如果将孔径光阑置于球心处，轴外视场主光线通过孔径光阑中心，也就是通过球心，因此任意视场主光线均可视为光轴，各视场成像质量与轴上点相同，没有彗差、像散和畸变，但存在球差和场曲，像面为球面。实际使用中，常将球面镜本身作为光阑位置，各种单色像差均会存在，当视场加大时，像质迅速变坏，因此它适合于视场较小、相对孔径较大的情况。

② 单非球面反射镜。

常使用的是二次曲面反射镜，由二次曲面方程知，二次曲面镜都有两个焦点，它们之间是等光程的，视场不大时，可以得到较好的像质。常用的单非球面反射镜有抛物面反射镜、双曲面反射镜、椭球面反射镜和扁球面反射镜等。

对于抛物面反射镜，将方程

$$y^2 = 2r_0 x$$

决定的扫描线绕其对称轴旋轴一周即形成抛物面。图13-4所示为它的截面。平行光轴入射的轴向光束成像在抛物面的焦点，小视场成像优良，比球面反射镜要好得多，但抛物面加工比较困难。当球面反射镜不能满足要求时，常使用抛物面镜。图13-4所示为常用的两种抛物面镜,图13—4(a)中光阑位于抛物面焦面上,球差和像散为零,像质较好;图13—4(b)为离轴抛物面镜,焦点在入射光束之外,放置探测器较为方便。离轴抛物面镜应用较多,例如传递函数测定仪中使用的平行光管物镜多为离轴抛物面镜,在红外光学系统中多使用抛物面镜与另一反射镜的组合。

对于双曲面反射镜,双曲面反射镜是由方程的两条双曲线中的一条绕对称轴 x 旋轴一周而成,取其一部分即回转双曲面。如图13—5所示,其两个焦点之间等光程:

$$\frac{x^2}{a^2} - \frac{y^2}{b^2} = 1$$

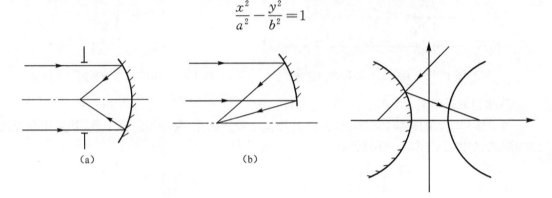

图13—4 抛物面镜示意图　　　　　图13—5 双曲面镜示意图

对于椭球面和扁球面反射镜。将椭圆方程的轨迹绕长轴旋转一周,得到回转椭球面,如图13—6(a)所示。椭球面的两个焦点之间等光程。椭圆曲线绕短轴旋转一周,得到回转扁球面,如图13—6(b)所示。扁球面一般利用凸面,很少单独使用。

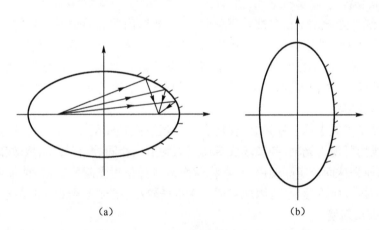

图13—6 椭球面镜示意图

双曲面镜、椭球面镜和抛物面镜都可以单独作为一个物镜使用,但用在不同的情况下。如前所述,抛物面镜是把无限远处发来的平行光轴的光线会聚到其焦点上,椭球面镜是把一点发出的光束会聚到另外一点,而双曲面镜则是把会聚到一点的光束再会聚到另外一点处。尽管使用情况不同,但它们都是利用二次曲面均有两个焦点,二者之间等光程、无像差的特点。

③双反射镜系统。

双反射镜系统由两面反射镜组成,其中大的为主镜,另一块小的为次镜。较常用的有牛顿系统、格里高里系统和卡塞格林系统。这些系统在前面已作介绍，这里不再赘述。

（3）折反射系统

折反射系统在目视光学仪器一章中介绍过施米特物镜、马克苏托夫物镜和同心系统。在红外光学系统中有时也用到类似马克苏托夫物镜的曼金物镜，如图 13－7 所示。

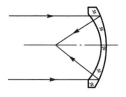

图 13－7　曼金折反射镜示意图

曼金折反射镜由一个球面反射镜和一个与它相贴的弯月形折射透镜组成。弯月形物镜也是用来校正球面反射镜的像差，主要是球差和彗差，但色差较大，有时为了校正色差，把弯月物镜做成双胶合消色差物镜。

4. 辅助光学系统

红外光学系统接收器为对红外光敏感的探测器，如碲镉汞、锑化铟等。探测器尺寸一般比较小，当光学系统的焦距 f' 较长，视场 ω 较宽，入瞳直径 D 较大时，要求探测器尺寸也相应地加大，但探测器尺寸大时噪声就大，整个红外系统的信噪比降低。因此就需要在红外物镜后面加入一些辅助系统，在保持 f'、ω、D 不变的情况下尽可能缩小探测器尺寸，或者说把光能尽可能多地收集到探测器中去，这些辅助光学系统就是场镜、光锥和浸没透镜。它们也常称为探测器光学系统。

（1）场镜

在可见光系统中，场镜是经常用到的，特别是在光路很长的情况下，不使用场镜，系统的体积就会很大，或者有较大的渐晕。场镜通常加在像平面附近，它是在不改变光学系统光学特性的前提下，改变成像光束位置。在红外光学系统中场镜经常应用到。在大多数红外辐射计、红外雷达系统中，需要在光学系统焦平面上安放调制盘，探测器放在焦平面后附近，这样在探测器上接收的光束就要增大，或者说探测器就要加大，如在焦平面后放一场镜，使全视场主光线折向探测器中心，就可以用较小的探测器接收整个光束，且整个探测器照度均匀，如图 13－8 所示。

（2）光锥

光锥为一种空心圆锥或由具有一定折射率的材料形成的实心圆锥。光锥内壁具有高反射率。它的大端放在光学系统焦平面附近，收集光线并依靠光锥内壁多次反射传递到小端，小端口放置探测器，这样就可以用较小尺寸的探测器收集进入大端范围的光能。实心光锥光线传播情况如图 13－9 所示。

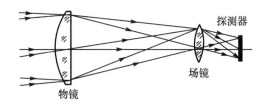

图 13－8　场镜示意图

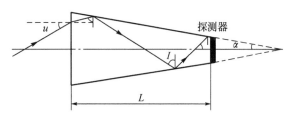

图 13－9　光锥示意图

实际使用中也采用场镜与光锥的组合结构，如图 13－10 所示。图 13－10(a) 所示为空心光锥加场镜，图 13－10(b) 所示为将场镜与实心光锥做成一体。来自物镜的大角度光线先经场镜会聚再进入光锥大端，将减小进入光锥的入射角，或者说组合结构的临界入射角将高于单个光锥的临界入射角,有利于收集更大范围内的光能。

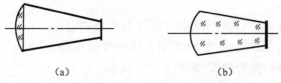

图 13-10　场镜与光锥结合示意图

(3) 浸没透镜

浸没透镜是粘接在探测器表面的高折射率球冠状透镜。前表面为球面,后表面为平面,平面与探测器表面光胶或粘接,如图 13-11 所示。它与高倍显微镜中的浸液物镜类似,浸液物镜是将标本浸在高折射率液体中,提高了物的数值孔径 NA 值,使更多的光能进入物镜,提高了像的照度和分辨率。红外系统探测器前加入的浸没透镜一般用 Ge、Si 等高折射率红外材料做成,它可以有效地缩小探测器的尺寸,从而提高信噪比。

浸没透镜的加入改变了光线行进的方向,像的位置发生了变化,如图 13-12 所示。加入浸没透镜前的像点位置 A 和加入浸没透镜后的像点位置 A' 之间应该满足共轭点方程式。由于浸没透镜的后表面与探测器粘接,所以浸没透镜的成像可以看作单个折射球面的成像问题。如图 13-12 所示,设球面半径为 r,浸没透镜厚度为 d,球面顶点到 A 和 A' 的距离分别为物距 L 和 L',可以写出单个球面折射的物像关系式

$$\frac{n'}{L'} - \frac{n}{L} = \frac{n'}{r}$$

式中,物方折射率 $n=1$;像方折射率 $n'=n$。像点要成在浸没透镜的后表面即探测器表面处,所以 $L'=d$,上式可写成

$$\frac{n}{d} - \frac{1}{L} = \frac{n-1}{r}$$

根据垂轴放大率公式又可写出

$$\beta = \frac{y'}{y} = \frac{nL'}{n'L} = \frac{d}{nL}$$

联立上面两式,消去 L,即可得到浸没透镜结构参数和放大率的关系式:

$$\beta = 1 - \frac{n-1}{n} \cdot \frac{d}{r}$$

$$d = \frac{n}{n-1}(1-\beta)r$$

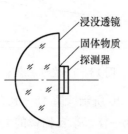

图 13-11　浸没透镜示意图

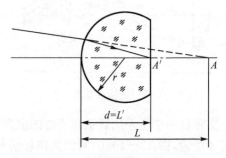

图 13-12　浸没透镜成像示意图

　　单个折射球面一般是有像差的,适当选择共轭点位置可以消除宽光束小视场的像差。但实际上还要考虑和主光学系统像差的匹配,使包括浸没透镜的整个系统达到最好的校正。

5. 红外光学系统设计中需要注意的问题

　　上面介绍了各种红外物镜,从设计角度看红外物镜的设计与可见光光学系统的设计没有本质的区别,但在设计折射式和折反射式物镜时,要特别注意光学材料的选择,因为透镜系统的像差和色差与材料的折射率 n 及色散有关,不同材料对不同波段有不同的透过率,这些都要精心考虑,设计时要参考有关的材料手册。还有,红外系统还存在冷反射的问题,即对于被冷却的探测器,在系统中经过各种表面的反射,还有可能成像在像面附近,影响了系统的质量,必要时也应该进行冷反射的计算。在设计时,需要将系统的出瞳成像在冷光阑处,提高冷光阑效率。

二、习题

13—1　红外光学系统有什么特点?

13—2　常用的能够透红外波段的材料有哪些?

13—3　红外光学系统与可见光光学系统相比,在设计上有哪些特点?

习 题 答 案

第一章

1—5　比半米多

1—6　0.75 m

1—7　51°18′

1—8　1.532

第二章

2—2　240 mm

2—6　$x'=0,0.562\ 5$ mm,$0.703\ 1$ mm,$0.937\ 5$ mm,$1.406\ 3$ mm,$2.812\ 5$ mm

2—7　$l=-2f'$

2—8　$f'=25$ mm, $l=-30$ mm

2—9　3 600 m×3 600 m

2—10　$d=78.86$ mm,$f'=173.25$ mm

2—11　$\Delta d=1.54$ mm, 远离前组

2—12　$\beta=-f'_2/f'_1$

2—13　$r_1:r_2:d=3:2:1$

2—14　$f'_1=11.64$ mm,$f'_2=27.93$ mm

2—15　$l'=36.12$ m,$f'=166$ mm

2—16　$\Delta d=0.417$ mm,向屏移动

2—17　$l=-188.7$ mm

2—18　$l_H=50$ mm,$l'_H=40$ mm,$f'=-587.37$ mm

2—26　$l'=-45.32$ mm

2—27　像位在球心,放大,玻璃球主面位于球心

2—28　$l'_1=112.5$ mm,$l'_2=-91.67$ mm

2—29　$l=4$ mm,$f'=3$ mm

2—30　$l_1=31.25$ mm,$l'_1=125$ mm,倒立实像,$l_2=18.75$ mm,$l'_2=-75$ mm,正立虚像

2—31　$l'=120$ mm,$\beta=3$

2—32　$l'=4.9$ mm,$y'=0.49$ mm

2—33　$l'_2=63.636$ mm,$y'=-2.727$ mm

2—34　$r=400$ mm,凸面,$\beta=1/4$

2—35　(1) $l'_B=-166.666\ 7$ mm,$y'=-13.33$ mm

　　　(2) $l'_A=170.588\ 2$ mm,$y'=-23.53$ mm

2—36　751.88 mm

2—37　45.5 mm

2—38　$r_1=-200$ mm,$r_2=-50$ mm,$d=80$ mm

2—39 6.08 mm

2—40 32 mm

2—41 有变化,移近 10.21 mm

2—42 $f'=100$ mm, $l_1=-300$ mm, $l_1'=-200$ mm

2—43 $f'=25$ mm, $l=-30$ mm

2—44 $\beta=-11$, $r=-1/11$, $\alpha=121$

2—46 $f'=131$ mm

2—48 向像面移动 121.922 mm, $\beta^*/\beta=0.61$

2—50 $f'=37.5$ mm, $y_1'/y_2'=9$

2—51 $r=-200$ mm

2—52 (1) $l=60$ mm, $l'=-30$ mm, $f'=-20$ mm
       (2) $l=30$ mm, $l'=-60$ mm, $\beta=-2$

2—53 $f'=60$ mm, $l=-70$ mm, $l'=420$ mm

2—54 $f_1'=40$ mm, $f_2'=240$ mm

2—55 $n=1.593\ 75$, $r=-285$ mm

2—56 $f'=375$ mm

2—57 $l=-80$ mm, $\beta=-1/4$, 或 $l=-20$ mm, $\beta=-4$

2—59 $f'=39.79$ mm, $y'\approx2.97$ m

2—60 $y=20$ mm, $f'=100$ mm, $l_1=-110$ mm, $l_1'=1\ 100$ mm, $l^*=-180$ mm, $l^*=225$ mm

2—61 $l=-80$ mm, $f'=60$ mm

2—63 $x=-10.67$ mm

2—64 $f'=36.2$ mm

2—65 $l'=200$ mm, $f'=133.33$ mm

2—66 $f'=25$ mm

2—67 $f'=300$ mm

2—68 $f_1'=f_2'=d=300$ mm, $l=1\ 860$ mm

2—70 $f'=100$ mm

2—71 $d=87.5$ mm

2—72 $f_2'=300$ mm

2—73 403.33 mm

2—74 $\beta=-0.095$ 或 $\beta=-10.53$

2—75 $f'=90$ mm, $x_F'=60$ mm

2—76 $h_1=40$ mm, $h_2=35$ mm

2—77 $f'=200$ mm, $l_2'=104.12$ mm, $y'=20.62$ mm

2—78 $d=30$ mm, $f'=5.556$ mm

2—79 $l_2'=27.27$ mm, $y'=14.55$ mm

2—80 $\dfrac{3}{4}f_1'$

2—81　$l'_3=79.167$ mm

2—82　$f'_2=-666.67$ mm

2—84　$d=f'_1/l, L/f'=\dfrac{3}{4}$

2—85　$f'=17.53$ mm

2—86　$r_1=-r_2=250$ mm, $r_3=-1\,500$ mm

2—87　$r_1=50$ mm, $r_2=20$ mm, 或 $r_1=-20$ mm, $r_2=-50$ mm

　　　　$l_H=500$ mm, $l'_H=20$ mm 或 $l_H=-20$ mm, $l'_H=-50$ mm, 即 H、H'均位于球心。

2—88　$f'=1/\varphi=-1\,440$ mm, $l_H=-80$ mm, $l'_H=-120$ mm

2—89　$f'_厚=50.34$ mm, $f'_薄=50$ mm; $l_H=0.67$ mm, $l'_H=-0.67$ mm

2—90　(1) $f=-540.54$ mm, $f'=718.92$ mm

　　　　(2) $f=-352.11$ mm, $f'=468.31$ mm

2—91　$f'_水=352.45$ mm

2—92　$f'_水/f'_空=3.91$

2—94　$r_2=-37.5$ mm

2—95　$f'=-1.042$ mm

2—96　$l_1=-180$ mm

2—97　$f'=505$ mm

2—98　$f'_w=3.91f'_a$

2—99　$d=600$ mm, 会聚

第三章

3—2　-0.1 m

3—3　-250 mm, -4 视度, -200 度近视, -500 mm

3—4　-0.4 m, -400 mm

3—10　5

3—11　开普勒望远镜 $f'_目=25$ mm, 镜筒长度 175 mm。

　　　　伽利略望远镜 $f'_目=-25$ mm, 镜筒长度 125 mm。

3—12　$f'_物=100$ mm, $f'_目=10$ mm

3—13　184 mm

3—14　±3.125 mm

3—15　5

3—16　408.4 mm

3—17　30 mm, 24 mm

3—18　8, 5.5 mm, $-1\,210$ m

3—19　$y=30$ mm, $\Delta x'=2$ mm, $y'=6$ mm, $l=-515.66$ mm

3—20　$0.5''$

3—21　0.000 824 mm

3—24　25 mm, -400

3—25　$f'_物=36.735$ mm, $f'_目=16.67$ mm, $f'_显=-6.67$ mm, $\Gamma_显=-37.5$

3—26 $\beta_{物}=-4$,物镜的物像距离 312.5 mm,物镜和目镜之间距离 275 mm,
$f'_{显}=-6.25$ mm。

3—27 $l=-17.42$ mm,$\beta_{物}=-11.25$,$\Gamma_{显}=-112.5$

3—28 $\beta_{物}=-53.33$,$\Gamma_{显}=-1\ 066$

3—29 $\Gamma_{望}=-5$,$\beta_{物}=-1.6$, $\Gamma_{显}=-20$

3—30 $\beta=-11$,$\gamma=-0.091$,$\alpha=121$,$f'_{目}=27.5$ mm

3—31 $f'_{物}=13.636$ mm,$x=\pm3.125$ mm

3—32 $\Gamma_{目}=5$,$\beta_{物}=-2$,200 mm

3—33 800

3—34 125 mm,正透镜

3—35 $f'_{物}=150$ mm,$f'_{目}=33.33$ mm,$x=\pm5.55$

第四章

4—2 $\pm7.5°$

4—3 $n=1.5$ 时,$D_1=16.25$ mm,$D_2=14.84$ mm,$l'=11.24$ mm

4—7 $l=h/2$

4—8 900 mm

4—12 $f'_1=100$ mm,$f'_2=-150$ mm

4—13 $D_1=25.2$ mm,$D_2=24.2$ mm,$l'=53.2$ mm,$x=1.25$,目镜向前移

4—14 $f'_2=-270$ mm,$l=-30$ mm

4—15 $f'_{物}=160$ mm,$f'_{目}=20$ mm,$D=96$ mm

4—16 $l=109.28$ mm,$l'_2=27.15$ mm

4—18 $2y'=18.87$ mm,$d=60$ mm

4—19 $D_1=14.4$ mm,$D_2=11.1$ mm,$l'_2=21.3$ mm

4—20 $D_1=15$ mm,$D_2=11.6$ mm,$l'=16.2$ mm

4—21 81.95 mm,12.2 mm

第五章

5—3 $2\omega=54.8°$

5—5 $D_{入}=50$ mm,$D'=5$ mm,$D_{分}=26.2$ mm,孔径光阑,入瞳与物镜框重合,$l'_z=27.5$ mm

5—6 $2y'=11$ mm,$D'_1/f'_1=1/2.18$,无渐晕

5—7 25 mm

5—8 $D'=13.33$ mm

5—9 $D_{入}=13.33$ mm,$l'_z=-66.66$ mm,$|l|\leqslant200$ mm

5—10 $l'_z=27.5$ mm,$D'=2$ mm,1.33 mm,4 mm

5—11 $D/f'=1/2.13$,$l'_z=-75$ mm,$D'=50$ mm

5—12 $\phi80$ mm

5—13 $l'_z=20$ mm

5—14 $D_{孔}=5.625$ mm,$l_z=20$ mm

5—15 $f'=176.47$ mm,$D_{孔}=D'=2.6$ mm,$D_{物}=123$ mm

5—16　$f'_物 = 36.735$ mm，$D_物 = 7.736$ mm，$D_测 = 15.736$ mm

5—17　$2y_{0.5} = 33.33$ mm，$2y_0 = 28.33$ mm

5—19　$f'_物 = 54$ mm

5—20　$D_测 = 12.58$ mm，$f'_物 = 13.5$ mm，$D_场 = 14.7$ mm，$l'_z = 15.12$ mm

5—21　0.25 mm

5—22　从 $l_1 = -89.9$ m 至 $l_2 = -18$ m

5—23　从 -51.355 m 至 -21.189 m

第六章

6—1　12.57 lm/W

6—5　600 l m, 47.75 cd, 802 mm, $I' = 756$ cd, $E' = 28.9$ lx

6—6　100 W, 3 820 cd/m²

6—7　0.707 cd, 1 440 cd/m², 4 525 lx

6—8　25 W

6—9　$l_1 = 500$ mm，$l_2 = 250$ mm

6—10　25.82 m

6—11　60 W，5.3×10^{-6} cd/m²

6—12　28.35 lx

6—13　4.22×10^{28} lm，6.94×10^9 lm/m²，2.2×10^9 cd/m²

6—14　4∶9或9∶4

6—15　0.33 m

6—16　17.9 lx

6—17　2.68×10^{16} cd，3.59×10^{17} lm

6—18　39.25 W/sr, 123.3 W

6—19　$I = I_0/\cos^3 \alpha$

6—20　35.8 lx, 25.6 lx

6—21　58 lx

6—22　60 W, 5.3×10^6 cd/m²

6—23　50 lx, 10.35 cd/m², 32.5 lx

6—24　$\leqslant$1.3 m

6—25　2.48×10^4 cd/m²

6—26　F2.5

6—27　1∶3.35, 1/50 s

6—28　1∶28

6—29　1∶8.3

6—30　179.28 mm, 1∶3

6—31　1.31 mm, 28 mm, 2.91×10^3 cd/m²

6—32　35.36 cd, 200 cd/m², 31.4 lm

6—33　6.4×10^7 cd/m², 320 cd

6—34 1 500 lm，3.8×10^7 cd/m²，$E_A=119.4$ lx，$E_B=42.2$ lx

6—35 286.5 lx，8.43×10^4 lx

6—36 1 cd，10 cd/m²，19.74 lm

6—37 2.47 cd，1.85 cd，15.5 lm

6—41 0.8，0.8，0.2

6—42 400，625，625

6—43 镀膜前 $\tau=53.2\%$，镀膜后 $\tau=79.4\%$

6—44 3.33×10^{11} cd/m²，$\tau_{眼镜}=3\times10^{-6}$

第七章

7—16 0.028″，2 143

7—17 240 mm

7—18 1.06，45°

7—19 500 lp/mm

7—20 0.258 nm，25.8 nm

7—21 3.05 nm

7—22 1∶1.35

第八章

8—6 2

8—7 5，6 mm

8—8 −40，−10 mm

8—9 64.8 mm

8—10 1.728 mm，方向相同，向物镜靠近

8—11 ±2 mm，0.047 mm

8—12 −2，4

8—13 −3.81，向物镜方向移动 0.5 mm

8—14 （−1/3），3

8—15 81.95 mm，12.2 mm

8—16 12.34 mm，17.48 mm，大于 3.125 mm

8—17 230.4 mm，−9.6

8—18 $f'_{物}=160$ mm，$f'_{目}=16$ mm，$D/f'=1/2$，$D'=8$ mm，$l'_z=17.6$ mm

8—19 20，23 mm

8—20 $\alpha_{衍}=2.73''$，$\alpha_{视}=1.875''$，$|l|<7$ 555 m，不能

8—21 $f'_{物}=55.39$ mm，$f'_{目}=11.84$ mm，$D_{物}=34.6$ mm，$D_{目}=10.14$ mm

8—22 −1 421.62 mm，925.819 mm

8—23 10，1″

8—24 4.95″

8—25 223.44″，30.4°

8—26 9.23 m

8—27 $\Gamma=-100$，$l=-16.5$ mm，$f'=-2.5$ mm，$\Gamma_{效}=-100$

8－28　$f'_物=35$ mm, $\Delta=140$ mm

8－29　$f'_目=16.667$ mm, $f'_物=36.73$ mm, $l=-51.43$ mm, $l'=128.57$ mm, $\Gamma=-37.5$,

　　　　$f'=-6.667$ mm

8－30　$NA=0.55$, $\Gamma=291$

8－31　$f'=18.75$ mm, $D=28.87$ mm

8－32　4×10^{-4} mm, 1.18×10^{-3} mm

8－33　$f'_物=13.64$ mm, $l=165$ mm

8－34　$\Gamma=-12.5$, $\beta_物=-1.25$, $NA=0.05$

8－35　$\beta_物=-24$, $\delta=2.4\times10^{-4}$ mm, $NA\geqslant0.3$

第九章

9－8　1 : 5 000

9－9　92 mm, 36.8 mm

9－10　-10 m, $5.7°$, $0°$

9－11　$2\omega_{垂直}=26.34°$, $2\omega_{平行}=38.68°$, $2\omega_{max}=46.8°$

9－12　$f'_{TV}=33.5$ mm, $D_主=54.7$ mm, $D_{TV}=27.9$ mm

9－13　F11

9－14　F14.3, F13.6

9－15　-1.25, -0.8

9－16　0.01 s

9－17　物镜朝物平面方向移动 1.283 mm

9－18　负透镜向右移 9.17 mm, 正透镜向左移 5.06 mm

9－19　147.2 mm, 1 272 mm

9－20　611.5 mm, 0.3

9－21　-900 mm, 900 mm, 0.184 lm, 1.53 lx

9－22　86.84 lx, 157.08 lx

9－23　179.28 mm, 1 : 0.94

9－24　46.3 lx

9－25　99 mm, 1 : 3.2

第十章

10－2　$NA=0.56$

10－3　$l=\dfrac{nl}{\sqrt{n^2-\sin^2\theta_t}}$, $N=\dfrac{L\sin\theta_t}{D\sqrt{n^2-\sin^2\theta_t}}$

10－4　$N=1\ 671\pm1$

第十一章

11－1　$\omega_{1m}=1.177\ 8$, $R_{1m}=-15\ 835.678$

　　　　$\omega_{10m}=3.171\ 7$, $R_{10m}=-11\ 483.568$

$\omega_{100m} = 29.619\ 2$, $R_{100m} = -100\ 148.357$

$\omega_{1km} = 295.974\ 5$, $R_{1km} = -1\ 000\ 014.836$

11—2　$\omega_0 = 0.402\ 85$

11—3　束腰位于平面镜输出端，$\omega_0 = 0.295\ 3$

11—4　(1)$\omega_1 = 0.291\ 08$, $R_1 = -17\ 684.159$

　　　(2) $\omega_1' = 0.291\ 08$, $R_1' = -5.098\ 53$

　　　(3) $\omega_{02} = 0.003\ 528$, $x_1' = -5.097\ 781$

　　　(4) $\omega_2 = 17.707\ 5$, $R_2 = -310.148\ 79$

　　　(5) $\omega_2' = 17.707\ 5$, $R_2' = 646\ 186.726\ 1$

　　　(6) $\omega_{03} = 6.788\ 8$, $x_2' = 551.206$

　　　(7) $\omega_{200} = 12.437$, $\omega_{400} = 8.137$, $\omega_{600} = 6.941$, $\omega_{800} = 10.029$

第十二章

12—5　$t = 60$ mm

12—6　$1.556°$

12—7　$1\ 250, 2\ 500$

12—8　$a = 0.002\ 4$ mm, $R_0 = 1.2 \times 10^5$, $D = 144$ mm

12—9　$f' = 242$ mm

12—10　$d\alpha/d\lambda = 1.4'/nm$, $\delta\lambda = 0.042$ nm, $m_{max} = 5$

12—11　$\Delta I_2' = 0.974°$, $\Delta y' = 10.2$ mm

12—12　0.25 nm

12—13　0.2 mm/nm

12—14　$R_{栅} = 3 \times 10^4$, $(d\alpha/d\lambda)_{栅} = 2.2'/nm$, $R_{棱} = 3 \times 10^3$, $(d\alpha/d\lambda)_{棱} = 0.31'/nm$

12—15　0.46 mm

12—16　$\delta\lambda = 0.005$ mm, $\varphi_{闪} = 12.65°, 12.65°$, $d\alpha/d\lambda = 4.2'/nm$, $dy/d\lambda = 1.29$ mm/nm

硕士研究生入学考试《应用光学》试题

对于大多数光电类、测试计量和机械类本科生,应用光学往往是他们在研究生入学考试中最重要的科目之一。与全国统一的基础考试科目相比,应用光学试题灵活多变,主要是考查考生的综合应用能力,靠死记硬背很难得到满意的高分,因此应用光学通常是这些考生考研究生能否成功的关键科目。相对于别的科目,应用光学课程的参考资料非常少,给学生在复习应用光学时带来很多困难。近30年来作者积累了大量的研究生入学考试试题,把这些试题纳入本书,供广大学生和研究生考生参考。

试题一

1. 说明正、负透镜成像时,物像关系的规律;当物体位于无穷远至 A(二倍物镜焦距处)之间时,当物体位于物方焦点 F 至物方主点 H 之间时,当物体位于物方主点 H 至无穷远之间时,试问:

(1) 像位于什么范围?

(2) 是虚像还是实像?

(3) 是正像还是倒像?

(4) 像是放大还是缩小?

2. 利用一个正透镜转像时,应该把它放在什么位置才能使镜筒最短?

3. 举例说明光学系统中孔径光阑和光瞳及视场光阑的概念。在望远镜和照相机中如何体现?

4. 什么叫球差、彗差、像散、场曲、畸变、轴向色差和垂轴色差? 简述它们的基本性质。

5. 望远镜和显微镜有哪些共同点和不同点?

6. 在星点检验装置中,对星点部分和观察部分应有哪些要求?

7. 棱镜外形尺寸计算:假定一个薄透镜组的焦距为 100 mm,通光口径为 20 mm,利用它对无限远物体成像,像的直径为 10 mm,在距离透镜组 50 mm 处加入一个五角棱镜,使光轴折转 $90°$,求棱镜通光口径和像面离五角棱镜出射面的距离。

8. 望远镜系统、显微系统、照相系统的分辨率各如何计算? 并根据计算公式加以讨论。

9. 什么叫主观光亮度? 使用望远镜观察和用眼睛直接观察两者主观光亮度之间的关系,对均匀发光面和点光源有什么不同? 试讨论之。

10. 试计算开普勒望远系统的外形尺寸。包括物镜焦距和目镜焦距、入瞳直径,物镜通光口径和目镜通光口径,分划板直径、出瞳距离、像方视场(系统无渐晕)。

已知:$\Gamma = 6$,$2\omega = 8°$,出瞳直径 $D' = 5$ mm,镜筒长度(物镜和目镜之间的距离)$L = 140$ mm。

试题二

1. 在一个透镜组前方有一个物平面,测得其垂轴放大率 $\beta = -1/2$,如果将该物平面向透镜移近 100 mm,重新测得其垂轴放大率 $\beta = -2$,求该透镜组的焦距和前后两次物平面的物距。

2. 用一个 5 倍望远镜,通过一个观察窗观察距离为 500 mm 处的目标,假定该望远镜的物镜和目镜之间有足够的调焦可能。望远物镜的焦距为 100 mm,求此时仪器的实际视放大率 Γ 等于多少?

3. 在设计一个光学系统时,应如何考虑选择孔径光阑的位置?

4. 使用望远镜观察发光点和均匀发光面时,主观光亮度有何不同?

5. 共轴球面系统的初级像差分哪几种?当视场和孔径改变时,它们按什么规律变化?它们对应的弥散圆图形有什么特点?

6. 双胶合物镜如果要求同时校正球差、彗差和轴向色差,为什么必须选用合适的玻璃材料才有可能?

试题三

1. 设有一个望远镜物镜焦距为 100 mm,对前方 1 m 处之物平面成像,在物镜和像方焦平面之间离开焦平面 40 mm 处加一附加透镜,使像平面仍然位于像方焦平面上,求该附加透镜的焦距(透镜均为薄透镜)。

2. 要求设计一个专用显微镜,视放大率为 100,采用焦距为 25 mm 的目镜,要求显微镜物镜的工作距离(由物平面到物镜的距离)等于 15 mm,求物镜的焦距和共轭距离(由物平面到物镜的像平面距离)为多少?

3. 设有望远镜物镜焦距为 150 mm,通光口径为 40 mm,像的直径为 20 mm,在物镜后方 80 mm 处放置一个直角棱镜(折射率 $n=1.5$),假定系统无渐晕,求棱镜入射面与出射面的通光口径以及通过棱镜后像平面离开棱镜出射面的距离。

4. 设有一个 60 W 灯泡,其发光效率(光视效能)为 15 lm/W,假定在各方向均匀发光,求光源的发光强度为多少? 在距离灯泡 2 m 处垂直照明的照度为多少?

5. 什么叫望远镜的衍射分辨率、视角分辨率与有效放大率? 并说明它们之间的关系。

试题四

1. 按符号规则导出球面光路计算的三角公式(假定光线在过光轴的截面内)。

2. 简易相机的物镜由一个单透镜构成(按薄透镜考虑)。其焦距为 60 mm,孔径光阑位于薄透镜后方 15 mm 处,假定物镜的相对孔径为 1:8,求孔径光阑的直径和入瞳位置。

3. 由一个正透镜和一个负透镜以及一个直角棱镜构成的望远镜物镜,假定正透镜的焦距 $f_1'=100$ mm。直角棱镜入射表面离正透镜的距离为 20 mm,棱镜的口径 $D=30$ mm(棱镜折射率为 1.5),如果要求系统的组合焦距为 $f'=150$ mm,负透镜到系统组合焦点 F' 的距离为 45 mm,求负透镜的焦距 f_2' 和它到棱镜出射表面的距离。

4. 用一个读数显微镜观察直径为 $\phi200$ mm 的圆刻度盘,两刻划线之间的夹角值为 $6''$,要求通过显微镜以后两刻划线之间对应的视角为 $1'$,应使用多大倍率的显微镜? 如果目镜的倍率为 10,则物镜的倍率应多大? 要求显微镜的出瞳直径为 2 mm,则物镜的数值孔径为多大?

5. 一架小型幻灯机,使用平均光亮度为 1 000 熙提(1 熙提=10^4 cd/mm²)的光源照明,投影物镜到屏幕的距离为 10 m,要求屏幕上的照度大于 100 lx,如果投影物镜焦距为 200 mm,整个系统的透过系数为 0.5,光束充满物镜口径,问投影物镜的相对孔径应不小于多少?

试题五

1. 一个5倍的显微镜物镜(按薄透镜组考虑),物像之间的共轭距离为190 mm,求该物镜的焦距物平面离透镜的距离。

2. 一个8倍的望远镜系统由物镜、斜方棱镜、目镜构成。斜方棱镜的入射面到物镜的距离为110 mm,斜方棱镜口径为30 mm,折射率为1.5,棱镜的出射面到目镜的距离为30 mm,求物镜和目镜的焦距。如果入瞳和物镜重合,物镜通光口径多大?(透镜均按薄透镜考虑)

3. 用一个60 W灯泡照明2 m远处并与照明方向成45°的平面,假定灯泡发光效率(光视效能)为10 lm/W,各方向均匀发光,求被照表面的照度。

试题六

1. 根据理想光学系统的成像性质,导出以主点为原点的共轭点方程式和垂轴放大率。

2. 由 $f_1' = 20$ mm, $f_2' = 400$ mm, $d = 10$ mm 的两个薄透镜构成的薄透镜系统,已知物像之间共轭点距离为200 mm,求物镜之间的垂轴放大率。

3. 设有一个同心透镜,其厚度为30 mm,玻璃折射率为1.5,焦距为-100 mm,求两个半径等于多少? 它的主面在哪里?

4. 已知显微镜的视放大率为300,目镜的焦距为20 mm,求显微镜物镜的倍率。假定人眼的视角分辨率为60″,问使用该显微镜观察时,能分辨的两物点的最小距离等于多少? 该显微镜物镜的数值孔径不小于多少?

5. 设幻灯机离开投影屏幕的距离为45 m,投影屏幕为5 m×4 m,幻灯片尺寸为20 m×16 m,光源亮度为12 000熙提,聚光系统使幻灯片均匀照明,并使光束充满物镜口径,如果物镜的透过率为0.6,要求屏幕照度为100 lx,求该幻灯机物镜的焦距和相对孔径。

试题七

1. 人眼垂直看水池1 m深处的物体,试问物体的像到水面的距离是多少(水的折射率为1.33)?

2. 对于一个共轴理想光学系统,如果物平面倾斜于光轴,试问其像的几何形状是否与物相似。为什么?

3. 说明望远镜的衍射分辨率与视角放大率之间的关系。

4. 为什么使用大口径的天文望远镜,白天也能看见天空的星星?

5. 试用作图法找出图研-1所示显微镜的物方焦点和像方焦点以及物方主平面和像方主平面的位置。

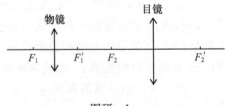

图研-1

6. 有一个10倍的望远镜,物镜的焦距为200 mm,通光口径为50 mm。要求目镜能调节±5视度,求目镜的调节范围是多少? 假定无限远景物所成的像和分划线之间的像方视差角等于2′,求分划线和物镜像方焦面之间的偏差是多少?

7. 照相物镜的焦距为50 mm,相对孔径为1/5,对2 m远处的目标照相,假定底片上像点弥散斑的直径小于 0.05 mm 仍可认为成像清晰(不考虑像差的影响)。问物空间能清晰成像的最远和最近距离是多少?

8. 设有一由正负透镜组构成的组合系统,前正透镜组的焦距 $f_1'=100$ mm ,后负透镜组的焦距 $f_2'=-100$ mm,如果两透镜组均按薄透镜看待,它们之间的距离为 50 mm,求组合系统的焦距是多少? 如在前方 10 m 处有一物体,物高 1 m,问该物体通过组合系统所成的像的位置和大小各等于多少?

9. 设有一个投影物镜,采用 100 W 的灯泡照明,灯泡的发光效率为 20 lm/W,发光体为直径 4 mm 各方向均匀发光的球形灯丝,要求屏幕的照度为 60 lx,屏幕离开投影仪的距离为 10 m,屏幕宽 2 m,投影片框宽为 20 mm,整个系统的透过率为 0.6,求:

(1) 光源发出的总光流量;

(2) 光源的发光强度;

(3) 发光体的平均光亮度;

(4) 投影物镜的焦距;

(5) 投影物镜的相对孔径。

10. 已知一对共轭点 A、A' 位置和系统像方焦点 F' 的位置如图研-2 所示,假定物像空间介质的折射率相同,试用作图法求出该系统的物方和像方主平面位置和物方焦点位置(要求写出作图步骤和原理)。

图研-2

试题八

1. 一架望远镜已知其理想的衍射分辨率为 4″,视角分辨率为 6″(假定人眼的视角分辨率为 1′),问该望远镜的视放大率是多少? 入瞳直径是多少? 出瞳直径是多少? 用该望远镜分别观察天空的星星和月亮时,主观光亮度是多少?(假定此时人眼瞳孔的直径为 5 mm,系统透过率为 0.4)

2. 已知显微物镜的数值孔径为 0.65,物镜的倍率为 40,目镜的焦距为 25 mm,求显微镜的视放大率和出瞳直径,并求出它的衍射分辨率和视角分辨率(用物平面上能够分辨的两物点的最小间隔表示)。

3. 由一个正透镜和一个负透镜构成的摄远系统(见图研-3),假定两薄透镜焦距的绝对值相等。如果要求系统的相对长度 L/f' 为极小值,问两透镜的相对位置如何? 此时 L/f' 值等于多少?

4. 如图研-4 所示,有一对称型照相物镜,相对孔径为 1/5,每一半的焦距为 200 mm,在其中间有一个孔径光阑,若有一光亮度为 0.5 熙提垂直于光轴的物体 AC 位于物镜前方 400 mm处,如果不考虑光束在传播中的光能损失,试计算像平面的中心照度为多少 lx? 对于具有同样宽度(0.5 熙提)位于无限远的物体,像平面的中心照度又为多少 lx?

5. 设有一透镜,$r_1=400$ mm,$r_2=200$ mm,$n=1.5$,试问在怎样的厚度时该透镜就变成了望远系统? 如果这个透镜的厚度大于该厚度(指变成望远系统时的厚度)时,试问该透镜是发散透镜还是会聚透镜,为什么?

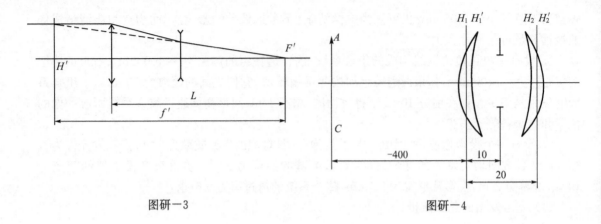

图研—3　　　　　　　　　　　　　　图研—4

试题九

1. 按图研—5图形中给出的主平面和焦点位置,以及物平面 AB 的位置,应用符号规则,导出理想光学系统的计算共轭面位置和垂轴放大率的高斯公式,并给出公式中每个参数对应的符号规则。

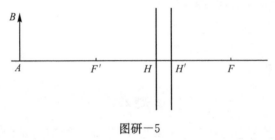

图研—5

2. 在一个2倍的伽利略望远镜物镜前,加一个焦距为100 mm的正透镜,构成一个组合放大镜,问此组合放大镜的视放大率等于多少倍? 对于近视500度的观察者,需要调节视度,目镜应向哪个方向移动(靠近物镜还是远离物镜)? 假定目镜焦距为25 mm,目镜移动量等于多少?

3. 一架60倍的显微镜,如果要求它的衍射分辨率比视角分辨率高一倍(衍射分辨角等于视角分辨角的1/2),问该显微镜物镜的数值孔径(NA)等于多少? 这时显微镜的出瞳直径等于多少(假定光的波长为0.000 55 mm)?

4. 某变倍望远镜的转像系统如图研—6所示。为了改变望远镜的倍率,将透镜1向透镜2方向移动50 mm,然后相应地移动透镜2,使最后像面位置保持不变,求透镜2的移动方向和移动距离。此时转像系统的倍率和移动前倍率的比等于多少?

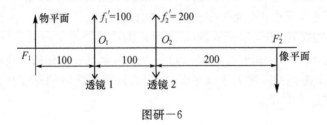

图研—6

5. 离一个各方向均匀发光的光源 100 mm 处,安装一个直径为 200 mm 的聚光镜,光源经聚光镜聚焦后,照明前方一定距离上直径为 2 m 的圆,要求被照明圆内的平均照度大于 200 lx。光源的发光效率为 30 lm/W。问光源的功率应大于多少瓦?

6. 某望远镜的焦距为 1 m,通光口径为 100 mm,该物镜有初级球差(球差与光源入射高 h 的平方成正比),如果要求该物镜轴上点的波像差小于 $\lambda/8(\lambda=0.000\ 55\ mm)$,问该物镜边缘口径的最大球差应小于多少?

7. 共轴系统轴外像点有哪几类像差? 简述它们的几何定义。

8. 用棱镜展开的方法,求通光口径为 20 mm、光轴转角为 90° 的标准五角棱镜内的光轴的光路长。如果把这个棱镜放在一个焦距为 150 mm 的望远镜物镜的成像光路中,棱镜入射面与物镜像方主面的距离为 50 mm,求望远镜的焦面与棱镜出射面之间的距离(已知棱镜玻璃的 $n=1.5$)。

试题十

1. 回答下列问题:

(1) 近视眼用开普勒望远镜进行观察时,目镜应向哪个方向移动?用伽利略望远镜观察时,目镜又应向哪个方向移动?

(2) 什么叫渐晕? 渐晕大小如何表示?

(3) 道威棱镜能否用在非平行光路中? 说明理由。

2. 用作图法求图研-7 所示位于空气中的薄透镜系统的组合像方焦点和像方主平面位置,并证明组合系统的焦距 f'、第一个薄透镜组的焦距 f'_1 与物体位于无穷远时第二个薄透镜组的垂轴放大率 β_2 之间存在以下关系:

$$f'=f'_1\beta_2$$

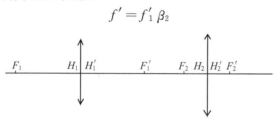

图研-7

3. 在空气中有显微镜物镜,焦距 $f'=13.75\ mm$,物像之间的距离为 180 mm(忽略两主平面之间的距离),求这对共轭面的垂轴放大率、角放大率、轴向放大率。如果用此物镜构成 100 倍的显微镜,问应采用多大焦距的目镜?

4. 在正薄透镜前方 50 mm 处有一物体通过该透镜成像,当此透镜后移 100 mm 时,成像仍在原像面位置。试求该透镜的焦距以及两种情况下的像高之比。

5. 有一投影物镜,其焦距 $f'=100\ mm$,垂轴放大率 $\beta=-100$,采用灯丝成像于投影物平面上的照明方式。用 100 W 灯泡照明,该灯泡的发光效率为 20 lm/W,发光体是一个半径为 2 mm 且各方向均匀发光的球形灯丝,要求像面的轴上点照度为 100 lx,整个系统的透过率为 0.6(忽略投影物镜厚度,孔径光阑位于物镜上),试求:

(1) 光源发出的总光通量,

(2) 光源的发光强度;

(3) 发光体的平均光亮度;

(4) 投影物镜的相对孔径。

6. 有一个如图研-8所示的6倍的开普勒望远镜,物方视场角 $2\omega=6°$,出瞳直径 $D'=5$ mm,目镜焦距 $f'_目=30$ mm,在物镜后方70 mm处放置一块靴形屋脊棱镜(折射率 $n=1.5$,展开后平板玻璃厚度 $L=2.98D_棱$)。分划板厚3 mm(折射率 $n=1.5$),在其后表面上刻制分划线。假定系统无渐晕,试问:

(1) 孔径光阑选在何处?

(2) 分划板的有效口径多大?

(3) 分划板的刻划面与靴形屋脊棱镜出射面的实际距离等于多少?

(4) 如图研-8所示,为了形成潜望高,并得到与物相似的正像,顶部(虚线框内)应选用何种棱镜? 说明理由。

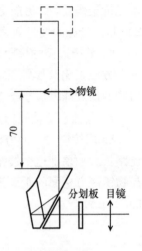

图研-8

试题十一

一、填空题

1. 在位于空气里的理想光学系统中,一对共轭面上三种放大率的关系为( )。

2. 空气中某透镜组的物方孔径角为正切值 $\tan u=-0.1$,共轭的像方孔径角正切值 $\tan u'=-0.1$,该透镜组的相对孔径为( )。

3. 焦距为20 mm的目镜,调节 ±5 视度所需总的轴向移动量为( )。

4. 显微镜视放大率与显微镜物镜、目镜放大率的关系为( )。

5. 望远镜有效放大率的公式为( )。

6. 采用远心光路的显微镜中,孔径光阑位于( )。

7. 棱镜的偏差有( )。

8. 双眼仪器体视放大率的公式为( )。

9. 一个采用10倍目镜和5倍物镜的显微镜,其物镜的数值孔径应不小于( )。

10. 照相物镜的景深和物镜的光圈数成( )关系。

11. 道威棱镜能否工作在大视场角平行光路中?( )。

12. 在没有渐晕时,像平面上轴外点照度(E')和轴上点照度(E_0)随视场角(ω')变化的关系为( )。

13. 轴上点像差有( )。

14. 照相物镜像平面的照度公式为( )。

15. 望远镜的主要光学特性有( )。

二、作图题

1. 求下列情况下物体通过光学系统后的像,如图研-9所示。

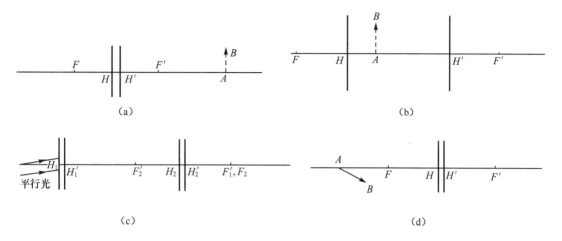

（a）　　　　　　　　　　　　　（b）

（c）　　　　　　　　　　　　　（d）

图研－9

2. 求图研－10 中光线通过系统后的出射光线位置。

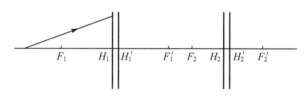

图研－10

三、计算题

1. 判断图研－11 中棱镜系统的成像方向。（z 方向的表示方法：⊙表示垂直纸面向上，⊗表示垂直纸面向下。）

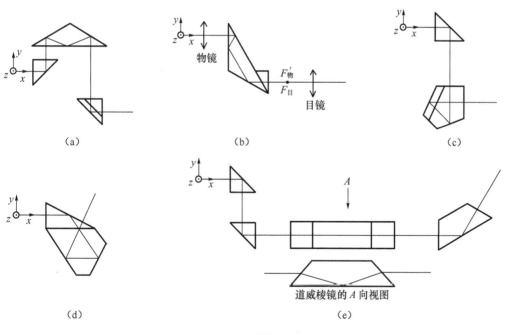

（a）　　　　　　　　　（b）　　　　　　　　　（c）

（d）　　　　　　　　　　　（e）

图研－11

2. 有一聚光系统,各尺寸关系如图研－12 所示。要求光源成像在光阑 2 上,并充满整个光阑。光阑 1 成像在无限远处。已知光源大小 $2y_1 = 2$ mm,光阑 2 的大小 $2y_2 = 8$ mm。求光源离透镜 1 的距离和透镜 1 的焦距。

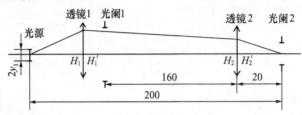

图研－12

3. 垂直光轴放置的高度为 1 mm 的物体通过某透镜后成一实像,像高为 5 mm。若沿光轴移动该物体,其像向远离透镜方向移动 187.5 mm,像高变为 12.5 mm。试求该透镜的焦距。

4. 一支功率为 5 mW 的氦氖激光器,发光效率为 152 lm/W,发光面直径为 1 mm,发散角(光束半顶角)为 1 mrad。求:

(1) 激光器发出的总光通量;

(2) 发光强度;

(3) 激光器发光面的光亮度;

(4) 激光束在 5 m 远处屏幕上产生的照度。

5. 如图研－13 所示,光学系统由透镜 O_1 和半径为 7.5 mm 的球面反射镜 O_2 构成。其间隔 $O_1O_2 = 18$ mm,分划板 P 离透镜组 O_1 为 10 mm,要求分划板 P 的共轭像 P' 离 O_1 为 100 mm,求透镜组 O_1 的焦距。

6. 什么叫节点? 节点有什么性质? 标出图研－14 光学系统的节点位置,并举一例说明节点的应用。

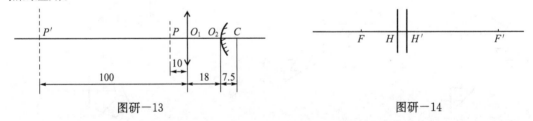

图研－13　　　　　　　　　　　　　　图研－14

7. 用显微镜观察裸露物体时,物平面 AB 离显微镜物镜定位面 CD 为 45 mm,如果在物平面上覆盖一个厚度为 1.5 mm,折射率为 1.525 的盖玻片(图研－15 中虚线所示)时,为保持像面位置不变,物平面到定位面 CD 间的实际距离应为多少?

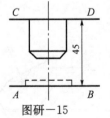

图研－15

8. 用一个 100 W 白炽灯泡 O 照明 A、B 两个微面,已知 $OA \perp AB$,$AB = OA = 1$ m,假定灯泡发光效率为 15 lm/W,且各方向均匀发光,发光体为直径 2 mm 的球形灯丝,试求:

(1) 光源发出的总光通量;

(2) 发光体的平均光亮度;

(3) A、B 两微面上的照度。

9. 如图研－16 所示,双球面反射镜系统由主镜 O_1 和次镜 O_2 构成,总焦距 $f'=500$ mm 。若要求将无限远目标成像在主镜 O_1 后 $O_1F'=20$ mm 处,且次镜 O_2 的垂轴放大率 $\beta_2=5$,试求主镜 O_1 和次镜 O_2 的曲率半径及两镜间的间隔 O_1O_2。

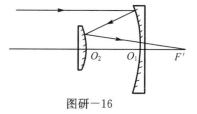

图研－16

试题十二

一、填空题

1. 通常所说的明视距离对应(　　)视度。某近视眼远点距离为 0.5 m,近视(　　)度,需配戴眼镜的焦距为(　　)mm。

2. 望远镜的放大率指(　　)放大率,它的计算公式是(　　);显微镜的放大率指(　　)放大率,它等于显微物镜的(　　)放大率与目镜的(　　)放大率的乘积。

3. 某平行入射光束截面为半径等于 1 mm 的圆形,当它通过(　　)光学系统后,将成为截面仍为圆形而半径为 3 mm 的平行光束。

4. 厚度为 L,折射率为 n 的平行玻璃板,能使(　　)产生位移,位移量等于(　　),但并不影响光学系统的(　　)。

5. 光学系统的孔径光阑限制(　　),视场光阑限制(　　);照相物镜的视场光阑为(　　);开普勒望远镜的孔径光阑通常取在(　　);伽利略望远镜的孔径光阑与(　　)重合;测量显微镜中孔径光阑位于(　　),入瞳位于(　　),因此称之为(　　)。

6. 以定点为中心,整个空间按立体角可划分为(　　)球面度。

7. 发光强度的单位是(　　),光通量的单位是(　　),光照度的单位是(　　),光亮度的单位是(　　)。

8. 夜空中较亮的星比较暗的星(　　)大,白天较亮的云比较暗的云(　　)大。

9. 望远镜物镜的理想衍射分辨率由波长和(　　)决定,显微镜物镜的理想衍射分辨率由波长和(　　)决定。

10. 共轴系统轴上像差有(　　)和(　　)两种像差,轴外像点有(　　)、(　　)、(　　)、(　　)、(　　)五种单色像差,其中(　　)不影响像的清晰度。

11. 共轴系统中(　　)放大率等于 1 的一对共轭面叫主平面,(　　)放大率等于 1 的一对共轭面叫节平面,在(　　)情况下,主平面与节平面重合。

二、作图题

1. 用作图法求图研－17(a)中物体 y 的像的位置和大小。

2. 用作图法求图研－17(b)光学系统的像方焦点和像方主平面。

3. 用作图法求图研－17(c)中物方线段 AB 的共轭线段。

4. 用作图法求图研－17(d)中像 $A'B'$ 对应的物的位置和大小。

三、问答题

1. 说明望远镜的工作原理;说明望远镜的视放大率、角放大率和垂轴放大率之间的关系,根据此关系找出测量望远镜视放大率的方法。

2. 试设计一个棱镜系统,要求具有一定的潜望高,入射光轴和出射光轴反向,主截面内垂直光轴的物像同向,且物像相似。

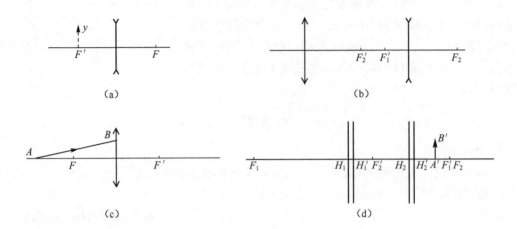

(a) 　　　　　　　　　　　　　(b)

(c) 　　　　　　　　　　　　　(d)

图研－17

3. 为什么人眼用望远镜观察发光点时的主观光亮度比直接观察时的主观光亮度大,而用望远镜观察均匀发光面时的主观光亮度总比直接观察时的主观光亮度小?

4. 试述平面镜棱镜系统的主要作用。当棱镜系统和共轴系统组合时应注意哪两个问题?

四、计算题

1. 望远镜物镜的通光口径为 20 mm,焦距为 100 mm,半视场角为 3°,在像方焦面前放一直角棱镜(玻璃折射率为 $n=1.516\,3$),棱镜出射面离开焦平面距离为 10 mm,求棱镜入射面到物镜的距离和棱镜的通光口径。

2. 如图研－18 所示,用一个 40 W 的灯泡作为投影仪的照明光源,设灯泡的光视效能(发光效率)为 20 lm/W,假定灯泡各方向均匀发光,照明范围对应的有效孔径角为 20°(对应的主体角为 0.38 球面度),被照明面积为 ϕ30 mm。求该灯泡发出的总光通量和灯泡的发光强度;假定照明系统的透过率为 0.8,求被照明表面的平均光照度;假定投影物镜的放大倍率为 10,投影物镜的透过率为 0.7,求像面上的平均光照度。

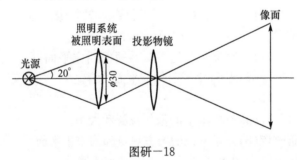

图研－18

3. 有一 5 倍的望远镜,物镜焦距为 125 mm,视场角 $2\omega=8°$,在物镜后 85 mm 处放一块斜方棱镜,其口径为 20 mm,玻璃折射率 $n=1.516\,3$,在焦面上放一分划板,厚 2 mm,折射率 $n=1.568\,8$,分划线朝向目镜一方。试求:

(1) 棱镜出射到分划板入射面的距离;

(2) 分划板的有效口径;

(3) 欲调±5 视度,目镜工作距离不应小于多少 mm?

(4) 用一个 40 W 的灯泡做光源,设灯泡的光视效能(发光效率)为 15 m/V,假定灯泡各方向均匀发光,求灯泡发出的总光通量和平均发光强度。若照明范围对应的有效孔径角为 20°(对应的立体角等于 0.38 球面度),聚光聚上光束的投射口径为 ϕ20 mm,焦距为 35 mm,透过率为 0.8,被照明表面离聚光镜 5 m,求被照明表面的直径和平均光照度。

试题十三

一、填空题

1. 直线传播定律表示光线在( )介质中的传播规律;反射定律和折射定律表示光线在两种不同介质( )的传播规律。

2. 介质的折射率等于光在( )的速度和光在( )的速度之比。

3. 光线发生全反射的必要条件是光从( )介质进入( )介质。

4. 以( )为原点的物像关系式叫牛顿公式,以( )为原点的物像关系式叫高斯公式。

5. 单个折射球面的主点位于( ),节点位于( )。

6. 单个折射球面的物方焦距与像方焦距之比等于( )介质折射率与( )介质折射率之比,符号( ),位于空气中光学系统的物方焦距与像方焦距大小( ),符号( )。

7. 某青年眼睛正常,其远点在( ),最大调节范围为 -10 视度,近点距离为( )。

8. 无限远两物点对人眼张角 $2''$,要用物镜口径至少等于( )mm,视放大率为( )倍的( )系统才能看清这两个物点。

9. 一条纹恰好位于玻璃球中心,其共轭像位于( ),并成一个( )、( )、( )的像。

10. 轴外点成像光束宽度小于轴上点成像光束宽度的现象称为( ),一般用( )和( )之比表示。

11. 各方向均匀发光的点光源发光强度为 I,则它发出的总光通量为( )。

12. 人眼观察发光点时,主观光亮度与物点的( )成正比;观察均匀发光面时,主观光亮度与物面的( )成正比。

13. 光学系统中能损失是由( )和( )两种原因造成的。

14. 光束的子午面是由( )和( )决定的平面,弧矢面是通过( )垂直( )的平面。

15. 伽利略望远镜没有视场光阑,限制它视场范围的是( ),其出瞳位置由( )决定。

16. 当共轴球面系统和棱镜系统组合时,若棱镜位于会聚光路中,共轴系统的( )和( )必须垂直。

二、作图题

1. 求图研-19(a)中物体 AB 的共轭像;

2. 求图研-19(b)中入射光线 PQ 的共轭出射光线;

3. 求图研-19(c)中组合系统像方焦点和像方主平面位置;

4. 图研-19(d)中 A 和 A' 为一对共轭点,H、H' 为主平面,求 B 点的共轭像点位置;

5. 用作图法求出图研-19(e)中物方和像方主平面的位置。

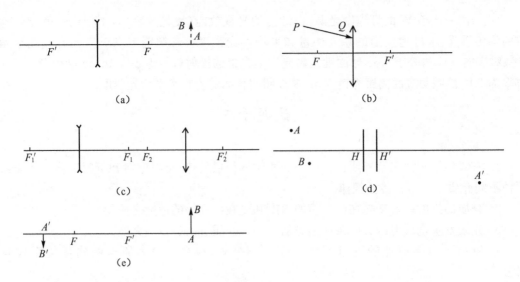

（a）

（b）

（c）

（d）

（e）

图研－19

三、问答题

1. 什么叫理想像？应用近轴光学公式计算出的理想像有何实际意义？

2. 目前使用的光纤多为外包光纤，它以圆柱形细丝为芯，外面包上一层折射率比芯料低的玻璃，利用全反射原理反射光的传输。如图研－20

图研－20

所示，当光线在光纤内部发生全反射时，对应的入射光线在球面上的入射角为 u_{max}，若空气、内层、外层的折射率分别为 n_0、n、n'，试证明光纤的数值孔径 $n_0 \sin u_{max} = \sqrt{n^2 + n'^2}$。

3. 测量显微镜物镜为什么要用物方远心光路？

4. 如图研－21 所示，惠更斯目镜由两块分离的薄透镜组成。为校正垂轴色差，$f'_{眼}$、$f'_{场}$ 和 d 之间应满足 $d = (f'_{眼} + f'_{场})/2$；为校正像散和彗差，眼瞳位置应满足 $l_{z眼} = -f'_{眼}/3$。若令眼睛通过目镜后成像在无限远处，试求解同时校正垂轴色差、像散、彗差时，$f'_{眼}$、$f'_{场}$ 和 d 之间的比例关系。

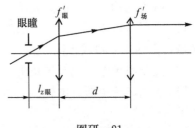

图研－21

四、计算题

1. 现有焦距分别为 $f'_1 = 100$ mm，$f'_2 = 200$ mm 的两个薄透镜组。如何构成望远系统？该望远系统视放大率等于多少？如果用这两个薄透镜组构成显微镜，假定 $f'_1 = 100$ mm 的透镜组做物镜，且光学筒长（由 $F_{物}$ 到 $F_{目}$ 的距离）$\Delta = 160$ mm，问此显微镜物镜的垂轴放大率为多大？显微镜视放大率等于多大？

2. 用一投影物镜把荧光屏放大 20 倍成像在屏幕上，如图研－22 所示。假定物镜焦距 $f' = 150$ mm，相对孔径 $\dfrac{D}{f'} = 1:1$，求物方和像方的孔径角 u、u'（近似角）。假定物镜透过率为 0.8，屏幕上像的光照度为 30 lx，求荧光屏的光亮度是多少？

3. 有一薄透镜使位于它前方高为 10 mm 的物成一个倒立的高为 60 mm 的像。若把物体向透镜方向移近 50 mm,则像成在无限远处,求该透镜的焦距。

4. 用一个发光强度为 50 cd 的灯泡照一个漫反射表面,如图研—23 所示。求该表面光照度。假定被照明表面反射率为 0.8,且各方向光亮度相等(为全扩散表面),求它的光亮度是多少?

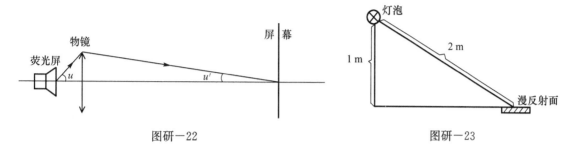

图研—22   图研—23

试题十四

一、填空题

1. 几何光学把光线看作( )。

2. 描述光线传播规律的三大定律是( )、( )、( )。

3. 只有在光线由( )到( )时,才能发生全反射现象。

4. 光学系统的轴向放大率 α、垂轴放大率 β 和角放大率 γ 之间存在( )关系。

5. 光学系统的物方焦距和像方焦距之比的绝对值等于( )和( )之比,两者符号( )。

6. 人眼观察近距离目标时,眼睛经调节,后焦距( ),后焦点位于网膜( )方。

7. 目视光学仪器的视放大率等于使用仪器与不使用仪器观察时( )之比,对望远镜来说也就是( )和( )正切之比。

8. 双眼立体视觉是由于两物点对应的( )不同,而产生的远近感觉。人眼可能分辨远近的最大距离称为( )。双眼仪器的体视放大率与仪器的( )和( )成正比。

9. 偶数个平面镜成像物像( ),奇数个平面镜成像则成( )。单个平面镜绕着和入射面垂直的轴线转动 α 角时,反射光线和入射光线之间的夹角将改变( )。

10. 平行玻璃板的相当空气层厚度等于玻璃板的( )和( )之比。

11. 某望远系统利用目镜调节视度,若目镜焦距 $f'_目=20$ mm,要调节 -5 视度,目镜移动量为( )mm,移动方向是( )物镜方向。

12. 如要分辨直径为 0.001 2 mm 的某细菌,采用目镜倍率为 10 的显微镜,其物镜应取( )倍。

13. 孔径光阑的作用是( ),视场光阑的作用是( )。孔径光阑在系统像空间的共轭像称为( ),孔径光阑在系统物空间的共轭像称为( )。照相物镜的相对孔径是( )与( )之比。显微物镜的数值孔径是( )与( )的乘积。

14. 场镜的作用是在不影响光学系统的光学特性的条件下,改变( )的位置。

15. 某照相物镜的透过率为 τ,相对孔径为 $\dfrac{D}{f}$,T 制光圈的相对孔径为 $\left(\dfrac{D}{f}\right)_T$,三者之间存

在( )关系。

16. ( )与( )之差称为畸变,按像的变形情况,畸变分为( )畸变和( )畸变。

17. 评价光学系统成像质量的方法有( )、( )、( )、( )等多种方法。

18. 望远镜的出瞳直径 $D'=2.3$ 时,相应的视放大率称为( )放大率。若 $D'<2.3$ 时,衍射分辨率( )视角分辨率,这种情况下,如果提高望远镜的视放大率,( )看清更多的物体细节。

19. 当光线以一个不大的入射角通过一个折射率为 n、顶角 α 很小的光楔时,光线所产生的偏转角 ε 为( ),当光楔沿光轴移动距离为 l 时,光线的位移 Z 为( )。

二、作图题

如图研-24所示:

1. 求图研-24(a)中出射光线的共轭入射光线。

2. 求图研-24(b)中物 AB 的像。

3. 如图研-24(c)所示,J 为节点,求物 AB 的像(先找出系统的主面)。

4. 求图研-24(d)中物 AB 通过伽利略望远镜的像。

5. 如图研-24(e)所示,已知主面和轴上两对共轭点位置,求系统的物方和像方焦点位置。

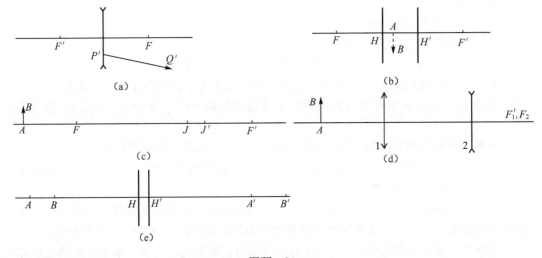

图研-24

三、问答题

1. 试证明望远系统的垂轴放大率、角放大率和轴向放大率均与物平面位置无关。

2. 为什么大多数望远系统的入瞳均与物镜重合或者位于物镜前方的光学零件(如棱镜、反射镜)上?

3. 通常用哪些参量表示投影物镜的光学特性? 为什么要选用这些参量表示投影物镜的光学特性?

4. 画图展开光轴转角为 90°的五角棱镜,并导出展开后平板玻璃厚度 L 和五角棱镜通光口径 D 的关系。

四、计算题

1. 如图研-25所示,某红外光学系统将无限远目标成像在变像管前表面 A 上,再经变像管成像在其后表面荧光屏 B 上,人眼通过目镜进行观察。该系统总视放大率 $\Gamma=3$,若在指定的使用条件下,人眼的视角分辨率为 $6'$,变像管 A 面上的分辨率等于 30 lp/mm,问物镜焦距至少应等于多大才能充分发挥人眼的分辨能力?

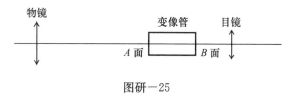

图研—25

2. 用图研—26 所示的装置可测量眼镜片的屈光度。图中,1 为准直管,其带标记的分划板沿轴向移动,2 为固定的望远镜。若将一个—200 度的眼镜片放在 1 与 2 之间时,由准直物镜物方焦面向左移动标记分划板 14.55 mm,则通过望远镜清晰可见标记分划像;若换成另一被测眼镜片,则需将标记分划板由上述位置继续左移 4.27 mm,通过望远镜才能清晰见到标记分划像,若被测眼镜片与准直物镜间距 $d=20$ mm,试求准直物镜焦距和后一被测镜片的屈光度。

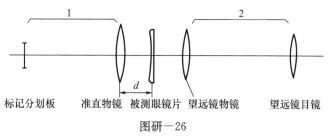

图研—26

3. 太阳是一个"朗伯辐射体",其辐射亮度 $L_{太}=2\times10^7$ W/(m² · sr),太阳的直径 $\Phi_{太}=1.392\times10^9$ m,地球直径 $\Phi_{地}=1.274\times10^7$ m,太阳到地球的年平均距离 $l=1.496\times10^{11}$ m。求太阳的辐射通量、辐射强度、辐射出射率以及地球接受的辐通量。

4. 由两个焦距相等的薄透镜组成一个光学系统,两者之间的间隔也等于透镜焦距,即 $f'_1=f'_2=d$,如图研—27 所示。用此系统对前方 60 mm 处的物体成像,已知垂轴放大率为 —5,求薄透镜的焦距和间隔以及物像平面之间的共轭距 L。

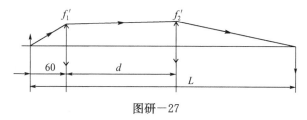

图研—27

5. 有一直径 $\phi20$ cm 的圆形磨砂灯泡,各方向均匀发光,其光视效能为 15 lm/W,若在灯泡正下方 2 m 处的光照度为 30 lx,问该灯泡的功率为多少瓦? 灯泡光亮度多大?

试题十五

一、填空题

1. 一种介质对( )的折射率称为"相对折射率";一种介质对( )的折射率称为"绝对折射率"。

2. Q、Q'、N 三个向量分别表示入射光线、折射光线和法线方向的单位向量,则折射定律向量公式为( ),反射定律向量公式为( ),直线传播定律向量公式为( )。

3. 近轴范围内物像空间不变式为( ),推广到整个空间后的物像空间不变式为( )。

4. 周视照相机是应用( )性质构成的。

5. 眼睛依靠调节可看清物体的最短距离称为( ),明视距离对应的视度为( )。

6. 体视测距仪是一种利用人眼( )来测量目标距离的仪器。要提高仪器的测量精度,必须增大仪器的( )放大率。

7. 平面镜棱镜系统在光学系统中的主要作用是( )、( )。

8. 单个平面镜成像,物像大小( ),物点和像点对平面镜( )。

9. 反射棱镜展开以后,要求入射面平行( )。

10. 目视光学仪器的出瞳距离是指( )到( )的距离。

11. 物主远心光路系统的入瞳位于( )。

12. 整个空间对应( )球面度。

13. 光学系统有渐晕表明系统( )小于( )。

14. 辐射通量就是辐射体的辐射( ),它的单位是( )。

15. 光通量等于辐射通量和( )的乘积,光通量的单位是( )。

16. 光照度的单位是( ),它表示被照明面上每( )上接受( )的光通量。

17. 用点光源照明时,被照明面的光照度与( )平方成反比,与被照明面倾斜角的( )成正比。

18. 为了了解斜光束的结构,一般在整个光束中通过主光线取出两个互相垂直的截面,分别叫作( )和( )。

19. 两照相物镜的相对孔径分别为 1:2 和 1:4,前者的目视分辨率较后者( )。

20. 对装有分划镜的望远镜,如果像平面和分划面不重合,则产生( )。

21. 望远镜目镜的光学特性主要有三个:( )、( )和( )。

22. 显微镜物镜像方焦点 F'_1 与目镜物方焦点 F_2 之间的光学间隔称为显微镜的( ),显微物镜物平面到像平面的距离称为( )。

23. 显微镜中常采用的透射式照明方式有两种,一种是将光源面通过聚光镜成像在( )上,称为( )照明;另一种是将光源面通过聚光镜成像在( )上,称为( )照明。

24. 变焦距物镜的基本原理是利用系统中两个或两个以上透镜组的移动,改变系统的( ),而同时保持( )不变,使系统在变焦过程中获得连续清晰的像。

25. 在光学系统设计阶段可以计算,在加工装配后又可以进行实际测量的像质评价方法是( )。

26. 对电视摄影物镜,接收器若为 1 in(1 in=25.4 mm)摄像管,像面尺寸为 15 mm×

20 mm,电视画面在水平方向上总扫描行数为 600 行,则垂直方向上的截止空间频率为
( )。

27. 望远镜视角分辨率和视放大率之间的关系为( )。

二、作图题

如图研—28 所示:

1. 求图研—28(a)物 AB 的像。

2. 求图研—28(b)像 $A'B'$ 对应的物。

3. 求图研—28(c)中与出射光线 $P'Q'$ 共轭的入射光线。

4. 如图研—28(d)所示,已知位于同一介质中光学系统的主点和一对轴上共轭点 A、A' 和 H、H' 的位置,求光学系统的焦点 F、F'。

5. 如图研—28(e)所示,已知两对共轭面的位置 A、A' 和 B、B',并知道此两对共轭面的放大率分别为 $\beta_A=-2$ 和 $\beta_B=-4$,用作图法求出该系统的主面和焦点位置。

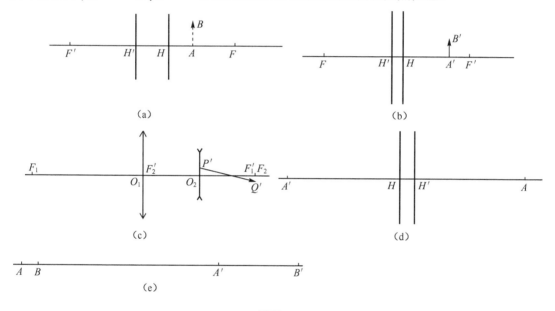

图研—28

三、问答及证明题

1. 近轴光路计算公式是如何由实际光线计算公式推导出来的? 用它计算出来的像的位置和大小为什么可以代表实际光学系统的像的位置和大小?

2. 试证明当不存在斜光束渐晕时,照相物镜的像平面上,随着像方视场角 ω' 的增加,像平面光照度按 E' 的四次方降低。

3. 屋脊棱镜中屋脊面的作用是什么? 作图说明为什么两屋脊面必须互相垂直。

4. 共轴球面系统用哪些几何像差(包括单色像差和色差)来表示轴外像点的成像质量?

四、计算题

1. 望远镜物镜的焦距为 200 mm,通光口径为 40 mm,视场角 $2\omega=16°$,后面有折射率 $n=1.5$ 的五角棱镜,棱镜出射面到物镜焦面之间的距离为 20 mm,假定系统没有渐晕,求棱镜的通光直径和物镜像方主面到棱镜入射面的距离。

2. 一个焦距为 50 mm,相对孔径为 1∶2 的投影物镜将物平面成一放大到 4 倍的实像。如果像面上允许的几何弥散斑直径为 0.2 mm,问在基准物平面前后的几何景深是多少?

3. 投影仪光源的功率为 100 W,光视功率为 20 lm/W,灯丝为球形,直径为 4 mm,各方向均匀发光。光源通过一个聚光镜照亮物平面,如图研—29 所示。投影物镜的焦距为 100 mm,相对孔径为 1∶4,投影倍率为 −10。聚光镜把光源放大到 4 倍,成像在投影物镜入瞳上,求投影像面的光照度。(假定系统的透过率为 0.7)

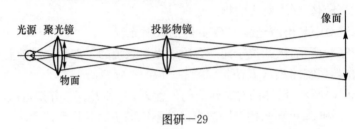

图研—29

4. 某自准直望远镜的目镜为冉斯登目镜,它由两个单薄透镜组成,其接眼透镜焦距为 30 mm,场镜焦距为 32 mm,二者间距 22 mm,若望远镜出瞳距离为 10 mm,目镜工作距离为 5 mm,孔径光阑位于物镜框上,试求物镜焦距和该望远镜的视放大率。

试题十六

1. 要求设计一显微镜,其对准精度为 0.002 mm,人眼视角分辨率为 $60''$,显微镜的总放大率为多少? 设物镜焦距 $f'=30$ mm,物镜物面到像面之间的距离为 195 mm,求物镜的垂轴放大率 β(取 $|\beta|>1$)及目镜的视放大率。

2. 有一 60 W 的白炽灯泡,其灯丝为直径 $\phi 5$ mm 的球形,灯泡的光视效能为 20 lm/W,问灯丝的平均光亮度。如果该灯泡垂直照明距离为 200 mm 的白纸,白纸的漫反射系数为 0.8,求白纸表面的光照度和光亮度。

3. 有一系统由相距 10 mm、焦距相等的两个负薄透镜构成,两透镜之间为平行光,物像共轭距离 $AA'=100$ mm。求:

(1) 单个透镜的焦距等于多少? 系统的垂轴放大率为多少?

(2) 如果物点 A 不动,透镜 Ⅰ 向左移 20 mm,为了保持 A 位置不变,透镜 Ⅱ 应移动多少? 移动方向如何? 此时系统的垂轴放大率等于多少?

试题十七

1. 某 3 倍伽利略望远镜物方视场角 $2\omega=5°$,目镜焦距 $f'_目=-20$ mm,若观察者眼瞳离目镜的距离为 $l'_z=8$ mm,试问,当全视场渐晕系数为 50% 时,对应的物镜有效直径为多少?

2. 有一 100 W 的灯泡,其光视效能为 15 lm/W,假定在各方向均匀发光,求光源的发光强度多大? 距离灯泡 2 m 处与照明方向成 45° 的白板(全扩散表面)上光照度多大? 光亮度多大?(白板的漫反射系数为 0.8)

试题十八

1. 一制版系统用一焦距 $f'=27$ mm 的镜头对物长 $2y=1.7$ mm 的物体成像,像长

为 $2y'=0.51$ mm,求:

(1) 物像之间的距离为多少?

(2) 为了印刷不同的字体,需更换焦距 $f'=30$ mm 的镜头,但需保证齐焦,也就是需保证物像之间的距离与用焦距 $f'=27$ mm 镜头时的物像距离相同,为此可将镜头作微小移动以满足要求,求此时的物距 L、像距 L' 及垂轴放大率为多少?

2. 一反摄远系统由两个透镜构成, $f'_1=-50$ mm, $f'_2=100$ mm, 间距 $d=150$ mm, 对无限远物体成像,求:

(1) 总的焦距 f' 和像距 l'_2 为多少?

(2) 现在由于结构原因,需将像距 l'_2 提高到 250 mm,并保持原有总的焦距不变,只允许变动 f'_1 和 d,求 f'_1 为多大? d 为多大?

3. 一焦距 $f'_1=100$ mm 的正透镜和一焦距为 $f'_2=-50$ mm 的负透镜组成的系统,两透镜间距为 $d=75$ mm,对无限远物体成像。求:

(1) 系统总焦距 f' 和最后的像距 l'_2。

(2) 从校正像差的要求出发,在保证系统总光焦度不变的前提下,希望降低第二透镜的光焦度(绝对值),问当 d 为多少时负透镜的光焦度(绝对值)最小? 此时负透镜的焦距 f'_2 为多少? 系统最后的像距 l'_2 为多少?设第一透镜到系统最后像面的距离为 $L=d+l'_2$。

4. 有一投影仪,投影物镜到屏幕的距离为 8 m,放大率为 80,要求屏幕中心照度为 60 lx,整个系统的透过率为 0.65,投影物镜的相对孔径为 1/4,采用白炽灯照明,发光体是直径为 4 mm 的球形灯丝,求灯泡的光亮度 L、发光强度 I、总光通量 Φ 各为多少? 若灯泡的光视效能为 19 lm/W,求灯泡的功率 Φ_e?

试题十九

1. 一物镜焦距为 2 200 mm 的平行光管用来测量一焦距为 100 mm 的被测系统,在被测系统的物方焦面上放置一直径为 0.1 mm 的小孔,问此小孔像被测系统和平行光管后,像的直径为多少? 现在在平行光管后面加一负透镜,使小孔像放大到 8.8 m,并要求新像点在原像点后 200 mm 处,求负透镜的焦距以及与平行光管物镜之间的距离。(所有系统均按薄透镜系统计算)

2. 一照明器采用各向均匀发光的 250 W 白炽灯作为光源,灯泡的发光效率为 15 lm/W,距灯泡 150 mm 处放置一直径为 150 mm、焦距为 200 mm 的薄透镜聚光镜,若忽略聚光镜的光能损失,求进入聚光镜的光通量,若在离聚光镜 10 m 处放置一屏幕,求屏幕上被照明的面积和光照度。

3. 一望远系统物镜焦距为 300 mm,物方视场角为 $2\omega=8°$,从目镜出射的像方视场角为 $2\omega'=69.927\ 7°$,出瞳直径 $D'=6$ mm,物镜后方有一靴形屋脊棱镜(玻璃折射率 1.516 3,棱镜展开厚度为 $L=2.98D$)作为倒像系统,棱镜的出射面到目镜的距离为 40 mm,求棱镜入射面口径 $D_{棱1}$、棱镜出射面口径 $D_{棱2}$、以及望远镜物镜到棱镜入射面之间的距离为多少? (物镜、目镜均按薄透镜计算)

4. 有一系统由相距 12 mm、焦距相等的两个负薄透镜构成,两透镜之间为平行光,物像共轭距为 $AA'=140$ mm。求:

(1) 单个透镜的焦距为多少? 系统的垂轴放大率为多少?

(2) 若物点 A 不动,透镜 1 向左移动 10 mm,为保持 A' 位置不变,透镜 2 应移动多少距离? 移动的方向如何? 此时的垂轴放大率为多少?

试题二十

1. 一测量系统需把一物距为 100 m 的矩形物体(110 m×14 m)成像在一矩形的像平面上(6.4 mm×4.8 mm)。系统由一球面系统和一柱面系统组成,球面系统将 14 m 的物(即矩形物体的宽向)成像为 6.4 mm 的像(即矩形像面的长向),柱面系统对这个方向上的成像不起作用。柱面系统为一个倒置的伽利略望远系统,它首先将 110 m 的物体(即矩形物体的长向)成像在无限远处,然后经过球面系统成像为 4.8 mm 的像(即矩形像面的宽向)。求:球面系统的焦距为多少? 柱面系统和球面系统组合以后的焦距为多少? 柱面系统的视放大率为多少?

2. 有一微光摄像系统,要拍摄的地面目标的最小光照度为 10^{-5} lx。若把地面看作全扩散表面,地面的漫反射系数为 $\rho = 0.16$,微光摄像系统的透过率为 0.821,像方孔径角 $u'_{max}=0.245$。像平面所采用的接收元件 ICCD 的最低敏感光照度为 10^{-3} lx,求通过微光摄像系统后在像平面轴上点的最低光照度。能否满足 ICCD 的最低光照要求? 若不满足,可采用附加闪光灯,在附加闪光灯后地面光照度最小必须达到多少勒克斯,才能满足接收元件的最低光照要求?

试题二十一

1. 某喇曼激光光谱仪的照明系统由两个薄透镜构成,它将 0.4 mm 的物成像为 1 mm,仪器要求出射光束的会聚角为 $u'=0.1$。如果要求两个薄透镜平均地负担偏角 Δu($\Delta u=u'-u$,其中 u' 和 u 分别为出射光束和入射光束的会聚角),问每个薄透镜的相对孔径应为多少?

2. 为了保护视力,在人工照明条件下阅读时,纸面光亮度应大于 10 cd/m^2,如果白纸漫反射系数为 0.75,用 60 W 充气钨丝灯照明,灯泡的光视效能为 15 lm/W,设纸面与照明光线方向垂直,试求灯泡离纸面的距离不大于多少时才能达到所要求的光亮度?

3. 某照相物镜(可看作薄透镜)口径 $D=25$ mm,焦距 $f'=50$ mm,在照相物镜和底片均不动的条件下,若允许轴上物点在焦平面上的弥散圆直径为 0.1 mm 时,求此时的物距为多少?

4. 一个 6 倍的望远镜,其物镜焦距为 120 mm,若用此望远镜观看望远镜前 2 m 的物体,问目镜需调节多少视度?

5. 一焦距为 50 mm 的摄像镜头(可看作薄透镜)将一物体成像在 $\frac{1}{2}$ in CCD 的靶面上,CCD 的靶面尺寸为 6.4 mm×4.8 mm。物体为直径为 50 mm 的圆,正好成像在 CCD 靶面的外接圆上。为了能够完整地观察整个物平面,现在需要将物体成像在 CCD 靶面的内接圆上,问应换成焦距为多少的镜头?

6. 有一个成像镜头(可看作薄透镜)对无穷远物体成像,物方半视场角为 50°,所成的理想像高为 $y'=25$ mm,问透镜的焦距为多少? 由于无法校正畸变,系统的相对畸变为 -25%,实际像高为 18.75 mm,如果要求实际像高仍然为 25 mm,问焦距应该改为多少?

试题二十二

一、问答题

1. 什么叫临界照明？什么叫柯勒照明？

2. 什么叫望远镜的有效放大率？

3. 什么叫理想光学系统的衍射分辨率？它等于什么？

4. 什么叫畸变？它与什么因素有关？

5. 红光与紫光哪种波长长？对同一个透镜,红光与紫光哪个的焦距长？

6. 光学系统中光能的损失包括哪些部分？通常采用什么方法减少反射损失？

7. 什么叫人眼的视见函数？在哪种波长下人眼的视见函数等于1？

8. 什么叫景深？景深与焦距和相对孔径有什么关系？

9. 什么叫物方远心光路？什么叫像方远心光路？

10. 望远系统的垂轴放大率、角放大率和视放大率有什么关系？

11. 什么叫人眼的视角分辨率？它等于什么？

12. 像方焦点与谁共轭？物方焦点与谁共轭？

13. 满足全反射的条件是什么？

14. 物理光学研究什么内容？几何光学研究什么内容？

15. 对棱镜展开有哪两个要求？

二、证明题

1. 证明通过望远镜观察发光面时,主观光亮度小于人眼直接观察的主观光亮度。

2. 证明显微镜的数值孔径 NA 与视放大率 Γ 之间有如下关系：

$$NA = \frac{\Gamma}{500}$$

3. 证明当物像空间介质折射率相同时,物方节点与物方焦点重合,像方节点与像方焦点重合。

4. 证明反射球面的焦点位于球心和球面顶点的中间。

三、计算题

1. 一个物镜用来把 1 m 远的物体成像在光电倍增管的输入面上,光电倍增管的输入面和输出面的像大小相同,直径均为 18 mm,假设像距为 28 mm,问焦距为多少？移动物镜,使物距变为 100 mm,为了同样能够成像,光电倍增管与物镜的距离应变为多少？在光电倍增管的输出面后面放一个目镜,如果要求目镜的视放大率为 10 倍,求目镜的焦距。现在在目镜的后面再放置一个数码相机,光电倍增管输出的像经目镜和数码相机物镜后成像的像高为 $y' = 4$ mm,问数码相机物镜的焦距为多少？（物镜、目镜和数码相机物镜均视为薄透镜）

2. 有一伽利略望远镜,视放大率为 3,为了看清近距离处的细小物体,可在其前面附加一薄透镜,构成一个组合系统。设要观察的细小物体离附加薄透镜 100 mm,问附加薄透镜的焦距应为多少？整个组合系统的视放大率为多少？

3. 有一位于空气中的薄透镜,焦距为 100 mm,现在把它浸没在水中,求此透镜在水中时的焦距为多少？（透镜玻璃的折射率为 1.5,水的折射率为 1.333 3）

4. 一个视放大率为 10 倍的望远系统,物镜焦距为 350 mm,出瞳直径为 5 mm,物方视场

角为 $2\omega=10°$,物镜后面有一棱镜(棱镜的玻璃折射率为 1.5,棱镜展开长度为 $L=3.414D$,D 为棱镜第一面上的通光口径),棱镜出射面到目镜的距离为 45 mm,求棱镜的入射面和出射面的口径分别为多少? 物镜到棱镜入射面的距离为多少?(物镜和目镜均按薄透镜计算)

四、作图题

1. 求物 AB 的像 $A'B'$。

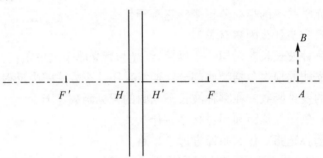

2. 求像 $A'B'$ 的物 AB。

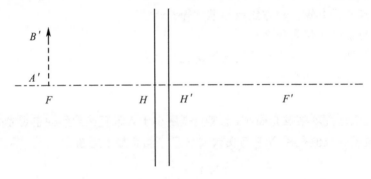

3. 已知焦点 F 和 F',节点 J 和 J',求物方主点 H 和像方主点 H'。

4. 已知两系统的 F_1、F_1'、F_2、F_2'、H_1、H_1'、H_2、H_2',求组合系统的像方焦点 F' 和像方主平面 H'。

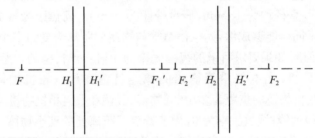

试题二十三

一、问答题

1. 几何光学中为什么要规定符号规则?

2. 什么叫理想光学系统？

3. 应用光学近轴光学公式计算出来的像有什么实际意义？

4. 一物体位于一正的薄透镜物方 2 倍焦距以外,问其像位于什么区域？成正像还是倒像？成放大的像还是缩小的像？

5. 什么叫临界照明？什么叫柯勒照明？

6. 一个半径为 500 mm 的球面反射镜,其物方和像方焦距分别为多少？其物方和像方主点位于什么地方？其物方和像方节点位于什么地方？

7. 什么叫理想光学系统的衍射分辨率？它等于什么？

8. 望远系统的垂轴放大率、角放大率和视放大率有什么关系？

9. 什么叫显微物镜的数值孔径？如果视放大率为 50 的显微镜的出瞳直径为 2 mm,问其物镜的数值孔径为多少？

10. 对于一灯丝面积为 10 mm×10 mm 的单面发光体,如果要达到 2 000 lm 的光通量,则其平均光亮度应为多少？

11. 某人不能够看清楚 1 m 以外的物体,他应该配戴焦距为多少的眼镜？某人不能够看清楚 1 m 以内的物体,他应该配戴焦距为多少的眼镜？

12. 当人眼由观察远距离目标转变为观察近距离目标时,人眼进行了什么调节？人眼光学系统的焦距发生了什么变化？

13. 各类目视光学仪器必须满足的共同要求是什么？

14. 什么是棱镜的展开？为了使棱镜和共轴球面系统组合后仍能保持共轴球面系统的特性,棱镜的结构应满足哪些要求？

15. 什么是光学系统中的孔径光阑、入射瞳孔、出射瞳孔？它们之间是什么关系？

16. 什么叫场镜？场镜有什么作用？

17. 什么是全扩散表面？全扩散表面的光亮度与什么有关？

18. 普通照相机镜头上标注的光圈数 5.6、8、11 等是指什么？在曝光时间相同的条件下,以上三种光圈哪一种曝光量最大？

19. 什么叫光学系统的畸变像差？当只存在畸变时,是否可以清晰成像？

20. 照相物镜的目视分辨率怎样表示？写出它的公式并说明照相物镜目视分辨率受什么制约？

二、证明题

1. 证明平行玻璃板只是使像平面的位置发生移动,并不影响系统的光学特性。

2. 对于一个半径为 r_1 和 r_2 的薄透镜,证明其物像关系式为

$$\frac{n_3}{l'} - \frac{n_1}{l} = \frac{n_2 - n_1}{r_1} + \frac{n_3 - n_2}{r_2}$$

式中,l' 和 l 分别为像距和物距;n_1 和 n_3 分别为物空间和像空间的折射率;n_2 为透镜的折射率。

3. 证明望远镜的视放大率有如下关系:

$$\Gamma = -\frac{f'_{物}}{f'_{目}}, \Gamma = \frac{D}{D'}$$

式中,$f'_物$ 和 $f'_目$ 分别为物镜和目镜的焦距;D 和 D' 为系统的入射光束和出射光束口径。

4. 证明当望远镜的出瞳直径 D' 为 2.3 时,视放大率等于有效放大率。

5. 在用二次成像法测量正透镜焦距时,透镜将实物成像在实像面上,物面和像面之间的距离为 S,将透镜移动距离 d 以后,又在像平面上成一个清晰的像。证明透镜的焦距为

$$f' = \frac{S^2 - d^2}{4S}$$

6. 有一个用于红外系统的球形浸没透镜,物空间为空气,折射率为 1.5,它将物体成像在后表面与球心的 1/2 处,证明此时的垂轴放大率为 1/2。

7. 由两个正的薄透镜组成的系统,若物体位于第一个透镜的物方焦平面处,证明此时像与物的垂轴放大率为第二个透镜与第一个透镜焦距之比的负值。

三、计算题

1. 为了将微小物体放大成像并在监视器屏幕上观察,可以将微小物体通过显微镜物镜所成的像再经一中继系统成像在电荷耦合器件 CCD 摄像系统的硅靶上,经转换将图像传到监视器屏幕上。若已知微小物体长为 0.5 mm,显微物镜的放大倍率为 40,CCD 硅靶对角线长 8 mm,微小物体通过显微镜物镜的像距硅靶的距离为 210 mm,要求将上述微小物体经两次成像后充满硅靶对角线,试求此中继光学系统的焦距及离硅靶的距离。

2. 某被照明目标,其反射率为 $\rho = 0.1$,在该目标前 15 m 距离处有一 200 W 的照明灯,各向均匀发光,其光视效能为 30 lm/W,被照明面法线方向与照明方向的夹角为 0°。求:

(1) 该照明灯的总光通量;

(2) 被照明目标处的光照度;

(3) 该目标视为全扩散表面时的光亮度。

3. 由两个薄透镜组组成一个开普勒望远镜系统,孔径光阑在物镜前面 20 mm 处,孔径光阑直径为 40 mm,视场光阑直径为 20 mm,用仪器测得出瞳直径 4 mm,目镜焦距为 20 mm。求:

(1) 物镜焦距;

(2) 视放大率和垂轴放大率;

(3) 物方视场角和像方视场角;

(4) 入瞳距离和出瞳距离;

(5) 如果采用加场镜的方法使出瞳距离达到 25 mm,问应加入多大焦距的场镜? 加在什么地方?

4. 某变焦距系统中,变倍组焦距 $f'_变 = -14$ mm,补偿组焦距 $f'_补 = 42$ mm,二者相距 32 mm,若前固定组的像点 A'_1 位于变倍组后方 50 mm 处,求:

(1) A'_1 通过整个系统后距补偿组的距离;

(2) 此时系统总的垂轴放大率;

(3) 若变倍组右移 5 mm,为保持像面不动,补偿组应向哪个方向移动? 移动多少距离? 此时新的总垂轴放大率为多少?

5. 有一个由 $f'_1 = 100$ mm,$f'_2 = -50$ mm 两个薄透镜组成的摄远型望远镜物镜,如果要求两透镜之间的距离 d 是总焦距 f' 的 1/10,即 $d = 0.1f'$,求:

(1) 两个透镜之间的间距 d;

（2）像平面到第二个透镜的距离 l_2'；

（3）系统总的焦距 f'。

试题二十四

一、问答题

1. 折射定律的内容是什么？

2. 光线的概念有什么特点？

3. 单个折射球面的主平面位于什么地方？焦点位于什么地方？

4. 共轴球面系统的像方主平面和像方焦点怎么确定？

5. 用作图法求光学系统的理想像时，通常采用哪三条特殊光线？

6. 理想光学系统的物像关系式中，高斯公式表示物点和像点的位置坐标分别从什么地方到什么地方？

7. 光学系统的角放大率代表什么含义？

8. 物方焦距和像方焦距的普遍关系是什么？

9. 什么叫人眼的分辨率？

10. 显微镜为什么能够观察细小的物体？

11. 单个平面镜成像有什么性质？

12. 用屋脊面代替一个反射面，物空间坐标和像空间坐标之间有什么关系？

13. 什么叫出瞳和出瞳距离？

14. 物方远心光路有什么特点？

15. 什么叫场镜？场镜有什么特点？

16. 什么叫人眼的视见函数？

17. 轴上点的光照度和轴外点的光照度之间有什么关系？

18. 使用望远镜观察发光点时主观光亮度是增大还是减小？观察发光面时主观光亮度是增大还是减小？

19. 相对于紫光，红光的折射率是大还是小？单透镜的焦距是红光的长还是紫光的长？

20. 什么叫轴外子午球差？

二、证明题

1. 设望远镜物镜的口径为 D，证明望远镜的衍射分辨率 α 为

$$\alpha = \frac{140''}{D}$$

2. 放大镜的视放大率为 $\Gamma = \dfrac{250}{f'}$，式中，f' 为放大镜的焦距。证明显微镜也有相同的视放大率公式，也可以看成一个组合的放大镜。

3. 设光学系统的垂轴放大率为 β，角放大率为 γ，轴向放大率为 α，证明它们满足关系式

$$\beta = \alpha \cdot \gamma$$

4. 证明光学系统满足普遍关系式 $nuy = n'u'y'$，式中，n 和 n' 分别为物空间和像空间的折射率；u 和 u' 分别为物方和像方孔径角，y 和 y' 分别为物高和像高。

5. 证明单个折射球面的垂轴放大率为 $\beta = \dfrac{nl'}{n'l}$，式中，n 和 n' 分别为物空间和像空间的折

射率;l 和 l' 分别为物距和像距。

三、计算题

1. 一个对无限远成像的红外光学系统由一个凹的主镜和一个凸的次镜组成,主镜的半径为 -200 mm,次镜的半径为 100 mm,两镜之间的间隔为 80 mm,求此组合系统的组合焦距为多少? 像点距离主镜多远? 如果要求将像点成像在距离主镜顶点后 10 mm 处,采用在次镜后 20 mm 处加一个透镜的方法,求所加透镜的焦距为多少? (所加透镜视为薄透镜)

2. 一个红外扫描系统由一个望远系统加上一个成像透镜组成,望远系统的物方视场角为 $2°$,入瞳直径为 40 mm,望远系统的视放大率为 1.5 倍,成像透镜的相对孔径为 $1/4$。求:

(1) 此组合系统的焦距为多少?

(2) 成像透镜的焦距为多少?

(3) 组合系统的像高为多少? (成像透镜视为薄透镜)

3. 一个各向均匀发光的灯泡,其光视效能为 15 lm/W,发出的光通过一个距离 130 mm 处口径为 150 mm 的聚光镜后,照明 15 m 远处直径为 2.5 m 的圆,假设忽略聚光镜的光能损失,如果要求照明面上的平均光照度为 50 lx,问聚光镜的焦距应该为多少? 灯泡的功率应该为多少? (聚光镜视为薄透镜)

4. 一个成像光学系统由相隔 50 mm,焦距 $f'_1 = 100$ mm,$f'_2 = 200$ mm 的两个薄透镜组成,直径为 5 mm 的物体位于第一透镜的物方焦平面上。求物体通过这两个薄透镜后所成像的大小为多少? 如果要求保持两个透镜的间隔不变,所成的像平面与第二透镜的距离即像距变为 250 mm,采用移动物平面的方法,问物平面距离第一透镜的距离为多少?

5. 一个空间探测系统(可视为薄透镜),其相对孔径为 $\dfrac{D}{f'} = \dfrac{1}{1.2}$,要求将 10 km 处直径为 2 m 的物体成像在 $\dfrac{1}{2}$ in 的探测器靶面上,物体所成像在探测器靶面上为内接圆,问此系统的焦距应该为多少? 口径为多少? 所对应的物方最大视场角为多少? 如果物体的光亮度为 500 cd/m²,系统的透过率为 0.6,问在探测器靶面上的光照度为多少? (1 in 等于 25.4 mm,探测器靶面长与宽之比为 $4:3$)

试题二十五

一、问答题

1. 对同一个透镜,红光和紫光哪个的焦距长,哪个的焦距短?

2. 在透明介质中,光的波长、光速和频率有什么关系?

3. 平行光束所对应的波面是什么波面?

4. 常用的共轴系统的"基面"和"基点"都有哪些?

5. 共轴球面系统的像方焦点和像方主平面是怎么求的?

6. 理想光学系统的物像关系式中,牛顿公式中的 x 和 x' 的符号规则是怎么规定的?

7. 位于空气中的系统,物方和像方节点分别位于什么地方?

8. 由两个薄透镜组组成的系统,如果两透镜组之间的距离为 0,则总光焦度和两透镜组各自的光焦度有什么关系?

9. 一个焦距为 100 mm 的放大镜,其视放大率为多少?

10. 望远镜的垂轴放大率与什么参数有关？

11. 伽利略望远镜有什么优点和缺点？

12. 近视眼的远点位于什么区域？它所对应的视度是正视度还是负视度？为校正近视眼,应该配戴正光焦度还是负光焦度的透镜？

13. 什么叫镜像？

14. 屋脊面有什么特性？

15. 平行玻璃板有什么成像特性？

16. 物方远心光路中,孔径光阑位于什么地方？入瞳位于什么地方？

17. 什么叫场镜？场镜有什么作用？

18. 对于一个照相物镜,F 数等于 2 和 F 数等于 8 谁的景深大？

19. 光亮度是怎么定义的？

20. 对于一个朗伯发光体,它符合什么定律？写出该定律。

二、证明题

1. 如果望远镜的衍射分辨率和视角分辨率相等,则此时的视放大率称为望远镜的有效放大率,证明有效放大率为 $\Gamma_{效} = \dfrac{D}{2.3}$（$D$ 为入瞳口径）。

2. 证明当光学系统物像空间的折射率相同时,像的光亮度小于物的光亮度。

3. 证明由 k 个分系统构成的一个组合系统,总系统的垂轴放大率等于各分系统垂轴放大率的乘积。

4. 证明单个反射球面的焦点位于球心和球面顶点的二分之一处,焦距为 $f' = f = \dfrac{r}{2}$。

5. 证明望远系统的视放大率 $\Gamma = -\dfrac{f'_{物}}{f'_{目}}$。

三、计算题

1. 在一个生物芯片检测系统中,直径为 1 mm 的生物芯片位于一个焦距为 13 mm,数值孔径为 0.6 的成像物镜的物方焦平面处,在离此成像透镜后面 100 mm 处放置一个中继透镜,生物芯片通过成像透镜和中继透镜后成像在 1/4 in 的 CCD 靶面上（1 in＝25.4 mm,CCD 探测器靶面长与宽之比为 4∶3）,物体所成像在探测器靶面上为内接圆。求此中继透镜的焦距为多少？中继透镜的相对孔径为多少？（两个透镜均视为薄透镜）

2. 有一个对无限远物体成像的系统,它由一个焦距为－50 mm 的负透镜和一个焦距为 100 mm 的正透镜组成,两透镜之间的距离为 100 mm。求:系统的像距是多少？焦距是多少？该系统实际加工出来后,实测第一个透镜焦距为－51 mm,第二个透镜焦距为 99 mm,如果要求系统的像距和原设计值相同,采用调整两透镜组间隔的方法,问两透镜组的间隔应为多少？（两个透镜均视为薄透镜）

3. 一个对无限远物体成像的系统由两个焦距为 200 mm 的薄透镜组成,两薄透镜之间的距离为 50 mm,求系统的像距为多少？系统的焦距为多少？如果在第二个薄透镜的后面 10 mm 处加上一个口径 D 为 30 mm 的直角分光棱镜（玻璃材料 K9,n＝1.516 3,棱镜展开长度 $L＝D$）,问此时的像距（棱镜第二表面和像平面的距离）为多少？如果希望此时像平面还保持在没有加棱镜之前的位置,采用只调节第二个薄透镜焦距的方法,问此时第二透镜焦距应调整为多少? 此时新的像距(棱镜第二表面和像平面的距离)为多少?

4. 一个开普勒望远镜由焦距为 240 mm,直径为 40 mm 的物镜和焦距为 30 mm 的目镜组成,孔径光阑位于物镜框上,分划板的直径为 20 mm。问物方视场角为多少? 像方视场角为多少? 出瞳距离为多少? 出瞳直径为多少? 如果希望将出瞳距离在现有的基础上增加 5 mm,采用加场镜的方法,问场镜的焦距应为多少?(物镜、目镜和场镜均视为薄透镜,假设分划板和场镜重合)

5. 一投影仪采用一个 100 W 的白炽灯照明,发光体为直径是 5 mm 的球形灯丝。灯泡的发光效率为 15 lm/W,在各方向均匀发光,整个系统的透过率为 0.6,投影物镜的孔径为 10 mm,像平面与投影物镜的距离为 846 mm。求:

(1) 光源发出的总光通量;

(2) 光源的发光强度;

(3) 光源的平均光亮度;

(4) 像平面上的光照度。

试题二十六

1. 有一薄透镜,当物体位于某一位置时,垂轴放大率 $\beta = -3$,若将物体移近透镜组 50 mm,其垂轴放大率为 $\beta = -5$,求该透镜组的焦距。

2. 有一个开普勒望远镜,物镜口径为 40 mm,孔径光阑位于物镜框上,物方视场角 $2\omega = 6°$,目镜的焦距为 20 mm,测出出瞳距离为 20 mm,出瞳直径为 4 mm。求:

(1) 物镜焦距;

(2) 视场光阑的位置和大小;

(3) 如果要加一场镜使出瞳距离变为 10 mm,求场镜的位置和焦距。(物镜目镜及场镜均按薄透镜计算)

3. 一望远系统物镜焦距为 200 mm,通光口径为 50 mm,物方视场角 $2\omega = 10°$,在物镜后方有一五角棱镜(玻璃折射率 1.516 3,棱镜展开长度为 $L = 3.414D$)作为倒像系统,棱镜的出射面到物镜的像方焦平面的距离为 20 mm。求:棱镜的出射面口径 $D_{棱2}$ 为多少? 棱镜入射面的口径 $D_{棱1}$ 为多少? 望远系统物镜到棱镜入射面之间的距离为多少?(物镜、目镜均按薄透镜计算)

试题二十七

1. 设有一薄透镜将一物体成像在屏幕上,已知屏幕上的实像高为 25 mm。现在需要在保证物到屏幕的距离不变的条件下,移动透镜使得在屏幕上重新得到一个高度为 5 mm 的实像。求透镜在两个位置时对应的垂轴放大率和透镜的移动量为多少?

2. 一个开普勒望远镜,它的视角分辨率要求为 $6''$(人眼的视角分辨率为 $60''$),理想衍射分辨率为 $2.8''$,选用一个视角场 $2\omega' = 60°$,焦距为 15 mm 的目镜,求该望远镜的视放大率、物镜口径、物镜焦距和分划板的通光口径各为多少?

3. 有一个望远系统,其物镜通光口径为 40 mm,物方视场角 $2\omega = 8°$,物镜的焦距为 180 mm,在物镜后方有一个五角棱镜(玻璃折射率 1.516 3,棱镜展开长度为 $L = 3.414D$)作为倒像系统,棱镜的出射面到物镜的像方焦平面的距离为 20 mm。求:棱镜的出射面口径

$D_{棱2}$为多少？棱镜入射面的口径 $D_{棱1}$ 为多少？望远镜物镜到棱镜入射面之间的距离为多少？（物镜按薄透镜计算）

试题二十八

1. 一个投影仪采用一焦距为 60 mm、相对孔径 $D/f'=1/3$ 的投影镜头（可视为薄透镜），被投影物体离投影镜头的距离为 62 mm。投影仪采用 60 W 的白炽灯照明，发光体为直径 4 mm 的球形灯丝，灯泡发光效率为 15 lm/W，在各个方向均匀发光。整个系统的透过率为0.7。求：光源发出的总光通量、光源的发光强度、光源的平均光亮度、像平面上的光照度各为多少？

2. 设有一薄透镜将一物体成像在屏幕上，物到屏幕的距离为 150 mm，已知屏幕上的实像高为 25 mm。现在需要在保证物到屏幕的距离不变的条件下，移动透镜使得在屏幕上重新得到一个高度为 5 mm 的实像。求透镜在两个位置时对应的垂轴放大率和透镜的移动量为多少？

试题二十九

1. 一个红外成像系统由两个凹的反射镜组成，两反射镜的半径分别为 $r_1=-57$ mm，$r_2=-30$ mm，光线首先经第一个反射镜反射回来，然后经第二个反射镜反射后继续向右成像在其像面，两反射镜之间的间隔为 $d=-29$ mm，要成像的物体位于距离第一个反射镜物方 100 mm处。求：

(1) 系统的像距（像面距第二个反射镜的距离）为多少？

(2) 第二个反射镜沿光轴方向的轴向放大率为多少？

(3) 如果希望像距为 43 mm，采用调节两反射镜之间的间隔的方法，问间隔应该为多少？

2. 一望远系统由物镜、目镜和棱镜组成，物镜和目镜焦距分别为 $f'_物=240$ mm，$f'_目=30$ mm，分划板直径为 20 mm，物镜口径为 40 mm，棱镜的玻璃材料为 K9，展开长度为 $3.41D$，D 为棱镜入射面的口径，棱镜离物镜的距离为 40 mm。求：

(1) 系统的物方和像方视场角分别为多少？

(2) 系统的出瞳直径和出瞳距离分别为多少？

(3) 棱镜的入射面和出射面直径分别为多少？

(4) 加入棱镜以后，物镜的像平面向后移动多少？

3. 一个投影系统采用 6 V 60 W 的白炽灯照明，向空间各方向上均匀发光，灯泡的光视效能为 15 lm/W，灯丝为半径为 1.5 mm 的球形灯丝，屏幕离投影物镜的距离为 15 m，投影物镜通光口径为 10 mm，要求屏幕上的光照度达到 100 lx。求：

(1) 光源发出的总光通量；

(2) 光源的发光强度；

(3) 发光体的平均光亮度；

(4) 投影物镜的焦距和相对孔径。

试题三十

一、问答题

1. 对一个由 $n(n\geq 2)$ 个光学表面构成的共轴光学系统，如何找出系统的物方主平面和物方焦点?

2. 显微镜的成像范围用什么表示? 若某一视放大率为 $50^\times$ 的显微镜系统,采用焦距 $f'=25$ mm 的目镜,已知显微镜系统像方视场角 $2\omega'=40°$,求该显微镜系统的成像范围为多少?

3. 某人近视程度为 200 度,最大调节范围为 -8 SD,问他的近点距离为多少? 若配戴 100 度的近视眼镜,此时能看清的远点距离为多少?

4. 什么是渐晕? 用什么方法来表示渐晕? 渐晕对成像有什么影响?

5. 一物体位于半径为 r 的凹面镜前什么位置时,可以分别得到放大 4 倍的实像和放大 4 倍的虚像?

6. 试举出两例说明采用哪种棱镜系统能够使垂直于主截面方向上的成像方向产生颠倒。

7. 有一个薄透镜焦距为 80 mm,通光口径为 40 mm,在透镜左侧 60 mm 处放置一个直径为 10 mm 的圆孔,一轴上物点位于圆孔左方 100 mm 处,求薄透镜的相对孔径为多少?

8. 有一个表面面积为 S 的单面发光朗伯光源,若其在法线方向上的发光强度为 I,则与法线成 α 角的方向上发光强度为多少? 光源的总光通量为多少?

9. 什么是波像差? 采用波像差评价一个光学系统成像质量时通常采用什么经验标准?

10. 投影系统主要由哪几部分构成? 各部分的作用分别是什么?

11. 望远镜和显微镜的成像光束大小和成像范围分别用什么表示?

12. 增大望远镜的出瞳直径和出瞳距离会对整个系统产生什么影响?

13. 景深和焦深各自代表什么含义?

二、叙述及证明题

1. 什么是平行玻璃板的相当空气层? 在利用相当空气层来代替平行玻璃板进行计算时,两者之间有哪些方面等效? 有哪些方面不等效?

2. 有一个视放大率为 Γ 的开普勒望远镜,已知目镜焦距为 f'_e,孔径光阑位于物镜框上,若在系统中间像平面处加入场镜,将该系统的出瞳距离改变为 l'_z,证明:场镜的焦距为 $f'_f = \dfrac{\Gamma f'^2_e}{\Gamma f'_e - \Gamma l'_z - f'_e}$

3. 假设一个位于空气中的光学系统由 k 个分系统组成,第一个分系统的焦距为 f'_1,第二到第 k 个分系统的垂轴放大率为 β_2、β_3、$\cdots$、β_k。证明:由这 k 个分系统组成的总系统的焦距为 $f'=f'_1\beta_2\beta_3\cdots\beta_k$。

4. 证明一个位于空气中的薄透镜的物平面到像平面的距离为 $\left(2-\beta-\dfrac{1}{\beta}\right)f'$,其中 β 为垂轴放大率,f' 为薄透镜的焦距。

三、计算题

1. 如图研-30 所示,一个成像系统对无限远物体成像,由一个焦距为 300 mm 和焦距为 -100 mm 两个薄透镜组成的望远系统和两个后继中继薄透镜组成,两个中继薄透镜的焦距分别为 184 mm 和 55 mm,物方视场角为 $2\omega=4°$,系统孔径光阑与中继透镜第一个透镜的距离为 200 mm,系统物方轴向入射光束口径为 200 mm,系统像的直径为 13.009 48 mm,要求系统的出瞳位于中继透镜第二透镜后面 53.45 mm 处。求:

(1) 中继透镜两个透镜之间的距离为多少?

(2) 总系统的焦距为多少？

(3) 出瞳直径为多少？

(4) 像距（像平面距中继透镜第二透镜的距离）为多少？

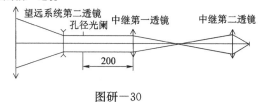

图研－30

2. 一个摄远型照相物镜由焦距为 $f'_1 = 200$ mm 和焦距为 $f'_2 = -100$ mm 的两个薄透镜组成，对无限远物体成像，第一个透镜到像方焦点的距离为 216.666 mm。求：

(1) 两个透镜之间的距离为多少？

(2) 系统的焦距为多少？

(3) 当物体位于前方 15 m 时，采用移动第二个透镜，即内调焦的方法来使像仍然成在原来的像点，即原来的像方焦平面处，问第二透镜向哪个方向移动？移动量为多少？

3. 如图研－31 所示，一个投影仪由一个焦距为 100 mm 的照明镜头和一个焦距为 60 mm 的投影镜头组成，采用第二种照明方式即柯勒照明方式照明，照明镜头和投影镜头均视为薄透镜。照明光源为 6 V 30 W 的白炽灯，灯泡的光视效能为 15 lm/W，发光体为直径为 4 mm 的球形灯丝，在各个方向均匀发光，灯泡后面加反射镜增加光能利用率。灯丝距照明透镜 120 mm，投影镜头的放大倍率为 15 倍，投影镜头的孔径光阑与投影镜头重合，整个系统的透过率为 0.5。求：

(1) 光源发出的总光通量为多少？

(2) 光源的发光强度为多少？

(3) 光源的平均光亮度为多少？

(4) 像平面上的光照度为多少？

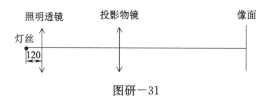

图研－31

4. 如图研－32 所示，一个望远系统由一个物镜和一个目镜组成，物方视场角为 $2\omega = 8°$，物镜口径为 60 mm，焦距为 $f'_\text{物} = 200$ mm。目镜为惠更斯目镜，由间隔为 46 mm 的两个单透镜组成，其焦距分别为 $f'_1 = 78$ mm 和 $f'_2 = 24$ mm，孔径光阑与物镜重合。求：

(1) 物镜与目镜第一透镜之间的距离为多少？

(2) 出瞳距离（出瞳距目镜第二透镜之间的距离）为多少？出瞳直径为多少？

(3) 系统的视放大率为多少？

(4) 目镜第一透镜的直径为多少？（所有透镜均视为薄透镜）

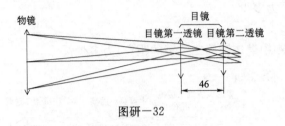

图研-32

试题三十一

一、问答题

1. 为什么大多数共轴光学系统的物平面都要求和光轴垂直?

2. 单个折射球面的物方节点和像方节点位于什么地方?

3. 什么叫人眼的视角分辨率?

4. 一个负透镜能用来做一个放大镜吗? 为什么?

5. 物镜采用负透镜,目镜也采用负透镜能构成一个望远镜吗? 为什么?

6. 一个望远镜物镜后面加放了一个边长为 50 mm、折射率为 1.5 的直角棱镜,此时物镜原有的像平面会向后移动多少?

7. 什么叫"视场光阑"? 视场光阑应该位于系统中的什么位置?

8. 物方远心光路有什么特点?

9. 什么叫"朗伯辐射体"?

10. 对于轴上像点,主要有什么像差?

11. 通过什么途径可以提高显微镜物镜的衍射分辨率?

12. 一个由两个分系统构成的组合系统,要求 MTF 大于或等于 0.5,第二个分系统的 MTF 为 0.7,则第一个分系统的 MTF 需大于多少?

二、证明题

1. 一个开普勒望远系统由一个焦距为 f'_1 的物镜、一个焦距为 f'_2 的目镜和一个焦距为 f'_3 的场镜组成,视放大率为 Γ,所有镜头都视为薄透镜,孔径光阑和物镜框重合。假设出瞳距离为 l'_z,证明如下公式成立:

$$l'_z = \frac{f'_1 f'_2 - f'_1 f'_3 - f'_2 f'_3}{f'_3 \Gamma}$$

2. 如图研-33 所示,一个照相物镜的最近拍摄距离(也称为近拍距离)为 l,近拍距离以内的物体无法在探测器靶面上清晰成像,现在采用在照相物镜前附加一个焦距为 f' 的近拍镜头来缩短近拍距离,附加近拍镜头和照相物镜都视为薄透镜,且忽略近拍镜头和照相物镜之间的距离,即假设为 0。假设需要将近拍距离缩小为原近拍距离的 1/5,证明:$f' = -\frac{1}{4}l$。

3. 如图研-34 所示,一个灯泡 P 在桌面上方 x 米处照亮书桌上的书本 B,灯泡视为点光源,其光视效能为 k,且在各方向上均匀发光,书本和光源垂线的距离为 1 m,书本上要求的光照度为 E。证明光源的辐射功率为 $\Phi_e = \frac{4\pi E}{kx}(x^2+1)\sqrt{x^2+1}$。

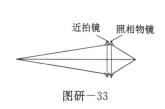

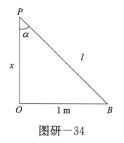

图研－33   图研－34

三、计算题

1. 如图研－35 所示，一个成像系统由焦距为 $f_1'=400$ mm 和焦距为 $f_2'=100$ mm 的两个薄透镜组成，要求物面和像面的距离为 1 050 mm，且要求满足物方远心和像方远心的要求，即入瞳和出瞳均位于无限远处。求：

（1）物距（即物面到第一透镜的距离）为多少？

（2）像距（即第二透镜到像面的距离）为多少？

（3）整个系统的垂轴放大率为多少？

（4）两个薄透镜之间的间隔为多少？

（5）孔径光阑位于什么位置？

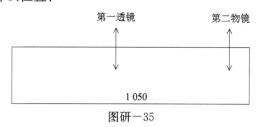

图研－35

2. 如图研－36 所示，一个对无限远物体成像的光学系统由主镜和次镜两个反射镜组成，入瞳直径为 200 mm，主镜曲率半径为－1 000 mm，次镜曲率半径为－707.72 mm，孔径光阑和主镜重合，要求对于轴上物点由次镜引起的中心面积遮拦为 13%。求：

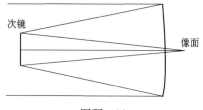

（1）主镜和次镜之间的空气间隔为多少？

（2）整个光学系统的焦距为多少？

图研－36

（3）像面距离主镜的距离为多少？

3. 如图研－37 所示，一个开普勒望远镜的视放大率为 6 倍，孔径光阑与物镜框重合，物镜焦距为 240 mm，物镜的通光口径为 40 mm，系统像方视场角 $2\omega'=50°$，在物镜后方有一五角棱镜（棱镜玻璃的折射率为 1.516 3，棱镜展开长度为 $L=3.414D_1$，D_1 为棱镜入射面的口径）作为倒像系统，棱镜出射面到目镜的距离为 80 mm。求：

（1）棱镜入射面的口径 D_1 为多少？

（2）棱镜出射面的口径 D_2 为多少？

（3）望远镜物镜到棱镜入射面之间的距离为多少？

（4）出瞳距离为多少？（物镜、目镜均按薄透镜计算）

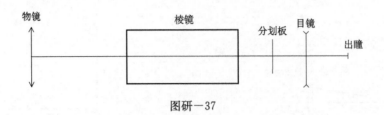

图研-37

4. 如图研-38(a)所示,一个对无限远成像的系统由焦距为 $f'_1 = 245.768$ mm 的第一透镜和焦距为 $f'_4 = 1\,361.876$ mm 的第四透镜两个薄透镜组成,两个透镜之间的距离为 213.036 mm。求:

(1) 系统总的焦距为多少? 像距(第四透镜到像平面的距离)为多少?

(2) 如图研-38(b)所示,现在在两个透镜之间且距离第一透镜为 109.62 mm 处加入焦距为 $f'_2 = -60$ mm 和 $f'_3 = 44.51$ mm 的第二和第三两个薄透镜,保持从第一、第二、第三到第四透镜之间的距离之和仍然为 213.036 mm,实现两挡变焦并保持像面稳定不变(即此时像距和(1)时一样,仍然不变),此时,系统总的焦距为 60 mm。问此时第二透镜和第三透镜之间的间隔为多少? 第三透镜和第四透镜之间的间隔为多少?

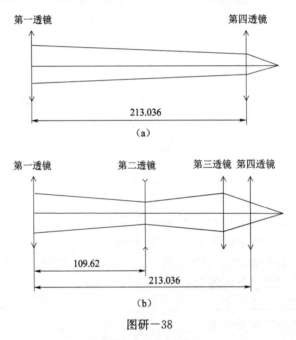

图研-38

5. 如图研-39(a)所示,一个对无限远成像的红外双视场变焦距系统由焦距为 $f'_1 = 245.768$ mm,$f'_2 = -60$ mm,$f'_3 = 44.51$ mm,$f'_4 = 1\,361.876$ mm 的四个薄透镜组成,四个透镜之间的间隔分别为 $d_1 = 109.62$ mm,$d_2 = 77.516$ mm 和 $d_3 = 25.9$ mm。求:

(1) 系统总的焦距为多少?

(2) 如图研-39(b)所示,现在将透镜 2 和透镜 3 同时从光路中移出,透镜 1 和透镜 4 的位置保持不动,即透镜 1 到透镜 4 的距离仍然为原来从第一、第二、第三到第四透镜之间的距离之和,此时系统总的焦距为多少?

（3）像距（像平面距第四透镜的距离）为多少？

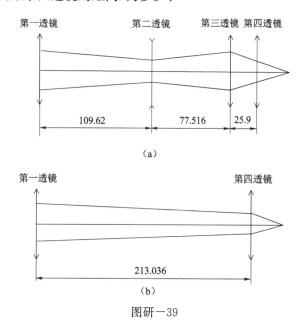

图研—39

试题三十二

一、问答题

1. 欲采用显微镜分辨 0.000 5 mm 的微小物体，采用夹线对准的方式，问显微镜的视放大率最小需为多少？显微镜物镜的数值孔径为多少？

2. 投影系统一般由哪两部分构成？各部分的作用是什么？

3. 什么是主平面？什么是节平面？满足什么条件时主平面与节平面重合？

4. 一个望远镜出瞳直径为 1.5 mm，视放大率为 30×，问它的衍射分辨率和视角分辨率分别为多少？现欲采用这个望远镜去分辨相隔为 0.1 m 的两个物点，问这两个物点到望远镜的距离最大为多少？

5. 显微镜的视场光阑位于哪里？若一个显微镜物镜的垂轴放大率为 100 倍，视场光阑直径为 12.5 mm，则该显微镜的线视场为多少？

6. 什么是波像差？在评价高质量小像差光学系统成像质量时，成像质量优良所对应的波像差评价标准为多少？

7. 有一成像系统，现在像平面前方加入一个展开长度为 50 mm、玻璃折射率为 1.5 的直角棱镜，问棱镜产生的像面位移为多少？

8. 有一个单面发光圆盘（可视为朗伯光源），已知在 30°方向上的发光强度为 0.26 cd，问该圆盘发出的总光通量为多少？

9. 为了计算一个物高为 10 mm 的物体通过光学系统后所成的像高，对由该物平面上轴上点发出的一根光线进行了光路追迹。若该光线的物方孔径角为 1°，对应的出射光线孔径角为 3°，问像高为多少？

10. 什么是照相镜头的光圈数？对于 5.6、8、11 三种不同光圈数，在曝光时间相同的情况下,哪种光圈数对应的曝光量最大?

二、叙述及证明题

1. 叙述平面镜棱镜系统成像方向的判断方法。

2. 在一个开普勒望远镜中,采用两组透镜共同构成倒像系统。设这两个透镜组的焦距分别为 f'_1 和 f'_2,且两透镜组之间为平行光,现在将倒像系统翻转 $180°$,翻转前和翻转后两种情况下倒像系统的物、像面位置不变,满足望远镜的成像原理。证明:这两种情况下对应的望远镜总的视放大率之比为 $\dfrac{f'^2_1}{f'^2_2}$。

3. 一个物体通过一个透镜成像。已知透镜焦距为 f',像距为 l',孔径光阑位于物体和透镜正中间,孔径光阑直径为 D。证明:出瞳直径 $D' = 2D \cdot \dfrac{f'-l'}{2f'-l'}$。

4. 叙述孔径光阑、入瞳和出瞳、入瞳距离和出瞳距离的概念。为什么出瞳及出瞳距离对于望远系统来说非常重要?

三、计算题

1. 如图研-40 所示,有一开普勒望远镜系统,物镜焦距为 240 mm,目镜焦距为 40 mm,孔径光阑与物镜框重合,系统物方视场角 $2\omega = 8°$,出瞳口径为 6 mm,假定无渐晕。求:

(1) 入瞳距离和出瞳距离分别为多少?

(2) 物镜口径和目镜口径分别为多少?

(3) 视场光阑口径为多少?

(4) 由于系统外形的限制,要求目镜口径等于 40 mm,其他条件不变,问边缘视场的线渐晕系数为多少? 在多大视场范围内无渐晕?

(5) 如果要求不能有渐晕,采用加入场镜的方法来满足目镜口径为 40 mm 的要求,问加入场镜的焦距为多少? 此时出瞳距离为多少?(物镜、目镜和场镜均按薄透镜计算)

2. 一个对无限远物体成像的系统由三个薄透镜组成,如图研-41 所示。三个薄透镜的焦距分别为 $f'_1 = 100$ mm,$f'_2 = -40$ mm,$f'_3 = 60$ mm,第一和第二透镜之间的空气间隔 $d_1 = 50$ mm,第二和第三透镜之间的空气间隔 $d_2 = 50$ mm,物方视场角 $2\omega = 10°$。求:

(1) 系统的像距(第三透镜到像面的距离)为多少?

(2) 系统的像高为多少?

(3) 由于加工的误差,三个透镜的实际焦距分别为 $f'_1 = 100.5$ mm,$f'_2 = -40.1$ mm,$f'_3 = 59.8$ mm,现在要求第一透镜到像面的距离与原设计值保持不变,采用移动第二透镜的方法使像仍然成在原来的像面上,问第二透镜向哪个方向移动? 移动距离为多少? 此时新的像高为多少?

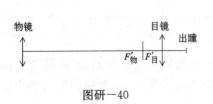

图研-40

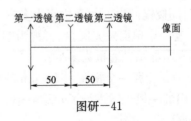

图研-41

3. 如图研—42 所示,一个成像系统由焦距为 $f'_1 = 375$ mm 和焦距为 $f'_2 = -120$ mm 的两个薄透镜组成,对无限远物体成像。要求第一透镜到像面的距离为 500 mm,入瞳直径为 250 mm。求:

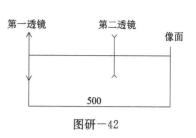

图研—42

(1) 第一和第二透镜之间的距离为多少?

(2) 像距(即第二透镜到像面的距离)为多少?

(3) 假设物面的光亮度为 1 000 cd/m²,整个系统的透过率为 0.9,问系统像面上的光照度为多少?

(4) 现在该系统用来对前方 10 m 远的物体成像,采用移动第二透镜的方法,使系统所成的像还位于原来对无限远成像时的像面位置,问第二透镜向哪个方向移动?移动距离为多少?

4. 如图研—43 所示,一个对无限远物体成像的光学系统由前部和后部两个分系统组成,前部系统由主镜和次镜两个反射镜组成,后部系统为一个中继透镜,孔径光阑和主镜重合,入瞳直径为 200 mm,主镜曲率半径为 −1 000 mm,次镜曲率半径为 −708 mm,要求次镜到前部系统像平面的距离为 370 mm,前部系统像平面到中继透镜的距离为 220 mm,同时要求出瞳位于探测器靶面前面 20 mm 处。求:

(1) 主镜和次镜之间的空气间隔为多少?

(2) 中继透镜的焦距为多少?

(3) 出瞳直径为多少?(中继透镜按薄透镜计算)

5. 如图研—44 所示,一个光学系统对无限远物体成像,由主镜和次镜两个反射镜组成,入瞳直径为 200 mm,主镜曲率半径为 −1 000 mm,孔径光阑和主镜重合,要求对于轴上物点由次镜引起的中心面积遮拦比为 13%,同时要求次镜到像平面的距离为 367.519 mm。求:

(1) 主镜和次镜之间的空气间隔为多少?

(2) 次镜的半径为多少?

(3) 整个光学系统的焦距为多少?

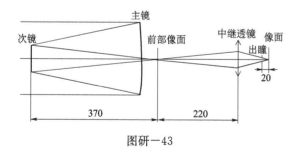

图研—43

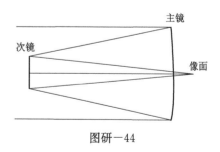

图研—44

试题三十三

一、问答题

1. 一个焦距为 $f' = 100$ mm 的薄透镜将物距为 −150 mm 的物体成像在其像平面上,如果物体向右移动 0.5 mm,问像向哪个方向移动,移动量为多少?

2. 采用一个望远镜观察 1 km 距离上的直径为 20 mm 的物体,问望远镜的视放大率应至少为多少?

3. 为什么柯勒照明方式可以获得比较均匀的照明?

4. 用两个焦距为 30 mm 的正透镜组成一个视放大率为20×的显微镜,问物镜的垂轴放大率是多少? 物距是多少?

5. 已知一个显微镜,物镜和目镜的焦距均为 20 mm,物镜的像方焦点到物镜的像平面的距离 $\Delta=150$ mm,问总的视放大率为多少? 显微镜物镜的数值孔径应为多少?

6. 什么是光照度? 在一个垂轴放大率为 $-5×$ 的成像系统中,若物方最大孔径角为 $u=-5°$,物平面光亮度为 $2×10^5$ cd/m²,系统透过率为 0.8,问像平面上的光照度为多少?

7. 什么是照相物镜的相对孔径? 一个焦距为 100 mm 的照相物镜(看作薄透镜),通光口径为 10 mm,在物镜后方 5 mm 处有一个直径为 9 mm 的光阑,问镜头的 F 数是多少?

8. 什么是出瞳? 在轴外视场都存在渐晕的情况下,如何确定系统的出瞳位置?

9. 某人的近视程度为 500 度,问他的远点距离为多少? 如果他使用一个望远镜观察无限远目标,目镜焦距为 30 mm,则他应该将目镜调节移动多少? 往哪个方向移动?

10. 什么是显微镜物镜的衍射分辨率? 若一架显微镜视放大率为50×,出瞳直径要求不小于 2 mm,则物平面上能分辨的两物点最小间隔是多少?(照明波长为 550 nm)

二、叙述及证明题

1. 叙述物方远心光路和像方远心光路的原理和特点。

2. 图研－45 所示为一个两反射式系统,对无限远物体成像,主镜和次镜之间的间隔为 d,主镜曲率半径为 r_1,且 $r_1=3d$,通过主镜和次镜后像面位于主镜后距离为 s 处,且 $s=-d$。证明:次镜的轴向放大率为 -16。

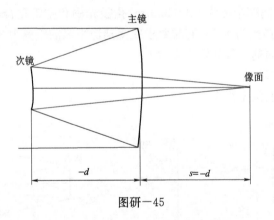

图研－45

3. 证明单个折射球面的像方节点和物方节点均位于球心处。

三、计算题

1. 图研－46 所示为一个视放大率为 10 倍的开普勒望远镜,已知物方视场角为 $2\omega=8°$,目镜焦距为 30 mm,孔径光阑位于物镜前方 50 mm 处,出瞳直径为 6 mm。求:

(1) 物镜和目镜的直径分别为多少?

(2) 出瞳距离为多少?

(3) 假设采用加入场镜的方法,使出瞳距离变为 28 mm,问加入场镜的焦距为多少?(物镜、目镜以及场镜都看作薄透镜)。

图研—46

2. 一个测量系统由两个薄透镜组成,如图研—47 所示。两个薄透镜的焦距分别为 $f_1'=90$ mm, $f_2'=60$ mm,两透镜之间的空气间隔为 $d=160$ mm,像距(第二透镜到像平面的距离)为 55.5 mm,像平面上像的直径为 30 mm。求:

(1) 所要测量的物体的大小以及物距(物体距第一透镜的距离)分别为多少?

(2) 系统要求为像方远心光路,问孔径光阑应该位于什么地方(即孔径光阑与第一透镜之间的距离为多少)?

(3) 孔径光阑的安装位置总会有误差,假设从第二透镜出射的轴外最大视场主光线与光轴夹角的允许误差为 $\pm 0.5°$,问孔径光阑沿光轴方向的位置误差允许为多少?

3. 如图研—48 所示,一个对无限远目标成像的光学系统为一个 R—C 两镜反射系统。主镜曲率半径为 726.09 mm,次镜曲率半径为 432.44 mm,主镜和次镜之间的空气间隔为 229.979 mm。求:

(1) 系统的焦距为多少?

(2) 系统的像距(次镜到像平面的距离)为多少?

(3) 现在保持主镜和次镜之间的空气间隔以及像平面位置不变,采用只改变主镜和次镜的曲率半径来改变焦距,使焦距改变为 1 250.907 mm,同时使像仍然成在原来的像平面上,问此时主镜曲率半径为多少? 次镜曲率半径为多少?

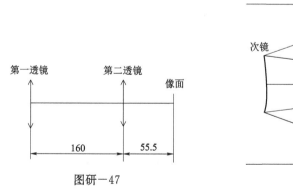

图研—47

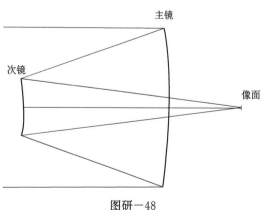

图研—48

4. 一个对无限远物体成像的系统由四个薄透镜组成,如图研—49 所示。四个薄透镜的焦距分别为 $f_1'=100$ mm, $f_2'=-40$ mm, $f_3'=100$ mm, $f_4'=100$ mm,四个薄透镜之间的空气间隔分别为 $d_1=50$ mm, $d_2=50$ mm, $d_3=50$ mm,物方视场角 $2\omega=10°$。求:

(1) 系统的焦距和像距(第四薄透镜到像面的距离)分别为多少?

（2）系统的像高为多少？

（3）现在假设所要成像的物体位于系统前方 10 m 处,此时通过系统后所成的像将不在原来的像平面上,为此保持第一、第三和第四透镜不动,只移动第二透镜来进行调焦,使所成的像还位于原来的像平面上,问此时相应的空气间隔 d_1 和 d_2 分别为多少？

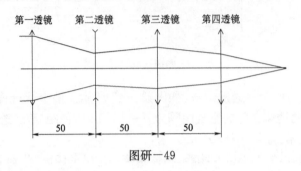

图研－49

5. 如图研－50 所示,有一开普勒望远系统,物镜焦距为 240 mm,通光口径为 40 mm,目镜焦距为 40 mm,孔径光阑与物镜框重合,系统像方视场角 $2\omega = 50°$,在物镜后方有一五角棱镜（玻璃折射率为 1.516 3）,棱镜展开长度为 $L = 3.414D_1$,D_1 为棱镜入射面的口径）作为倒像系统,棱镜出射面到目镜的距离为 50 mm。求：

（1）棱镜入射面的口径 D_1 为多少？

（2）棱镜出射面的口径 D_2 为多少？

（3）望远镜物镜到棱镜入射面之间的距离为多少？

（4）出瞳距离为多少？（物镜、目镜均按薄透镜计算）

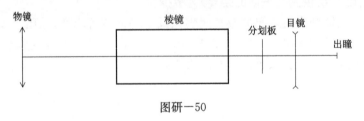

图研－50

试题三十四

一、问答题

1. 两个对望远镜张角为 $10''$ 的物点,问望远镜视放大率为多少时恰好能被人眼分辨？将此望远镜反转 $180°$ 使用,问此时是否仍能够分辨？为什么？

2. 什么是渐晕？为什么实际光学系统中通常允许存在一定渐晕？

3. 一个各向均匀发光的灯泡通过一个光学系统进行聚光。已知灯泡发出的总光通量为 2 000 lm,物方半孔径角为 $u = -30°$,像方半孔径角为 $u' = -5°$。若忽略光学系统的光能损失,问像空间的平均发光强度为多少？

4. 什么是节平面？一个像方焦距为 $f' = 30$ mm 的光学系统,若物空间介质折射率 $n = 1$,像空间介质折射率 $n' = 1.5$,问像方焦点到像方节点的距离为多少？

5. 显微镜中成像范围用什么表示？若一个位于空气中的显微镜系统,像方出瞳直径为

10 mm,显微镜目镜焦距 $f'_目$＝40 mm,显微镜物镜垂轴放大率 β＝$-4^\times$,问显微镜物镜的数值孔径为多少?

6. 什么是理想光学系统的衍射分辨率?望远镜、照相物镜的衍射分辨率分别用什么表示?

7. 垂轴色差是怎样形成的?采用什么方法可以消除色差?

8. 什么是入瞳?有一个物镜焦距 $f'_物$＝150 mm,视放大率为 Γ＝$-4.5^\times$ 的望远镜系统,出瞳位于目镜后方 40 mm 处,问入瞳离开物镜的距离是多少?

9. 利用二次成像法测量一个正薄透镜的焦距,已知第一次成像时物像之间的距离为 200 mm,将透镜向右移动 20 mm 后,在原像平面上又第二次获得一个清晰的像。问该正透镜的焦距为多少?

10. 有一个视放大率为 Γ＝$-4^\times$ 的开普勒望远镜,如果在物镜和目镜之间加入焦距为 f'_1＝50 mm 的转像透镜 1 和焦距为 f'_2＝150 mm 的转像透镜 2,两转像透镜之间为平行光,问此时望远镜的视放大率为多少?若该望远镜前方垂直于光轴放置一个高度为 60 mm 的物体,对应的像高为多少?

二、叙述及证明题

1. 什么是相当空气层厚度?请简述用相当空气层代替平行玻璃板进行分析时,主要有哪些方面相当?哪些方面不相当?

2. 请写出理想光学系统的光路计算公式,并叙述利用该公式计算和确定由 k 个($k \geqslant 2$)理想光学系统组合而成的总系统像方焦点和像方主平面的方法。

3. 如图研－51 所示,一个对无限远物体成像的反摄远型物镜由一个负透镜和一个正透镜组成,两个透镜均为薄透镜,负透镜的焦距为 f'_1,两透镜之间的空气间隔为 d＝$-f'_1$。证明:整个系统的像距为整个系统焦距的两倍,即 $l'=2f'$。

三、计算题

1. 如图研－52(a)所示,假设一个液晶多媒体投影仪的投影物镜将液晶发光面(物面)以平行光投射出去,液晶发光面的直径为 32 mm,其出射视场角为 $2\omega'=35.4893°$,孔径光阑和投影物镜的距离为 10 mm,孔径光阑直径为 15 mm。如图研

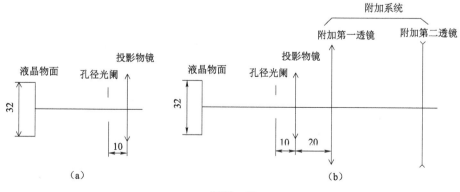

图研－52

—52(b)所示,现在在液晶投影仪镜头后面增加一个附加倒置伽利略望远系统,使其仍然出射平行光,且要求其出射视场角增大为 $2\omega'=51.282°$,附加系统的第一透镜焦距为 150 mm,投影物镜和附加系统第一透镜之间的距离为 20 mm。求:

(1) 附加系统第二透镜焦距为多少?

(2) 附加系统第一透镜和第二透镜的通光直径分别为多少?

(3) 投影物镜和附加系统组成新系统以后,组合系统的焦距为多少?（所有透镜均视为薄透镜）

2. 如图研—53 所示,有一个对无限远物体成像的天文望远镜由一个反射主镜和一个反射次镜组成物镜,再接上目镜组成一个目视望远镜系统。孔径光阑与主镜重合,主镜口径为 850 mm,主镜的曲率半径为 $-5\,100$ mm,次镜的曲率半径为 $-2\,499$ mm,主镜和次镜之间的空气间隔为 $1\,714$ mm,物方视场角为 $2\omega=0.75°$。现在为便于观察和数据存储,将目镜去除,而在主镜和次镜后面增加一个改正镜（改正镜视为薄透镜）,将无限远物体成像在一个光电接收器件 CCD 靶面上,CCD 靶面的成像直径要求为 39.258 mm,要求主镜到 CCD 靶面的距离为 536 mm。求:

(1) 改正镜的焦距为多少?

(2) 主镜、次镜以及改正镜组成的组合系统的焦距为多少?

(3) 次镜引起的中心面遮拦（次镜最大通光面积和主镜最大通光面积之比）为多少?

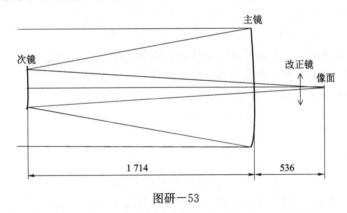

图研—53

3. 有一个视放大率为 10 倍的开普勒望远镜,如图研—54 所示,孔径光阑位于物镜前方 100 mm 处,孔径光阑直径为 60 mm,物镜焦距为 300 mm,物方视场角为 $2\omega=8°$。求:

(1) 目镜的通光直径为多少?

(2) 根据总体要求,现在目镜通光直径只能限定为 45 mm,问此时全视场所对应的线渐晕系数为多少?

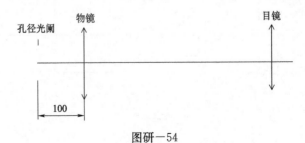

图研—54

（3）为避免渐晕，采用加场镜的方法使在目镜上光束的最大通光直径正好为 45 mm，问所加场镜的焦距为多少？（物镜、目镜和场镜均视为薄透镜）

4. 如图研－55 所示，一个对无限远物体成像的红外光学系统由两个薄透镜组成，物方视场角为 $2\omega=4°$，第二透镜的焦距为 79.479 mm，孔径光阑和第一个透镜重合，采用制冷型红外探测器，冷窗口直径为 20 mm，为满足冷光阑效率，要求系统出瞳和红外探测器的冷窗口重合，同时要求出瞳直径与冷窗口直径相等，冷窗口到第二透镜的距离为 85.837 mm，第一透镜到探测器靶面的距离为 1 178.8 mm。求：

（1）第一透镜的焦距为多少？

（2）第一透镜和第二透镜之间的距离为多少？

（3）第一和第二两个透镜的通光直径分别为多少？

（4）整个系统的 F 数为多少？

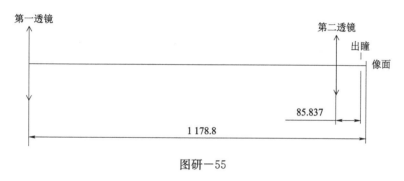

图研－55

试题三十五

一、问答题

1. 有一个视放大率为 200 倍的显微镜，已知目镜焦距为 20 mm，采用夹线对准的方式进行观察，问显微镜物镜的倍率是多少？此显微镜能够分辨的最小距离为多少？

2. 望远镜系统的成像范围用什么表示？一个视放大率为 6 倍的开普勒望远镜，物镜焦距 $f'=150$ mm，像方视场角 $\omega'=20°$，问该望远镜系统分划板直径为多少？

3. 一个放大倍率为 -6 的倒像系统由两个正透镜组构成，已知物体位于第一个透镜组的物方焦平面上，第一透镜组的像方焦距 $f'_1=50$ mm，问第二透镜组的像方焦距为多少？

4. 一架显微镜物镜焦距 $f'_物=30$ mm ，被观察物体成像在物镜像方焦点后方 120 mm 处。若该显微镜视放大率为 24 倍，问显微镜目镜的焦距为多少？

5. 什么是渐晕？在设计光学系统时允许存在一定的渐晕的原因是什么？

6. 一个由两个正光焦度薄透镜构成的光学系统位于空气中。若两透镜的像方焦点重合，第一个透镜的焦距为 f'_1，第二个透镜的焦距为 f'_2，已知 $f'_1>f'_2$，问该光学系统的像方焦点距离第二个透镜像方焦点多远？

7. 一个周视瞄准镜由开普勒望远镜系统和棱镜系统共同构成，其中用到了道威棱镜。问道威棱镜应该放在望远镜物镜前方还是后方？为什么？

8. 节点具有什么性质？一个光学系统物方焦距和像方焦距分别为 $f=-30$ mm，$f'=46$ mm，它的物方节平面和像方节平面分别位于哪儿？

9. 什么是彗差? 彗差为零时轴外光线对的交点在什么位置?

10. 一个投影物镜的垂轴放大率为 $\beta=-25$,已知物镜的相对孔径为 1∶5;若改用一个 $\beta=-50$ 的物镜,要保持像面光照度和使用原来物镜时不变,则此物镜的相对孔径为多少?

二、证明题

1. 一个视放大率为 10 倍的开普勒望远镜采用加场镜的方法,使出瞳位于目镜后面二分之一焦距处:$l'_z=\dfrac{1}{2}f'_目$。证明:所加入场镜的焦距为 $f'_场=\dfrac{5}{3}f'_目$。

2. 如图研—56 所示,一个口径为 150 mm、焦距为 150 mm 的聚光镜将前方 129.9 mm 处均匀发光的点光源发出的光均匀投射在 15 m 远处直径为 2.5 m 的圆上。证明:聚光镜将物空间光源的发光强度在聚光镜后面像空间里提高了 43.33 倍。

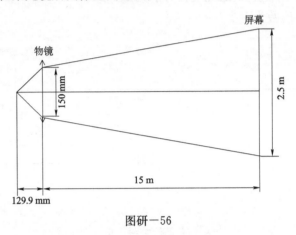

图研—56

3. 一个焦距为 f' 的正透镜将物点 A 成像在像点 A' 处,物点 A 和像点 A' 之间的距离为 L 且对应物像共轭面的垂轴放大率为 β。证明下列关系式成立:

$$f'=\frac{-\beta}{(1-\beta)^2}L$$

三、计算题

1. 一个对前方 100 mm 处物体成像的摄影镜头由焦距为 $f'_1=50$ mm, $f'_2=-51.3$ mm, $f'_3=77.7$ mm 和 $f'_4=50$ mm 的四个薄透镜组成,四个透镜之间的间隔分别为 $d_1=3$ mm, $d_2=15.8$ mm, $d_3=3$ mm。求:

(1) 系统的像距为多少? 垂轴放大率为多少?

(2) 如果第二透镜向右移动 5 mm,为保持像面不动,第三透镜应该向哪个方向移动? 移动量为多少? 此时系统的垂轴放大率为多少?

2. 一个对无限远物体成像的光学系统由焦距为 $f'_1=70$ mm, $f'_2=-60$ mm 和 $f'_3=70$ mm 的三个薄透镜组成,三个透镜之间的间隔分别为 $d_1=30$ mm, $d_2=30$ mm,系统像面直径为 32.4 mm,物方视场角 $2\omega=20°$。求:

(1) 系统总的焦距为多少?

(2) 系统的像距(第三透镜到系统像面的距离)为多少?

(3) 如果该系统用来对前方 5 m 处的物体成像,问新的像平面和原来的像平面沿光轴方向平移量为多少? 如果采用只移动第二透镜的方法,使像平面还位于原来的像平面处,问第二透镜向哪个方向移动？移动量为多少？

3. 一个投影仪采用一个焦距为 50 mm 的物镜（视为薄透镜）作为投影物镜,物镜的垂轴放大率为－20,像面上的光照度要求为 200 lx,照明灯泡功率为 6 V 30 W,灯丝为直径为 3 mm 的球形灯丝,灯泡的光视效能为 15 lm/W,灯泡在整个空间均匀发光,整个投影仪的透过率为 0.6。求:

（1）灯泡的光通量为多少？

（2）灯泡的发光强度为多少？

（3）灯泡的光亮度为多少？

（4）投影物镜的相对孔径为多少？

试题三十六

一、问答题

1. F 数为 2 和 8 的两个照相物镜,哪个衍射分辨率高? 是多少?

2. 由两个分系统构成的组合系统,若组合系统 MTF 为 0.35,第一个分系统的 MTF 为 0.5,那么第二个分系统的 MTF 为多少?

3. 什么是宽光束轴外子午场曲?

4. 光线与波面有什么关系?

5. 某人远点距离在眼睛前方 0.5 m 处,若他眼睛的最大调节范围为－10 视度,问他的近点距离为多少?

6. 用望远镜进行观察时,人眼应该位于什么位置?

7. 什么叫渐晕? 线渐晕系数是怎么定义的?

8. 在近轴光学基本公式中,对于 l 和 l' 的符号规则是如何规定的?

9. 物方远心光路的孔径光阑位于哪里? 像方远心光路的孔径光阑位于哪里?

10. 追迹一条跟光轴平行,高度为 10 mm 的近轴光线,通过系统后与光轴的夹角 $u'=0.1$,问此系统的像方焦距为多少?

11. 一球形灯泡直径为 10 cm,各向均匀发光,若发光强度为 157 cd,问灯泡的平均光亮度为多少?

12. 一块展开长度 $L=50$ mm,折射率 $n=1.5$ 的棱镜紧放在望远镜物镜后方,问此棱镜产生的像面位移为多少?

二、证明题

1. 证明照相物镜像平面轴上点光照度与相对孔径的平方成正比。

2. 试证明相对折射率 $n_{1,2}$ 与绝对折射率 n_1、n_2 之间存在关系:$n_{1,2}=\dfrac{n_2}{n_1}$。

3. 已知一个伽利略望远镜视放大率为 Γ_0,现在在其望远镜物镜前加一个焦距为 f'_0 的正透镜,构成一个组合放大镜。请证明:该组合放大镜的视放大率为 $\Gamma=\dfrac{250}{f'_0}\cdot\Gamma_0$。

三、计算题

1. 有一个焦距为 30.939 mm 的液晶投影仪,其发光物面总长度为 25 mm,假设其出射光束直径为 8 mm,且成像在无限远处,求出射光束的视场角为多少度? 现在根据需要,要求在投影仪镜头出射处增加一个系统,使投射出来的光束仍然为平行光,且要求出射光束的全视场角 $2\omega'=80°$,问:增加的系统是什么系统? 其视放大率为多少? 其出射光束直径为多少?

2. 一个红外激光照明系统由焦距为 $-38.4\,\text{mm}$ 的负薄透镜和焦距为 $67\,\text{mm}$ 的正薄透镜组成,物点为点光源,其物方孔径角为 $u=-12.5°$,且位于距离负透镜物方 $7\,\text{mm}$ 处,负透镜和正透镜之间的间隔为 $58.8\,\text{mm}$。求:负透镜和正透镜的通光口径分别为多少? 从正透镜出射后光束的发散角(像方孔径角)为多少? 现在改变两透镜之间的间隔,使出射后光束的发散角为 $2u'=24°$,问间隔应该改为多少?

3. 一个视放大率为 30 倍的开普勒望远镜,其物方视场角为 $2\omega=2°$,孔径光阑与物镜重合,物镜口径为 $90\,\text{mm}$,物镜焦距为 $750\,\text{mm}$。现在为增加用途,需要在距目镜后 $20\,\text{mm}$ 处增加一个附加镜头,使其成像在对角线为 $1/2\,\text{in}$ 的 CCD 上($1\,\text{in}=25.4\,\text{mm}$),物体所成像在探测器靶面上为外接圆,即最大像高为 CCD 对角线尺寸。求:附加镜头的焦距为多少? 附加镜头的相对孔径 $\dfrac{D}{f'}$ 为多少? 从物镜到 CCD 像面的总长度为多少?(所有透镜均视为薄透镜)

4. 一个空间成像光学系统由一个凹的主反射镜和一个凸的次反射镜组成,假设对无限远轴上物点成像,孔径光阑与主镜重合,光线首先在主镜上反射,然后在次镜上反射,从主镜的中心通孔中出射。入射通光口径 $100\,\text{mm}$,主镜半径为 $r_1=-500\,\text{mm}$,次镜的半径为 $r_2=-400\,\text{mm}$,两镜之间的间隔为 $150\,\text{mm}$。求:通过系统后像点距次镜的距离为多少? 像点距主镜的距离为多少? 系统的遮光比(次镜的通光口径和主镜的通光口径之比)为多少? 如果希望遮光比改变为 0.35,并且需要保证系统的像点的位置不变,即像点距主镜的距离不变,采用调整次镜与主镜之间的间隔和次镜的半径的方法,问次镜与主镜之间的间隔变为多少? 次镜的半径变为多少?

试题三十七

一、问答题

1. 显微镜物镜的垂轴放大率大于还是小于 0? 其绝对值大于还是小于 1? 所要观察的物体位于哪个区域?

2. 一个近视度为 200 度的人,其眼睛的最大调节范围为 -5 视度,他的远点距离和近点距离分别为多少?

3. 什么是出瞳距离? 什么是眼点距离?

4. 测量用显微镜的孔径光阑位于什么地方? 为什么?

5. 光学系统只存在畸变时成像具有什么特点?

6. 在照相机、开普勒望远镜和普通显微镜三种光学系统中,视场光阑分别位于何处?

7. 一点光源的发光强度为 $100\,\text{cd}$,照明 $1\,\text{m}$ 远处的平面,该平面与照明方向相垂直,问在该平面上的光照度为多少?

8. 发生全反射需要满足的条件是什么? 写出全反射角的公式。

9. 人眼的视度调节和瞳孔调节是什么含义?

10. 柯勒照明和临界照明有什么区别?

二、证明题

1. 位于空气中的一个薄透镜对某一物平面成像,若已知物像间的垂轴放大率为 β,透镜焦

距为 f'，物与像之间的共轭距离为 L，证明：$L=2f'-f'\beta-f'/\beta$。

2. 设一照相物镜由 n 个透镜组组合而成，已知第一个透镜组的像方焦距为 f'_1，后面各透镜组的垂轴放大率分别为 $\beta_2,\beta_3,\cdots,\beta_n$，证明该照相物镜总的像方焦距 f' 为：$f'=f'_1\cdot\beta_2\cdot\beta_3\cdots\cdots\beta_n$。

3. 证明光学系统的垂轴放大率 β 与角放大率 γ 之间存在 $\beta\cdot\gamma=\dfrac{n}{n'}$ 的关系。

三、计算题

1. 一个变焦距 CCD 摄像机的物方全视场角为 2°～20°，在 2°和 20°时对应的入射光束口径分别为 50 mm 和 10 mm，采用对角线为 1/2 in CCD(1 in＝25.4 mm，CCD 探测器靶面长与宽之比为 4：3)作为探测器，物体所成像在探测器靶面上为内接圆。假设所拍摄的物体的光亮度为 200 cd/m²，光学系统的透过率为 0.7，求在最短焦距和最长焦距时 CCD 靶面上所接收的光照度分别为多少？

2. 一个视放大率为 10 倍的开普勒望远系统，目镜的焦距为 25 mm，出瞳直径为 4 mm，像方视场角为 $2\omega'=70°$，物镜后面有一棱镜(棱镜玻璃的折射率为 1.5，棱镜展开长度为 $L=3.414D$，D 为棱镜第一面上的通光口径)，棱镜出射面到目镜的距离为 45 mm，求棱镜的入射面和出射面的口径分别为多少？物镜到棱镜入射面的距离为多少？(物镜和目镜均按薄透镜计算)

3. 一个对无限远成像的红外系统由一个物镜和一个中继透镜组成，系统的物方全视场角为 5°，物镜的焦距为 500 mm，物镜首先成一个中间像，然后由中继透镜成像在红外探测器上。系统的孔径光阑与物镜重合，红外探测器(即像平面)直径为 12 mm，要求系统的出瞳位于探测器前面 20 mm 处。求中继透镜的焦距为多少？中继透镜到探测器像面的距离(即像距)为多少？(物镜和中继透镜均视为薄透镜)

4. 一个对前方 100 mm 处物体成像的摄影镜头由焦距为 $f'_1=50$ mm，$f'_2=-51.3$ mm，$f'_3=77.7$ mm，$f'_4=50$ mm 的四个薄透镜组成，四个透镜之间的间隔分别为 $d_1=3$ mm，$d_2=15.8$ mm，$d_3=3$ mm。

（1）求系统的像距为多少？垂轴放大率为多少？

（2）如果第二透镜向右移动 5 mm，为保持像面不动，第三透镜应该向哪个方向移动？移动量为多少？此时系统的垂轴放大率为多少？

试题三十八

一、问答题

1. 望远镜的角放大率、视放大率以及垂轴放大率三者之间有什么关系？

2. 出瞳直径为 5 mm 的望远镜，从衍射分辨率考虑，若要求其角分辨率为 2″，视放大率至少应该多大？

3. 若有一薄透镜位于空气中，垂轴放大率为 $\beta=-2$，现将透镜沿光轴向右移动 0.2 mm，像将向哪个方向移动？移动量为多少？

4. 什么是显微镜的线视场？

5. 某人近视程度为 200 度，若戴上 100 度的近视眼镜，他能看清的远点距离为多少？

6. 共轴球面系统中加入展开长度为 L，介质折射率为 n 的棱镜后像面位移为多少？

7. 场镜在光学系统中起什么作用? 若系统中加入一个负场镜,出瞳有何改变?

8. 某显微镜的视放大率为 70 倍,其对准精度为多少?

9. 什么是立体角? 若在半径为 r 的球面上截出的表面积为 S,则此表面包含的立体角为多少?

10. 折射定律的基本内容是什么?

二、叙述及证明题

1. 请叙述确定孔径光阑的一般原则。

2. 投影系统主要由哪几部分构成? 对它们分别有什么要求? 柯勒照明有何特点?

3. 位于空气中的一个平凸透镜对某一物平面成像,已知透镜前表面半径 $r_1>0$,后表面半径 $r_2=\infty$,透镜介质折射率为 n,若物体恰好成像在透镜的后表面上,垂轴放大率为 β。证明:此透镜的中心厚度 d 与垂轴放大率 β 之间存在关系 $d=\dfrac{n}{n-1}(1-\beta)r_1$。

三、计算题

1. 一个对无限远成像的红外双视场变焦距系统由 $f_1'=250$ mm, $f_2'=-47$ mm, $f_3'=40$ mm, $f_4'=600$ mm 四个薄透镜组成,四个透镜之间的间隔分别为 $d_1=129.28$ mm, $d_2=65.04$ mm, $d_3=30.69$ mm。求:

(1) 系统总的焦距为多少?

(2) 现在将透镜 2 和透镜 3 同时从光路中移出,透镜 1 和透镜 2 的位置保持不动,此时系统总的焦距为多少?

2. 有一开普勒型周视瞄准望远镜,孔径光阑在物镜前 40 mm,即光线先经过孔径光阑,然后经过物镜和目镜,物镜和目镜的焦距分别为 $f_{物}'=85$ mm, $f_{目}'=23$ mm,物方全视场角为 8°,出瞳直径为 4 mm。求:

(1) 出瞳距离为多少?

(2) 物镜直径为多少? 分划板直径为多少?

(3) 现在假设需要将出瞳距离增加到 28 mm,采用在物镜像方焦平面加场镜的方法,问场镜焦距为多少? (所有透镜均视为薄透镜)

3. 一个对无限远成像的摄远型照相物镜由一个焦距为 $f_1'=180$ mm 的正透镜和焦距为 $f_2'=-75$ mm 的负透镜组成,孔径光阑与正透镜重合,正透镜口径为 100 mm,系统的透过率为 0.8,要求组合系统总的焦距为 300 mm。求:

(1) 第一和第二透镜之间的距离为多少?

(2) 从第二透镜到像平面的距离(即像距)为多少?

(3) 假设所拍摄的物体的光亮度为 1.5×10^3 cd/m²,求像平面上的光照度为多少? (所有透镜均视为薄透镜)

4. 一个对无限远成像的红外系统由 $f_1'=100$ mm, $f_2'=-50$ mm, $f_3'=50$ mm 三个薄透镜组成,三个透镜之间的间隔分别为 $d_1=40$ mm, $d_2=40$ mm。求:

(1) 系统的像距为多少?

(2) 现在由于温度变化的影响,系统机械镜筒使探测器像面向远离镜头的方向产生了 0.2 mm 的像移,为保证成像质量,经研究采用第 2 片透镜移动的方法来补偿温度影响的像移,问:第 2 片透镜应向哪个方向移动? 移动量为多少?

试题三十九

一、问答题

1. 共轴理想光学系统的基面有哪些? 请举出两对常用的共轭面并给出这些基面的定义。

2. 若要求经纬仪望远镜的瞄准角误差为 $0.5''$,采用夹线瞄准,则它的视放大率应该为多少?

3. 位于空气中的直角棱镜,折射率为 1.52,若要在其斜面上产生全反射,全反射角为多少?

二、叙述及证明题

1. 请说明物方远心光路的作用,并画出物方远心光路示意图。

2. 证明:投影物镜像平面轴上点的光照度公式为 $E'_0 = \frac{1}{4}\tau\pi L \left(\frac{D}{f'}\right)^2 \cdot \frac{1}{\beta}$。式中,$\tau$ 为投影物镜透过率,L 为投影物平面光亮度,$\frac{D}{f}$ 为投影物镜的相对孔径,β 为投影物镜的垂轴放大率。

三、计算题

1. 一个对无限远成像的红外双视场变焦距系统由 $f'_1 = 305\text{ mm}$,$f'_2 = -30\text{ mm}$,$f'_3 = 60\text{ mm}$,$f'_4 = 310\text{ mm}$ 四个薄透镜组成,四个透镜之间的间隔分别为 $d_1 = 64.44\text{ mm}$,$d_2 = 54.22\text{ mm}$,$d_3 = 23.59\text{ mm}$,探测器像的直径为 10 mm。求:

(1) 物方的视场角为多少?

(2) 现在将透镜 2 和透镜 3 同时从光路中移出,透镜 1 和透镜 2 的位置保持不动,此时物方的视场角为多少?

2. 有一个视放大率为 4 倍的开普勒型望远镜,孔径光阑在物镜前 40 mm,即光线先经过孔径光阑,然后经过物镜和目镜,目镜的焦距为 $f'_目 = 23\text{ mm}$,物方全视场角为 $8°$,出瞳直径为 4 mm。求:

(1) 出瞳距离为多少?

(2) 物镜直径为多少? 分划板直径为多少?

(3) 现在假设需要将出瞳距离增加到 30 mm,采用在物镜像方焦平面加场镜的方法,问场镜焦距为多少?(所有透镜均视为薄透镜)

3. 一个照相物镜对无限远物体成像,此照相物镜由两个薄透镜组成,第一透镜的焦距为 $f'_1 = 180\text{ mm}$,两个透镜之间的距离为 150 mm,孔径光阑与第一透镜重合,第一透镜口径为 100 mm,系统的透过率为 0.8,要求组合系统总的焦距为 300 mm。求:

(1) 第二透镜的焦距为多少?

(2) 从第二透镜到像平面的距离(即像距)为多少?

(3) 假设所拍摄的物体的光亮度为 $1.5 \times 10^3\text{ cd/m}^2$,求像平面上的光照度为多少?

4. 一个对无限远成像的红外系统由 $f'_1 = 110\text{ mm}$,$f'_2 = -60\text{ mm}$,$f'_3 = 60\text{ mm}$ 三个薄透镜组成,三个透镜之间的间隔分别为 $d_1 = 40\text{ mm}$,$d_2 = 40\text{ mm}$。求:

(1) 系统的像距为多少?

(2) 现在由于温度变化的影响,系统机械镜筒使探测器像面向远离镜头的方向产生了

0.2 mm 的像移,为保证成像质量,经研究采用第3片透镜移动的方法来补偿温度影响的像移,问:第3片透镜应向哪个方向移动? 移动量为多少?

试题四十

一、问答题

1. 有一个位于空气中的直角棱镜,折射率为1.52,若要在其斜面上产生全反射,全反射角为多少?

2. 什么是视角分辨率? 若要求经纬仪望远镜的瞄准角误差为 0.5″,采用夹线瞄准,则它的视放大率应该为多少?

3. 某一光学系统使位于其前方 60 mm 处的物体成放大 2 倍的实像,现保持物体位置不变,移动光学系统,在原有像面处又重新获得清晰像,问此时的垂轴放大率为多少?

4. 为什么目视光学系统一般需要具有视度调节功能? 若某一近视 500 度的观察者通过一个望远镜进行观察,已知望远镜目镜焦距 $f'=20$ mm,采用移动目镜的方式进行视度调节,问目镜的移动量是多少? 向哪个方向移动?

5. 什么是显微镜物镜的数值孔径? 一个显微镜系统由一个垂轴放大率为 $5^\times$ 的物镜和一个视放大率为 $10^\times$ 的目镜构成,问显微镜物镜的数值孔径应满足什么要求?

6. 什么是 F 制光圈? 什么是 T 制光圈? 若已知一照相物镜透过率为 0.64,相对孔径为 1∶2.8,那么其对应的 T 制光圈为多少?

7. 什么是屋脊面? 用屋脊面代替一个反射面,像空间坐标有什么变化?

8. 什么是轴外宽光束子午场曲? 若系统其他像差都为零,只存在场曲时,光束及像面具有什么特点?

9. 用一个灯泡照明 1 m 远处的平面,被照平面法线与照明方向成 45°夹角,若要求被照平面光照度为 34.1 lx,那么该灯泡在此方向上的发光强度为多少?

二、叙述及证明题

1. 叙述在具有单一主截面系统的平面镜棱镜系统中确定成像方向的一般方法。

2. 请说明物方远心光路的作用和原理,并画出物方远心光路示意图。

3. 有一个开普勒望远镜,已知其视放大率为 Γ,望远镜物镜焦距为 $f'_\text{物}$。假定该望远镜的物镜和目镜之间有足够的调焦可能,现用它观察前方有限距离 L 处的目标,证明:此时光学系统的实际放大率为 $\Gamma_\text{实际}=\dfrac{L}{L+f'_\text{物}} \cdot \Gamma$。

三、计算题

1. 一个由 $f'_1=-15$ mm, $f'_2=20$ mm 两个薄透镜组成的反摄远型监控物镜,将无穷远物体成像在 1/2 in 的 CCD 靶面上(1 in=25.4 mm,CCD 探测器靶面长与宽之比为 4∶3),成像充满 CCD 靶面,即所成像直径为靶面对角线长,如果要求所监控的全视场角达到 60°,问:

(1) 此时系统的焦距为多少?

(2) 两透镜之间的间隔应该为多少?

(3) CCD 靶面到第二透镜的距离(即像距)为多少?

2. 一个红外光学系统为了满足 100%冷光阑效率,由一个物镜和一个中继透镜组成,对无限远物体成像,系统的孔径光阑与物镜重合,红外探测器(即像平面)位于中继透镜后面

200 mm 处,中继透镜的焦距为 155 mm,系统出瞳直径为 16 mm,要求系统的出瞳位于像平面前面 22 mm 处。求:

(1) 物镜与中继透镜之间的距离为多少?

(2) 物镜的焦距为多少?

(3) 物镜的直径为多少?(物镜和中继透镜均视为薄透镜)。

3. 一个空间成像系统由一个视放大率为 10 倍的望远系统和一个后续的成像透镜组成,物方总视场角为 2°,入瞳直径为 1 000 mm,探测器(即像平面)直径为 100 mm。求:

(1) 成像透镜的焦距为多少?

(2) 成像透镜的相对孔径 $\dfrac{D}{f'}$ 为多少?

(3) 系统总的焦距为多少?

(4) 假设物面上的光亮度为 1.5×10^3 cd/m²,整个系统的透过率为 0.8,求像平面上的光照度为多少?(所有透镜都视为薄透镜)

4. 一个多普勒动态检测系统由焦距为 $f_1' = 50$ mm 和焦距为 $f_2' = 100$ mm 的两个薄透镜组成,直径为 0.4 mm 的光纤端面为物平面,位于第一透镜的前面 60 mm 处,要求像平面成在第二透镜的后面 50 mm 处。求:

(1) 两透镜之间的距离为多少?

(2) 像面直径为多少?

(3) 现在需要将像面直径增大到 1.2 mm,保持第二透镜和像面位置不变,只是移动光纤端面和第一个透镜,问新的物距为多少?两透镜之间的距离为多少?

试题四十一

一、问答题

1. 光学系统中入瞳、出瞳和孔径光阑之间具有什么关系?在整个轴外视场都存在渐晕的光学系统中,如何确定入瞳、出瞳和孔径光阑的位置?

2. 什么是视角分辨率?什么是理想光学系统的衍射分辨率?

3. 一个显微镜的视放大率为 50×,若它采用一垂轴放大率为 5× 的物镜,则其目镜的焦距为多少?

4. 什么是 F 制光圈?什么是 T 制光圈?若已知一照相物镜透过率为 0.84,相对孔径为 1∶2.8,那么其对应的 T 制光圈为多少?

5. 用一个灯泡照明 1 m 远处的平面,被照平面法线与照明方向成 50°夹角,若要求被照平面光照度为 44.1 lx,那么该灯泡在此方向上的发光强度为多少?

二、叙述题

叙述由任意多个表面构成的共轴球面系统中,求主平面和焦点的方法。

三、计算题

1. 一个反摄远型监控物镜由两个薄透镜组成,两透镜之间的距离为 32.275 mm,第一透镜焦距 $f_1' = -15$ mm,系统将无穷远物体成像在 1/2 in 的 CCD 靶面上(1 in=25.4 mm,CCD 探测器靶面长与宽之比为 4∶3),成像充满 CCD 靶面,即所成像直径为靶面对角线值,如果要求所监控的全视场角达到 60°,问:

(1) 此时系统总的焦距为多少？

(2) 第二透镜的焦距为多少？

(3) CCD 靶面到第二透镜的距离（即像距）为多少？

2. 一个成像系统由一个物镜和一个中继透镜组成，系统的孔径光阑与物镜重合，对无限远物体成像，物镜与中继透镜之间的间隔为 1 199.565 mm，红外探测器（即像平面）与中继透镜的距离（即像距）为 200 mm，系统的出瞳直径为 16 mm，中继透镜的焦距为 155 mm。求：

(1) 系统的出瞳与像面之间的距离为多少？

(2) 物镜的焦距为多少？

(3) 物镜的直径为多少？（物镜和中继透镜均视为薄透镜）

3. 一个遥感器系统由一个望远系统和一个焦距为 286.451 mm 的后续成像透镜组成，物方总视场角为 $2°$，入瞳直径为 1 000 mm，像平面直径为 100 mm。求：

(1) 望远系统的视放大率为多少？

(2) 成像透镜的相对孔径 $\dfrac{D}{f'}$ 为多少？

(3) 系统总的焦距为多少？

(4) 假设物面上的光亮度为 1.5×10^3 cd/m²，整个系统的透过率为 0.8，求像平面上的光照度为多少？（所有透镜都视为薄透镜）

4. 由两个薄透镜组成一个检测系统，两个透镜之间的距离为 200 mm，第一个透镜的焦距为 $f'_1 = 50$ mm，直径为 0.4 mm 的光纤端面为物平面，位于第一透镜前面 60 mm 处，要求像平面成在第二透镜的后面 50 mm 处。求：

(1) 第二透镜的焦距为多少？

(2) 像面直径为多少？

(3) 现在需要将像面直径增大到 1.2 mm，保持第二透镜和像面位置不变，只是移动光纤端面和第一透镜，问新的物距为多少？ 两透镜之间的距离为多少？

参 考 文 献

[1] 李林,黄一帆. 应用光学[M]. 北京:北京理工大学出版社,2017.

[2] 李林,黄一帆,王涌天. 应用光学(英文版)[M]. 北京:北京理工大学出版社,2012.

[3] 李林,黄一帆,王涌天. 现代光学设计方法[M]. 北京:北京理工大学出版社,2015.

[4] 李林,安连生. 计算机辅助光学设计的理论与应用[M]. 北京:国防工业出版社,2002.

[5] 李林,林家明,王平,等. 工程光学[M]. 北京:北京理工大学出版社,2003.

[6] 胡玉禧,安连生. 应用光学[M]. 合肥:中国科技大学出版社,1996.

[7] 母国光,战元龄. 光学[M]. 北京:人民教育出版社,1981.

[8] 王子余. 几何光学与光学设计[M]. 杭州:浙江大学出版社,1989.

[9] 钟锡华,骆武刚. 光学题解指导[M]. 北京:电子工业出版社,1984.

[10] 顾培森. 应用光学例题与习题集[M]. 北京:机械工业出版社,1985.

[11] 李正直. 红外光学系统工程[M]. 北京:国防工业出版社,1986.

[12] 车念增,闫达远. 辐射度学和光度学[M]. 北京:北京理工大学出版社,1990.

[13] 刘德森,高应俊. 变折射率介质的物理基础[M]. 北京:国防工业出版社,1990.

[14] 刘瑞复,史锦珊. 光纤传感器及其应用[M]. 北京:机械工业出版社,1991.

[15] W·B·艾伦. 纤维光学——理论与实践[M]. 北京:轻工业出版社,1990.

[16] 李士贤,李林. 光学设计手册[M]. 北京:北京理工大学出版社,1996.